职业教育大数据技术与应用专业系列教材

Python程序设计

主　编　傅　春　段　科
副主编　翟玉锋　郝　玲　王小洁
参　编　陈位妮　秦争艳　屈琴芹　李春朋

机　械　工　业　出　版　社

本书以Windows操作系统为平台，采用项目式编写体例，全面地介绍了Python编程基础、相关知识以及编程技巧等，重点聚焦于利用Python开发项目。项目案例的选取包含编程基础、面向对象编程以及大数据应用开发所需的多文件类型的数据存储方式及其应用，最后还介绍了一种重要的数据采集方式及其应用——基于Python的网络爬虫技术及其应用。

本书可作为高等职业院校计算机等相关专业的教材，也可作为Python初学者的培训教材，还可作为项目开发人员的参考用书。

本书配套案例源代码、习题、教学课件等资源，教师可登录机械工业出版社教育服务网（www.cmpedu.com）免费注册并下载或联系编辑（010-88379194）咨询。

图书在版编目（CIP）数据

Python程序设计/傅春，段科主编．—北京：机械工业出版社，2020.10（2023.11重印）

职业教育大数据技术与应用专业系列教材

ISBN 978-7-111-66640-0

Ⅰ．①P… Ⅱ．①傅… ②段… Ⅲ．①软件工具—程序设计—职业教育—教材 Ⅳ．①TP311.561

中国版本图书馆CIP数据核字（2020）第184212号

机械工业出版社（北京市百万庄大街22号 邮政编码100037）

策划编辑：梁 伟　　责任编辑：梁 伟 张星瑶

责任校对：李亚娟　　封面设计：鞠 杨

责任印制：单爱军

北京虎彩文化传播有限公司印刷

2023年11月第1版第3次印刷

184mm×260mm · 15.75印张 · 381千字

标准书号：ISBN 978-7-111-66640-0

定价：49.00元

电话服务		网络服务	
客服电话：	010-88361066	机 工 官 网：	www.cmpbook.com
	010-88379833	机 工 官 博：	weibo.com/cmp1952
	010-68326294	金 书 网：	www.golden-book.com
封底无防伪标均为盗版		机工教育服务网：	www.cmpedu.com

前言 PREFACE

Python 是一种面向对象、解释性的高级程序语言，已被应用在众多领域，包括操作系统管理、服务器运维的自动化脚本、科学计算、数据分析、数据挖掘和数据可视化、桌面软件、游戏等方面，同时正在以井喷般的速度广泛应用于人工智能的不同场景。

随着人工智能时代的到来，Python 成为人们学习编程语言的首选。本书循序渐进地讲解了学习 Python 必备的基础知识，帮助读者建立面向对象的编程思想。

职业目标：

本书是为帮助读者有效掌握 Python 编程语言的必备基础知识以及使用 Python 进行应用开发的能力而编写。本书按照项目教学法，将 Python 编程基础及其技术技能融入每一个教学项目中，帮助读者掌握其应用，提升读者使用 Python 解决实际问题的能力，培养战略性新兴产业发展所需的人才。

本书特点：

本书共有 9 个项目，涵盖以下主要内容：Hello，Python——绘制多彩五角星，基础知识——优化系统中的图形面积计算小程序，程序流程控制语句——地铁买票问题，基本数据结构——简版通信录管理系统，面向对象基础编程——加强版通信录管理系统，面向对象高级编程——利用继承和多态求图形面积，文件基本操作——通信录管理系统（文件版），异常——学生成绩计算分析和网页爬虫开发。每个项目按照“项目情景→项目概述”进行组织，再将每个项目拆分为若干个任务，按照“任务分析→任务实施”的顺序层层递进展开，在完成各个任务后，还对任务中的必备知识和技术进行讲解，并设置“任务拓展”进一步强化练习。

- 项目情景：简要描述项目的开发背景。
- 项目概述：简要描述项目目标以及项目功能的分解。
- 任务分析：对需要完成的功能及要达到的效果进行分析。
- 任务实施：通过任务综合应用所学知识，提高学生的动手能力。
- 必备知识：详细讲解知识点，为培养学生的开发能力做好铺垫。
- 任务拓展：根据项目内容延伸出新的任务，进一步强化练习。

本书遵循“项目导向、任务驱动”，以项目开发流程为指导，组织项目内容，引领读者学习基础知识以及技术知识。读者在完成任务的过程中总结并学习相关理论知识、技术知识以及开发经验。

教学建议（共 68 学时，其中理论 26 学时，操作 42 学时）：

项目	理论学时	操作学时
项目 1	2	2
项目 2	4	8
项目 3	4	6
项目 4	4	4
项目 5	3	5
项目 6	2	6
项目 7	2	4
项目 8	2	2
项目 9	3	5

编写团队：

本书由傅春和段科任主编，翟玉锋、郝玲、王小洁任副主编，参加编写的还有陈位妮、秦争艳、屈琴芹和李春朋。其中，傅春编写了项目 1、项目 4 和项目 5；郝玲编写了项目 2 和项目 3；陈位妮编写了项目 6（任务 1 ～ 3），秦争艳、屈琴芹和李春朋编写了项目 6（必备知识）；翟玉锋编写了项目 7；王小洁编写了项目 8；段科编写了项目 9。北京西普阳光教育科技股份有限公司在教材编写过程中提供了大量的技术支持。本书编写团队曾多次参与全国高职高专的多项技能大赛，并作为带队取得了优异成绩。

由于编者水平有限，书中难免存在错误和不妥之处，恳请读者批评指正。

编　者

目录 CONTENTS

CONTENTS

Project 1

项目1

Hello，Python

——绘制多彩五角星

项目情景

随着滴滴、支付宝、微信、今日头条等软件的不断出现，人们的生活已经离不开计算机，尤其是利用计算机编程来解决生活中的各种实际问题。

计算机编程不仅是人们探索世界的重要途径之一，也是培养青少年逻辑编程思维和创新能力的重要手段。随着科技的不断发展，国家对它越来越重视。从 2017 年开始，我国就不断出台各项政策鼓励各个地方积极推进编程类课程的普及。

Python 是荷兰人 Guido van Rossum 在 1989 年开发的一种编程语言。Python 作为一种轻量级编程语言，语言简洁、开发快，受到大家欢迎。如今 Python 越来越受欢迎，屡次超越 Java、C++ 成为编程语言排行榜受欢迎度第一的语言，程序员们越来越喜欢使用 Python。下面就通过绘制彩色的五角星项目来开启 Python 编程之旅。

完成本项目的学习后，将掌握以下技能：

- 了解 Python 的基本概念。
- Python 运行环境的搭建。
- Python IDE 的使用。
- PyCharm 的安装、使用。
- 简单 Python 应用程序的开发。

项目概述

本项目将绘制边长为 200 像素的多彩五角星并用粉色填充该五角星。项目的运行效果如图 1-1 所示。特别需要说明的是，五角星是指以头尾接续的 5 条边线构成的几何形状；多彩是指五角星的边线是不同的颜色、其内部也有填充颜色。

完成该项目的基本思路是：首先，需要知道绘制的五角星的边长是多少、边线要几种颜色、填充什么颜色；接着，针对五角星有 5 个角，需要知道每个角的角度是多少，以此设计具体怎么画这个五角星，这里会涉及平面几何的内角、外角计算等；然后，让计算机按指定边长绘制五角星，其中，五角星边线颜色不同、内部还有填充颜色。根据这个思路，绘制多彩五角星的流程如图 1-2 所示。

图 1-1　绘制多彩五角星效果图

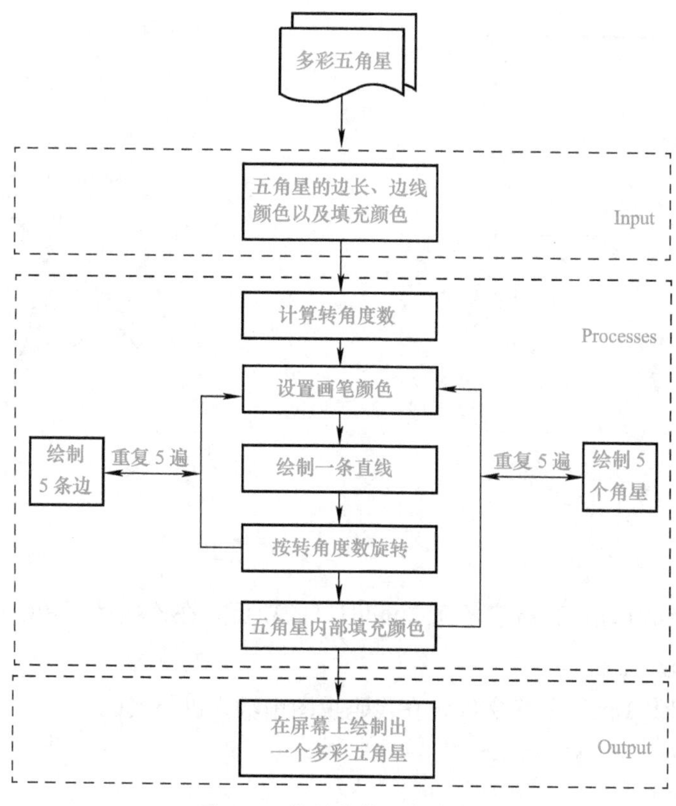

图 1-2　绘制多彩五角星流程图

作为初学者，本项目的完成将由浅入深、从易到难分步骤进行，分成 3 个任务逐步实现。

任务 1 绘制单色空心五角星

绘制一个边长为 200 像素的红色空心五角星，如图 1-3 所示。

任务分析

从画笔从窗口的正中心开始向右绘制出一条长为 200 像素的红色直线；向右转动 144° 后再绘制第 2 条红色直线；采用同样的方法再绘制第 3 条，直至绘制完成最后一条边（这里绘制五边形，因此最后一条边是第 5 条边），从而绘制出五角星。

这里的 144° 是与几何知识相关的内容，等边 *N* 边形的每个内角为（180° /*N*），那么相应的外角就是（180° −180° /*N*）。这里绘制的是五角星，因此 *N*=5，则五角星的每一个外角的度数为（180° −180° /5），即 144° 。计算外角的原因是当画笔沿着当前方向绘制了一条边线之后，顺时针（向右）转动外角的角度才是绘制下一条边线的方向，如图 1-4 所示。

图 1-3 任务 1 效果图

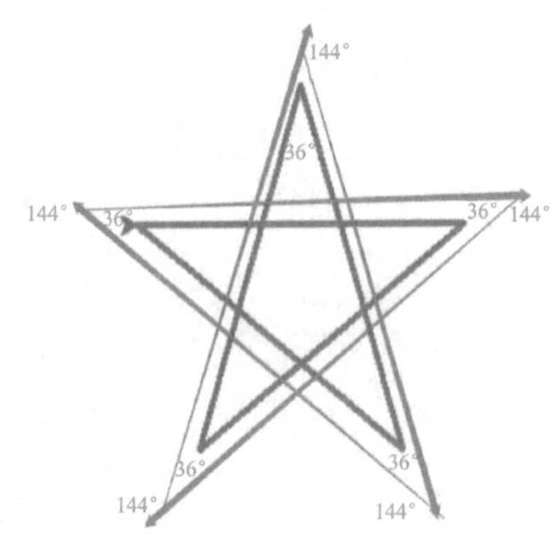

图 1-4 五角星内外角关系图

任务实施

1）启动 PyCharm 软件，新建名为“unit01”的项目并在该项目下新建一个 Python 文件，命名为“task1_1.py”。

2）打开“task1_1.py”程序文件，在代码视图中输入以下代码：

```
# task1-1：绘制边长为 200 像素的空心红色五角星
import turtle

turtle.pensize(3)
turtle.color("red")

turtle.forward(200)
turtle.right(144)
turtle.forward(200)
```

```
10 turtle.right(144)
11 turtle.forward(200)
12 turtle.right(144)
13 turtle.forward(200)
14 turtle.right(144)
15 turtle.forward(200)
16 turtle.right(144)
17 turtle.done()
```

源代码分析：

代码行 1：文档注释行，用于程序功能的简单说明。

代码行 2：导入 turtle 库，用于图形绘制。

代码行 3、6：空白行，用于分隔两段不同功能或含义的代码。

代码行 4：设置画笔的粗细（3 像素）。

代码行 5：设置画笔的颜色为红色（red）其中，turtle.color 表示使用指令，小括号中的 red 表示红色。

代码行 7：沿当前画笔的方向（默认方向为 *x* 轴正方向）向前移动 200 像素。

代码行 8：画笔方向顺时针转动 144°。

代码行 9 ～ 16：将完成绘制一条有方向的直线的功能代码行 7 和 8 复制 4 次，构成一个五角星。

代码行 17：结束图形绘制。

3）运行 task1-1.py 文件中的程序，在屏幕上输出一个红色无填充的五角星（见图 1-3）。

任务 2　优化任务 1 程序结构

任务 1 中绘制的五角星的边长和角数都是在代码中直接赋值的（turtle.forward（200），turtle.right（144）），这在灵活性上有所欠缺，因此希望能够自行设置。本任务通过修改程序，使其能够灵活修改绘制多角星的边长、转动的角度；优化程序结构，简化任务 1 中多次复制完成类似功能（绘制一条有向直线）的同一段代码的操作，从而为系统将来功能的扩展（比如要绘制 20 角星等）做好准备。

任务分析

任务 1 绘制了一个五角星，方法是：1）在程序中固定了绘制五角星的边长和每次转动的角度；2）先绘制一条边线（直线 + 转向），再将绘制边线的动作复制 4 次，5 条边就构成了一个五角星。如果要绘制七角星，那么就需要再复制两次，当然，随着绘制的星星数量（*N*）发生变化，其中的转向角度（180° −180° /*N*）也发生了相应的变化。如果将来随着系统需求的变化，要绘制其他多角星（见图 1-5），就不能再进行不断复制绘制边线的动

作了。为了弥补任务 1 程序中的不足，本任务将分成两个步骤来优化任务 1 的程序。

图 1-5　三角形、七角星与十六角星

任务实施

1）在 PyCharm 中选中任务 1 程序文件“task1_1.py”，右击并在提示菜单中选择“refactor”→“copy”命令，将其复制一份并重命名为“task1_1_1.py”。按照以下各步骤修改代码，完成任务 2 的要求。

2）修改“task1_1_1.py”源代码。

① 步骤 1：修改代码，让用户通过键盘输入多角星的边长以及角的数量 N，将其分别存储在相应的变量中并用该变量替换任务 1 程序中的相应位置的参数，总的来说，步骤 1 中的源代码相较任务 1 中的源代码有两处变化。步骤 1 的源代码如下：

```
# task1-2_1：绘制边长为 200 像素的空心红色五角星
import turtle

temp_sidelength =input(" 请输入多角星的边长：")
side_length = int(temp_sidelength)
temp_sidenum = input(" 请输入多角星角的个数：")
side_num = int(temp_sidenum)
side_angle = 180-180/side_num
side_color = "red"
pen_size = 3

turtle.pensize(pen_size)
turtle.color(side_color)

turtle.forward(side_length)
turtle.right(side_angle)
turtle.forward(side_length)
turtle.right(side_angle)
turtle.forward(side_length)
turtle.right(side_angle)
turtle.forward(side_length)
turtle.right(side_angle)
turtle.forward(side_length)
turtle.right(side_angle)
turtle.done()
```

源代码分析：

代码行 4：增加的代码，定义一个变量 temp_sidelength，再通过 input 命令获取用户输入的多角星的边长并将返回的字符串类型值赋值给该变量。

代码行 5：增加的代码，将代码行 4 返回的字符串类型转换为整型后赋值给变量 side_length。

代码行 6：增加的代码，定义一个变量 temp_sidenum，再通过 input 命令获取用户输入的多角星的角的个数，并将返回的字符串类型值赋值给该变量。

代码行 7：增加的代码，将代码行 6 返回的字符串类型转换为整型后赋值给变量 side_num。

代码行 8：增加的代码，计算多角星转动的角度值。

代码行 9：增加的代码，定义一个变量 side_color 用于存储绘制边线的颜色并为该变量赋值为 “red”，表示画笔的颜色为红色。

代码行 10：增加的代码，定义一个变量 pen_size 用于存储画笔宽度的值并为该变量赋值为 3，表示画笔的宽度为 3 像素。

代码行 12：修改代码，用变量 pen_size 替换任务 1 中的 3。

代码行 13：修改代码，用变量 side_color 替换任务 1 中的 “red”。

代码行 15、17、19、21 和 23：修改代码，将任务 1 中所有调用的命令 turtle.forward (200) 语句中的数值 200 变成 side_length，表示沿当前画笔的方向向前移动 side_length 个像素长度。

代码行 16、18、20、22 和 24：修改代码，将任务 1 中所有调用的命令 turtle.right (144) 语句中的数值 144 变成 side_angle，表示画笔方向顺时针转动 side_angle 度。

步骤 1 的源代码经过修改后带来的最大益处就是方便绘制指定任意边长的多角星，比如，要想绘制边长为 300 的二十一角星，只需分别给两个变量重新赋值，即给变量 side_length 重新赋值为 300；side_num 重新赋值为 21，即修改为 side_length=300 和 side_num=21，而不用再修改程序中涉及角的个数和边长大小的其他代码。不仅如此，经过这样的修改，还极大地方便了系统源代码的后期维护。

② 步骤 2：利用循环结构简化重复绘制有向直线的动作，即用 for 语句替代顺序结构中重复执行的代码块。总的来说，步骤 2 在步骤 1 的基础上做了一处修改，也就是用 for 循环结构替换步骤 1 源代码中的 15 ～ 24 行，修改后且满足步骤 2 需求的源代码如下：

```
1   # task1-1-2：优化 task1-1-1 程序结构
2   import turtle
3
4   temp_sidelength =input(" 请输入多角星的边长：")
5   side_length = int(temp_sidelength)
6   temp_sidenum = input(" 请输入多角星角的个数：")
7   side_num = int(temp_sidenum)
8   side_angle = 180-180/side_num
9   side_color = "red"
```

```
10  pen_size = 3
11
12  turtle.pensize(pen_size)
13  turtle.color(side_color)
14
15  # turtle.forward(side_length)
16  # turtle.right(side_angle)
17  # turtle.forward(side_length)
18  # turtle.right(side_angle)
19  # turtle.forward(side_length)
20  # turtle.right(side_angle)
21  # turtle.forward(side_length)
22  # turtle.right(side_angle)
23  # turtle.forward(side_length)
24  # turtle.right(side_angle)
25  for side in range(side_num):
26          turtle.forward(side_length)
27          turtle.right(side_angle)
28  turtle.done()
```

源代码分析：

代码行 15 ～ 24：修改代码，注释步骤 1 的相应代码（按 <Ctrl+/> 组合键可以多行一起注释），用于结构改造前后的对照查看。

代码行 25：新增代码，是在步骤 1 的基础上用 for 循环改造程序结构。将步骤 1 中的 10 行代码改为 for 循环来实现。其中，for side in range（side_num）：语句中，range（side_num）可以产生一个 0 ～ side_num 的整数序列，但需要注意的是由 range（side_num）产生的序列要符合左闭右开的原则，即产生的序列元素不包括 side_num 这个数，比如若 side_num=5，则 range（side_num）就变成了 range（5），此时产生的整数序列为 [0,1,2,3,4]。而 side 是用来控制遍历这个序列的变量，也就是说 side 的取值依次是 0、1、2、3、4。当第一次循环的时候，side 的值为 0，第二次循环时，side 的值为 1，…，以此类推，最终实现将 for 语句下的代码块重复执行 side_num 次的操作。

在步骤 2 的源代码中可以看出，用 for 控制语句的 3 行（25 ～ 27 行）代码替换了步骤 1 中的 10 行代码。经过对程序结构的简单改造，3 行代码就能完成任意次的重复绘制有向直线动作，从而高效、灵活地完成功能业务，这也是优化任务 1 程序的初衷。

特别注意的是，for 循环语句以冒号（:）结尾，所控制的语句块必须要缩进。

代码行 26、27：两行代码均缩进了 4 个空格，表示这两行代码属于 for 循环控制的语句块。缩进是 Python 表示语句块的唯一方法，一个语句块中的所有语句必须使用相同的缩进，表示一个连续的逻辑行序列。

③ 经过两个步骤的修改后运行任务 2 的最终程序，源代码如下：首先在控制台中输出提示信息，如图 1-6 所示，用户按照要求输入相应的信息后，程序在 turtle 画布上绘制出与图 1-3 一样的五角星。

```
# task1-2 的最终源码
import turtle

temp_sidelength =input(" 请输入多角星的边长：")
side_length = int(temp_sidelength)
temp_sidenum = input(" 请输入多角星角的个数：")
side_num = int(temp_sidenum)
side_angle = 180-180/side_num
side_color = "red"
pen_size = 3

turtle.pensize(pen_size)
turtle.color(side_color)

for side in range(side_num):
        turtle.forward(side_length)
        turtle.right(side_angle)
turtle.done()
```

```
请输入多角星的边长：200
请输入多角星角的个数：5
```

图 1-6　运行任务 2 源代码所输出的提示信息

任务 3　绘制彩色边线五角星

之前绘制的五角星边线都是单色（红色），这里要绘制五色边线（红、橙、紫、绿、蓝）的五角星。

任务分析

五角星的边线颜色变化可以通过判断哪一条边的颜色是红色、哪一条边是橙色、哪一条边是紫色、哪一条边是绿色、哪一条边是蓝色来实现。也就是说，不同的颜色与每条边线的对应关系可以通过判断语句即 if 语句来实现。由于涉及 5 种颜色，就要用到 if-elif-else 结构。

任务实施

1）在 PyCharm 中选中任务 2 程序文件“task1_2.py”，右击并在提示菜单中选择“refactor”→“copy”命令，将其复制一份并重命名为“task1_3.py”。按照以下各步骤修改代码，完成任务 3 的要求。

2）修改源代码。

任务 3 主要是对任务 2 的代码进行结构改造，也就是对任务 2 源代码中的以下两行代

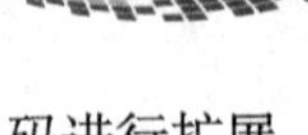

码进行扩展。

```
side_color =turtle.color("red")
turtle.color(side_color)
```

具体来说，分两个步骤进行：

第一步，将任务 2 最终的源代码中的 12、13 行代码（画笔颜色变量赋值、设置画笔颜色）从 for 循环外移入 for 循环内，并将这两行代码进行缩进。特别需要注意：移入 for 循环内的两行代码必须放在绘制边线代码（turtle.forward）之前，因为对于每一条边线应先设置画笔颜色再进行绘制。对应源代码如下：

```
# 代码 1-3(a)：绘制彩色边线的五角星
import turtle

temp_sidelength =input(" 请输入多角星的边长：")
side_length = int(temp_sidelength)
temp_sidenum = input(" 请输入多角星角的个数：")
side_num = int(temp_sidenum)
side_angle = 180-180/side_num
side_color = "red"
pen_size = 3

for side in range(side_num):
        turtle.pensize(pen_size)
        turtle.color(side_color)
        turtle.forward(side_length)
        turtle.right(side_angle)
turtle.done()
```

第二步，将 task1_3(a).py 文件复制一份并重新命名为 task1_3(b).py，在第一步的源代码基础上继续修改。

根据任务分析，5 种画笔颜色与每一条边线的对应关系要通过 if 语句来实现，则需要将第一步源码中直接设置画笔颜色的代码（side_color ="red"）做修改，即根据变量 side 的值不同，给多分支结构的每一个判断语句独立设置画笔颜色。修改后的源代码如下：

```
import turtle

temp_sidelength =input(" 请输入多角星的边长：")
side_length = int(temp_sidelength)
temp_sidenum = input(" 请输入多角星角的个数：")
side_num = int(temp_sidenum)
side_angle = 180-180/side_num
side_color = "red"
pen_size = 3

for side in range(side_num):
        if side % side_num == 0:
                side_color = "red"
        elif side % side_num == 1:
```

```
15            side_color = "orange"
16        elif side % side_num == 2:
17            side_color = "purple"
18        elif side % side_num == 3:
19            side_color = "green"
20        else:
21            side_color = "blue"
22
23        turtle.color(side_color)
24        turtle.forward(side_length)
25        turtle.right(side_angle)
26    turtle.done()
```

代码行 11：在该项目中 side_num=5，因此在 for 语句中，变量 side 的值依次为 0，1，…，side_num-1，可以对应每一条边线（即第 1 条边线 side 为 0，第 2 条边线为 1，…，第 5 条边线为 4），将 side_num=5 代入条件表达式 side % side_num 后，条件表达式就变成 side %5，该表达式的计算结果有 5 种情况：0、1、2、3、4，恰好与五角星边线的 5 种颜色相对应。

需要注意的是：“%”是取模运算符，“m%n”是取模运算的一种常见取模运算表达式形式，其运算结果在 [0,n-1] 范围内取值。

运行任务 3 程序后，在“请输入多角星边长”提示信息下输入 200；在“请输入多角星角的个数”提示信息下输入 5，得到的运行结果如图 1-7 所示。

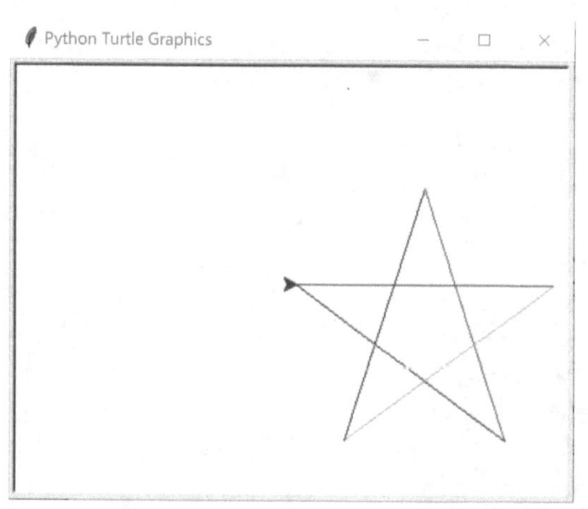

图 1-7　运行任务 3 程序的结果

任务 4　填充多彩五角星

之前绘制的都是空心五角星，为了让五角星更漂亮，本任务将用一种颜色（如粉色）对之前绘制的多彩边线五角星填充颜色。

任务分析

为了以后能够灵活修改填充颜色和画笔的宽度，在该任务中新增两个变量，其中一个变量用于存储填充五角星的颜色值，另一个变量用于存储画笔宽度，并且存储在这两个变量中的值可以是从键盘输入的所希望的值。按照填充图形的一般流程，即准备开始填充→填充颜色→结束填充，对多彩边线的五角星进行填充。本任务完成后，可以绘制出用指定颜色填充的多彩五角星。

任务实施

在 PyCharm 中选中任务 3 程序文件“task1_3(b).py”，右击并在提示菜单中选择“refactor”→“copy”命令，将其复制一份并重新命名为“task1_4.py”，在任务 3 的基础上对“task1_4.py”程序进行修改以实现任务 4 的要求，增加和修改的具体内容如下：

```
# task1-4：填充彩色边线的五角星
import turtle

temp_sidelength =input(" 请输入多角星的边长：")
side_length = int(temp_sidelength)
temp_sidenum = input(" 请输入多角星角的个数：")
side_num = int(temp_sidenum)
side_angle = 180-180/side_num
fill_color = input(" 请输入要填充的颜色：(yellow，pink，gold)？ ")
pen_size = int(input(" 请输入画笔的宽度："))

turtle.pensize(pen_size)
turtle.begin_fill()

for side in range(side_num):
        if side % side_num == 0:
                side_color = "red"
        elif side % side_num == 1:
                side_color = "orange"
        elif side % side_num == 2:
                side_color = "purple"
        elif side % side_num == 3:
                side_color = "green"
        else:
                side_color = "blue"
        turtle.color(side_color,fill_color)
        turtle.forward(side_length)
        turtle.right(side_angle)
turtle.end_fill()
turtle.done()
```

源代码分析：

代码行 9：新增代码，变量 fill_color 表示填充五角星的颜色，通过 input 函数为其赋值，实现使用者从键盘自行输入所希望绘制图形的填充颜色。

代码行 10：新增代码，变量 pen_size 表示画笔的宽度，通过 input 函数为其赋值，实现使用者从键盘自行输入所希望绘制图形的线条粗细值。由于从键盘输入的内容会全部作为字符串来处理，而角数、边长都应该是整数，因此，需要用 int 函数进行数字类型的转换。

代码行 12：修改代码，将之前传入函数 pensize 的参数值 3 换成变量 pen_size。

代码行 13：新增代码，准备开始填充（turtle.begin_fill），特别要注意的是 for 语句实现了全部边线的绘制，因此本行代码一定要放在 for 语句的前面（循环之外），表示在绘制边线之前就要开始准备。

代码行 26：修改代码，设置填充颜色（turtle.color）为 fill_color 的值，这里向函数 turtle.color 同时传入两个参数，分别用于设置画笔颜色（side_color）和填充颜色（fill_color），即 turtle.color(side_color, fill_color)。

代码行 29：新增代码，结束填充（turtle.end_fill），同样，本行代码要放在 for 语句的后面（循环之外），表示在完成边线的绘制后立即填充颜色并结束填充。

运行任务 4 程序，用户根据在控制台输出的提示信息，输入相应的值后（见图 1-8），程序在 turtle 画布上绘制出被金黄色（gold）填充的多彩边线五角星（见图 1-9），如果用户需要填充别的颜色也可以在相应提示信息下输入别的颜色，从而绘制不同颜色填充的五角星。

```
请输入多角星的边长：200
请输入多角星角的个数：5
请输入要填充的颜色：(yellow，pink，gold)? gold
请输入画笔的宽度：4
```

图 1-8　用户在任务 4 程序的提示下输入的信息

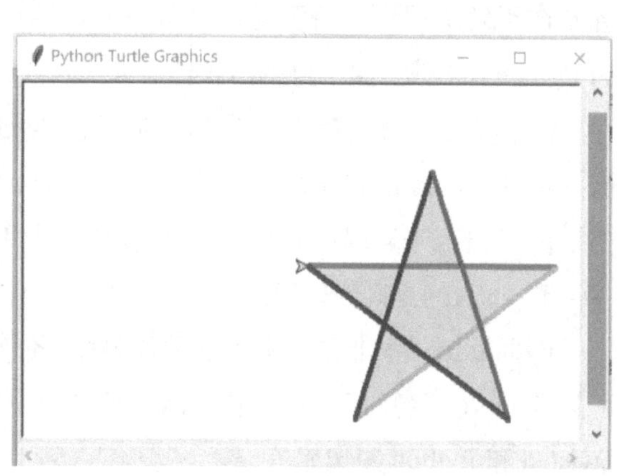

图 1-9　运行任务 4 程序结果

必备知识

通过 Python 绘制多彩五角星这个项目可以看出开发项目前需要做一些准备工作，例如，认识 Python、搭建 Python 环境、安装 PyCharm 等，这样才能确保项目的后续编程工作顺利展开。

1．认识 Python

（1）关于 Python

Python 是荷兰人吉多·范罗苏姆（Guido van Rossum）在 1989 年圣诞节期间编写的一个脚本解释程序，作为 ABC 语言的一种继承。根据 IEEE 发布的 2017 年编程语言排行榜：Python 高居首位，已经成为全球程序员和一些公司中非常受欢迎的语言。近年来，Python 语言异常火爆，被广泛应用于各个领域，尤其是在 Web 和 Internet 开发、科学计算和统计、人工智能、机器学习、数据分析等领域。

（2）为什么选 Python 3

Python 有两种主流版本，一个是 2.x 系列，另一个是 3.x 系列，并且这两个版本不兼容。目前，Python 3.x 系列已经成为主流，因此选择 3.x 系统作为本书的项目开发语言工具。

（3）了解 Python 的主要特性

1）免费、开源。

Python 是 FLOSS（自由 / 开放源码软件）之一。使用者可以自由地发布这个软件的副本、阅读它的源代码、对它做改动、把它的一部分用于新的自由软件中。FLOSS 是基于一个团体分享知识的概念。

2）易读易写，老少皆宜。

Python 在设计上坚持了清晰划一的风格，这使得 Python 成为一门易读、易维护，让代码具备高度可阅读性的语言。另外，Python 编程代码本质是一种伪代码，这样就可使开发者专注于解决问题，而不是费时费力地搞明白语言本身。Python 容易上手、老少皆宜，因为 Python 有极其简单的说明文档。

除了便于读懂，Python 还易于编写。Python 语法简单，摒弃了一些其他语言的复杂语法（例如，C 语言的复杂指针语法）。同时，Python 能用 1 行代码实现的业务（任务），如果用 C 语言来实现可能需要 10 行代码、用 Java 可能需要 5 行代码。

3）丰富的基础代码库。

Python 提供了非常完善的基础代码库，覆盖了网络、文件、GUI、数据库、文本等大量内容，可以帮助处理各种工作。除了标准库以外，还有许多其他高质量的库，如 wxPython、Twisted 和 Python 图像库等。

4）解释性。

Python 语言写的程序不需要编译成二进制代码，可以直接从源代码运行。在计算机内部，Python 解释器把源代码转换成字节码，然后把它翻译成计算机使用的机器语言并运行。这使得 Python 更加简单，也使得 Python 程序更加易于移植。

5）面向对象。

Python 既支持面向过程的编程也支持面向对象的编程，也就是说 Python 不仅支持由过程或仅是可重用代码的函数构建起来的“面向过程”编程，同时也支持由数据和功能组合而成的对象构建起来的“面向对象”编程。

6）可扩展性。

如果需要一段关键代码运行得更快或者希望某些算法不公开，可以将部分程序用 C 或 C++ 编写，然后在 Python 中使用它们。

7）可嵌入性。

可以把 Python 嵌入 C/C++ 程序中，为程序用户提供脚本功能。

（4）导入模块：import 和 from

Python 拥有非常完善的基础代码库和丰富的第三方库，可以很方便地实现各种功能。这些库中有着数量庞大的模块和包可供使用，模块（module）本质上是一个 .py 文件，实现一定的功能；包（package）是一个由模块和子包组成的 Python 应用程序执行环境，其本质是一个有层次的文件目录结构（必须带有一个 _init_.py 文件）。本书从使用角度出发，不区分模块和包，统称为模块。

要想充分利用 Python 的丰富库资源，首先得知道解决某个问题需要用到什么模块以及如何将指定模块导入到当前程序中。

Python 利用 import 或者 from...import 来导入相应的模块，必须在模块使用之前进行导入。因此一般来说，导入总是放在文件的顶部，尽量按照这样的顺序：Python 标准库、Python 第三方库、自定义模块。

import 的语法如下：

```
import 模块名 # 导入一个模块
# 导入模块中的指定元素，新名称通常是简称
from 模块名 import 指定元素 [as 新名称 ]
# 导入模块中的全部元素
from 模块名 import *
```

比如，绘制多彩五角星项目中的语句 import turtle 就是导入 turtle 库。

只有在当前程序中导入了指定模块后，才能正常使用该模块中包含的各种功能，具体形式如下：

模块名 . 函数名 ()

```
turtle.left(144)
```

功能是使画笔逆时针旋转 144°。

2．搭建 Python 环境

在开发项目之前，首先检查当前计算机系统中是否已经安装好了 Python 环境。如果系统中已经装好了 Python 环境，在 Windows 操作系统命令提示符窗口中输入“python”命令，将打开 Python，如图 1-10 所示。

```
管理员: C:\WINDOWS\system32\cmd.exe - python
Microsoft Windows [版本 10.0.17763.775]
(c) 2018 Microsoft Corporation。保留所有权利。

C:\Users\tjufs>python
Python 3.6.8 (tags/v3.6.8:3c6b436a57, Dec 24 2018, 00:16:47) [MSC v.1916 64 bit (AMD64)] on win32
Type "help", "copyright", "credits" or "license" for more information.
>>>
```

图 1-10　在 Windows 命令窗口中打开 Python

Python 是开源自由软件，其所有开发环境几乎都能从网络上免费下载。本书采用的是 Python 3.6.8 + PyCharm（community-2019.1.3）。下载和安装 Python 3.6.8 可以按照以下步骤进行。

①根据用于项目开发的计算机系统，从 Python 官网下载对应的 Python 3.6.8 版本。

②按照提示的操作步骤安装 Python 3.6.8。

③配置环境变量。

④检查 Python 3.6.8 是否安装成功。

（1）在 Windows 操作系统平台安装 Python 与配置环境变量

1）在 Windows 操作系统平台安装 Python。

Python 官网下载地址：https://www.python.org/getit/。

从官网可以下载 Python 的最新安装程序以及查看安装说明。打开 Python 官网，找到 Python 3.6.8 的安装包，如果 Windows 操作系统版本是 32 位，则单击“Windows x86 executable installer”链接并下载；如果 Windows 操作系统版本是 64 位，则单击“Windows x86-64 executable installer”链接并下载。下载完成后，按照以下步骤进行安装。

① 双击运行下载的安装包，提示 Python 安装向导窗口，如图 1-11 所示，选择“Add Python 3.6 to PATH”复选框，然后单击“Customize installation”按钮。

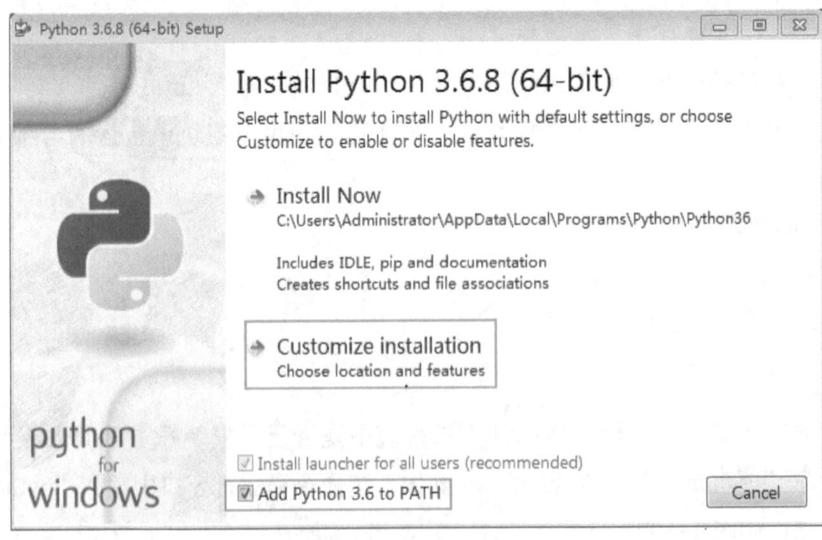

图 1-11　Python 安装向导窗口

②提示的界面如图 1-12 所示，保持默认选择，单击“Next”按钮，在弹出的界面中可以修改 Python 的安装路径，如图 1-13 所示。

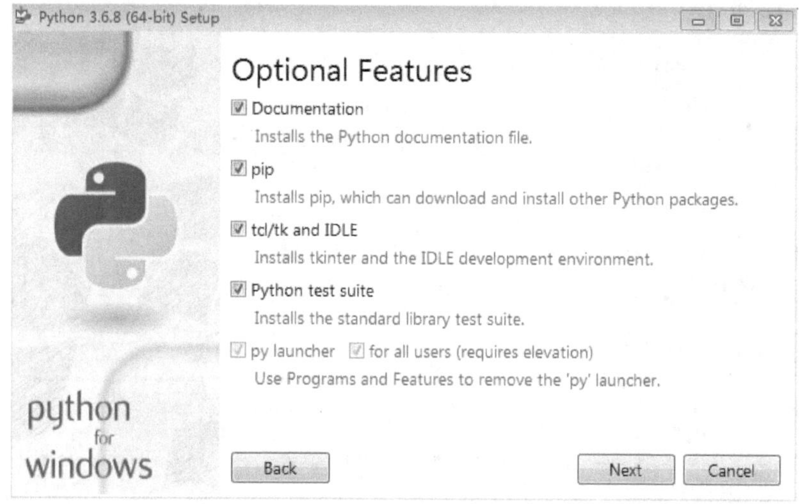

图 1-12　单击“Next”按钮

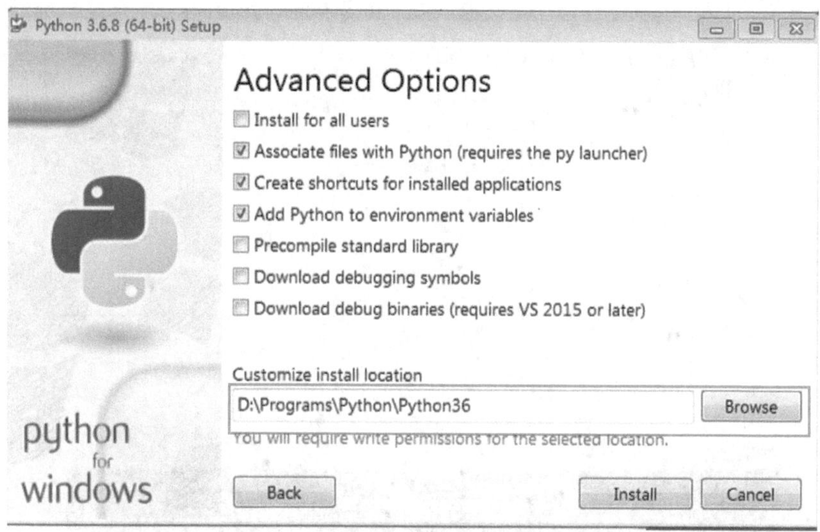

图 1-13　安装路径

③修改安装路径后单击“Install”按钮，Python 的安装进程如图 1-14 所示，然后完成 Python 的安装，如图 1-15 所示。

2）PATH 环境变量设置。

打开 Windows 命令提示符窗口，输入“python”命令，提示信息如图 1-16 所示，Windows 操作系统在当前的 PATH 环境变量中设定的路径去查找 Python.exe，若没有找到，则提示“错误信息”，如图 1-16 所示。

可以通过将 Python.exe 的安装路径添加到系统环境变量 PATH 中解决引发图 1-16 中的错误的问题。以 Windows 7 操作系统为例进行操作说明，具体步骤如下：

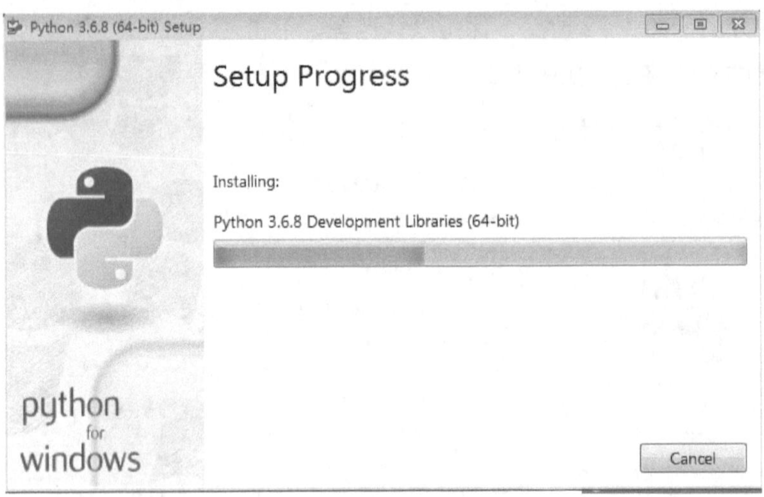

图 1-14 Python 的安装进程

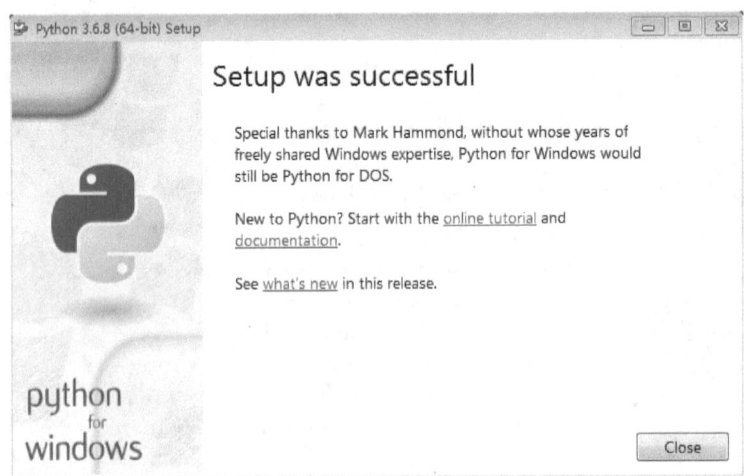

图 1-15 Python 安装完成

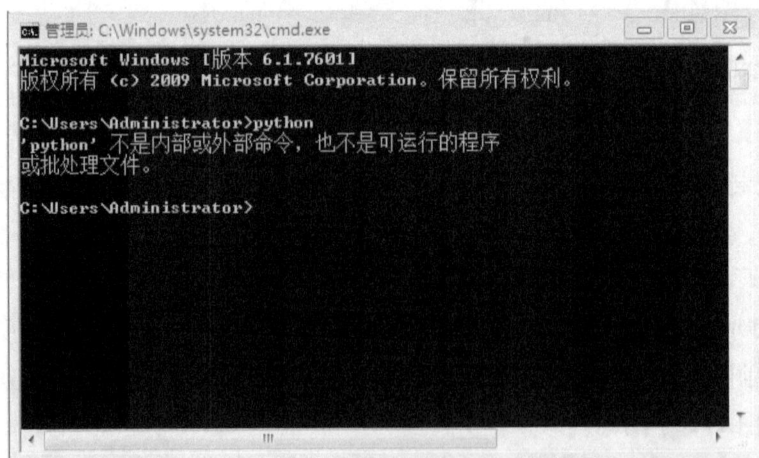

图 1-16 找不到 Python.exe 的报错

①右击计算机桌面上的“计算机”图标，在弹出来的视图中选择“属性”命令，如图 1-17 所示。

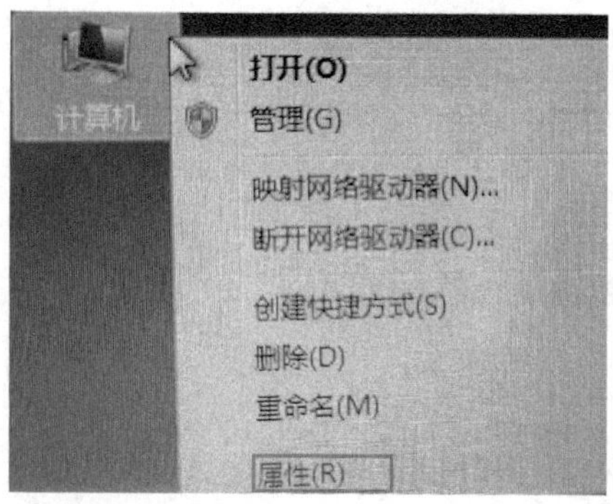

图 1-17　选择“属性”命令

②在弹出来的窗口中选择“高级系统设置”命令，如图 1-18 所示。

图 1-18　选择“高级系统设置”命令

③在弹出的对话框中单击“环境变量”按钮，如图 1-19 所示。

④在弹出的对话框中，找到“系统变量”列表框中的“Path”选项，如图 1-20 所示。

⑤找到“Path”选项后双击该选项，在“编辑系统变量”对话框中的“变量值”文本框的最后添加 Python 的安装路径，用“;”（英文状态下的分号）与以前添加的变量值进行分隔，比如，在本项目中将 Python 的安装路径添加到“变量值”文本框中，应输入“;D:\Programs\Python\Python36”，如图 1-21 所示。

⑥Python 路径添加成功后，再次打开 Windows 命令提示符窗口，输入“python”命令，命令窗口中的提示信息如图 1-22 所示，说明 Python 环境变量设置成功。“>>>”是 Python 的命令提示符，现在就可以开启 Python 编程之旅了。

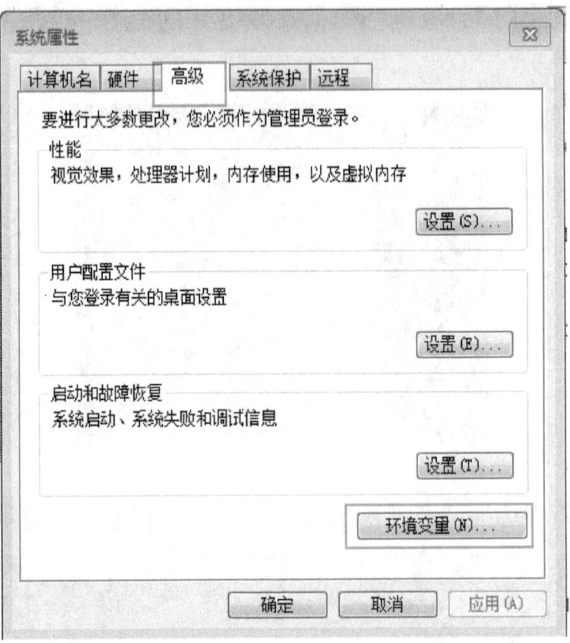

图 1-19　单击“环境变量”按钮

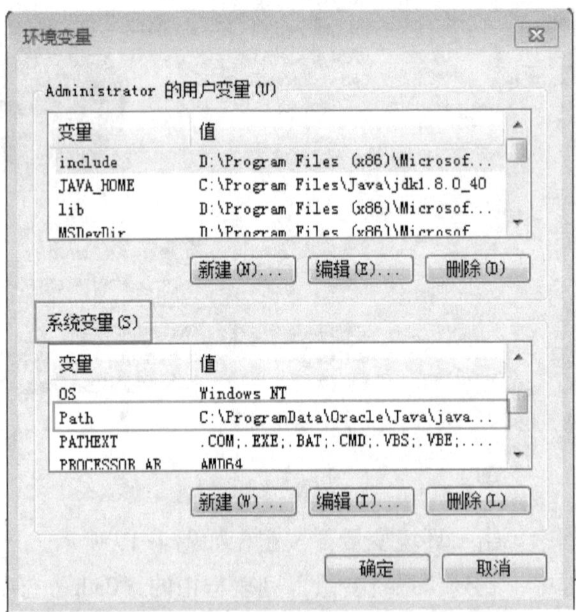

图 1-20　找到“Path”选项

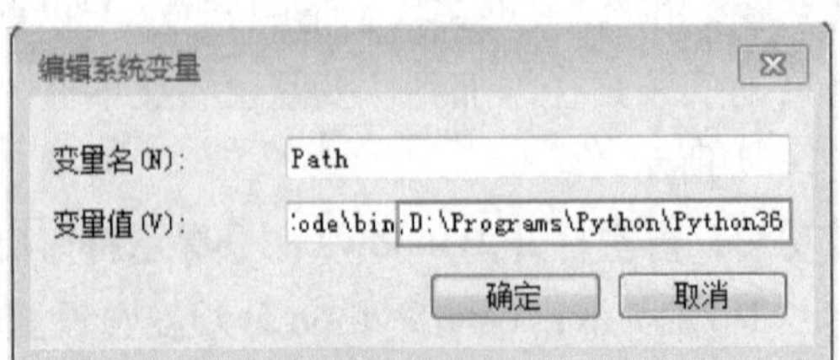

图 1-21　添加 Python 路径

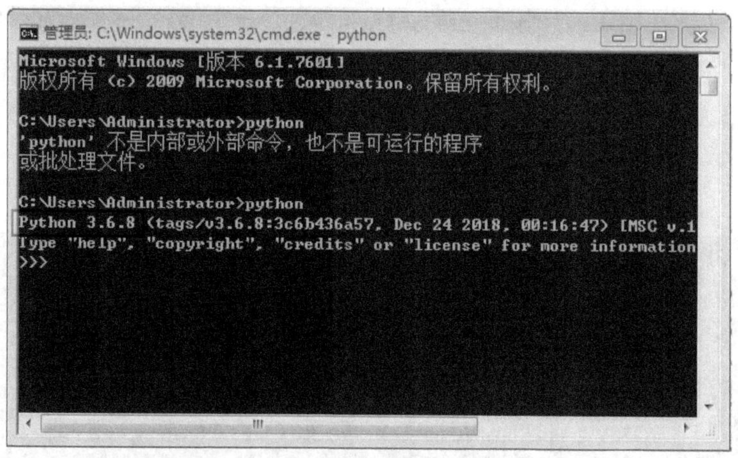

图 1-22　Python 环境变量设置成功

（2）开启 Python 编程之旅

Python 安装成功后，就可以开始使用 Python 编程了。接下来将介绍 3 种启动 Python 的方式。

1）利用 Windows 操作系统的命令行工具 cmd.exe。

通过快捷键 <Win + R> 打开“运行”对话框，输入“cmd”即可打开命令提示符对话框，或者通过 Windows 10 操作系统平台下“Windows 系统”→“运行”命令来调出命令提示符对话框，如图 1-23 所示。

图 1-23　“Windows 系统”菜单的“运行”命令

输入“python”命令即可进入 Python 的运行模式，在 Python 命令提示符 >>> 的提示下，调用 Python 的内置函数打印函数 print，即输入语句 print（“hello”）后按 <Enter> 键就能在屏幕上输出“hello”的信息，如图 1-24 所示。当执行完 Python 语句后，可以输入函数 exit( ) 退出当前的 Python 环境。

2）调用 Windows 环境下安装的 IDLE（GUI）来启动 Python。

IDLE 是 Python 自带的一个编辑器，初学者可以利用它方便地创建、运行、测试 Python 程序，它具有许多实用特性，如自动缩进、语法高亮显示、单词自动完成以及命令历史等。

当安装好 Python 以后，IDLE 就自动安装好了，可以执行“开始”→“所有程序”→“Python 3.6”→“IDLE（Python 3.6 64-bit）”命令来启动 IDLE，如图 1-25 所示。在 IDLE 启动后的初始窗口中输入一条打印语句，即 print（“hello”）并按 <Enter> 键得到如图 1-26 所示的界面。

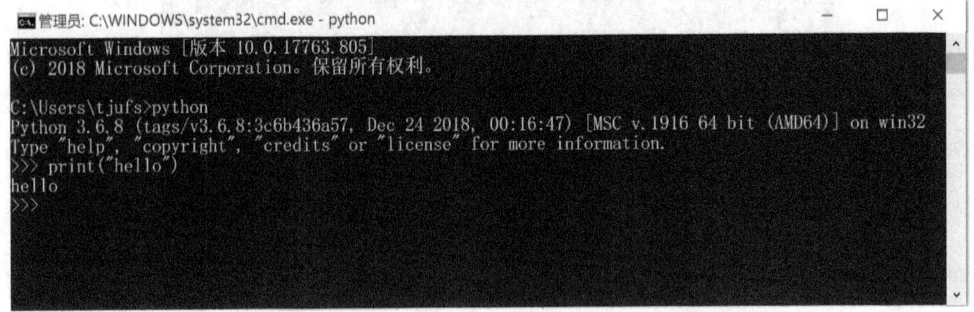

图 1-24　通过命令行工具 cmd.exe 启动 Python

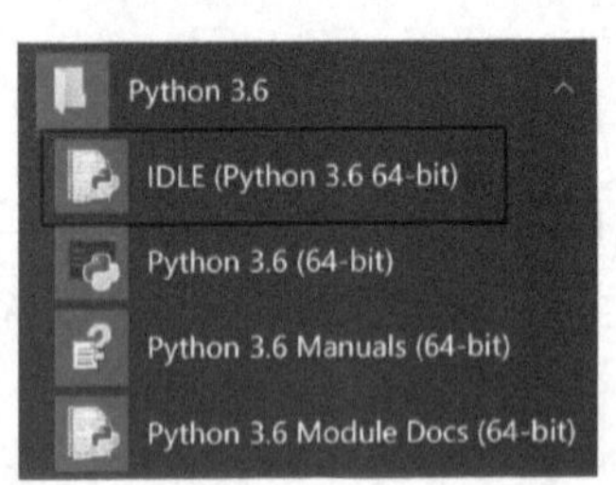

图 1-25　选择“IDLE”命令

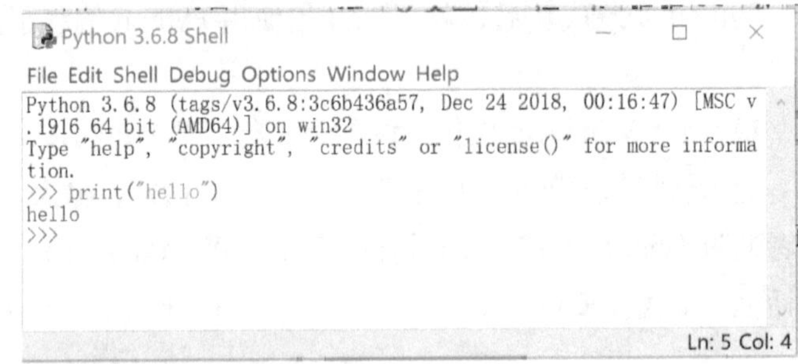

图 1-26　IDLE 代码界面

3）调用 Windows 环境下安装的 IDLE（GUI）来启动 Python。

Python 3.6（64-bit）是命令行版本的 Python Shell，其启动方式与启动 IDLE 的方法是一样的，即执行“开始”→“所有程序”→“Python 3.6”→“Python 3.6（64-bit）”命令，如图 1-27 所示。在启动 Python 3.6（64-bit）后的代码编辑窗口中输入一条打印语句，即 print（“hello”），按 <Enter> 键得到的界面如图 1-28 所示。

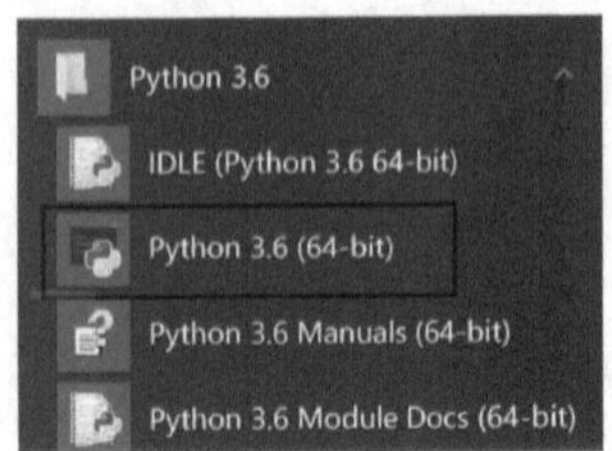

图 1-27　选择“Python 3.6（64-bit）”命令

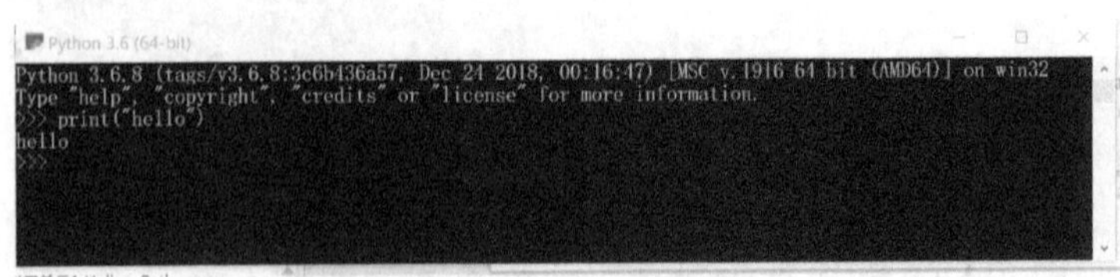

图 1-28　启动“Python 3.6（64-bit）”后的界面

（3）安装和使用 PyCharm

1）了解常用的 Python IDE。

“工欲善其事，必先利其器”，一款优秀的集成开发环境（Integration Development

Environment, IDE）不仅可以提供对普通文本的编辑功能，还能提供针对特定语言的语法着色、错误提示、代码折叠、代码完成、代码块定位、重构，与调试器、版本控制系统(CVS)的集成以及以插件、扩展系统为代表的可定制框架等重要功能。从而帮助开发者加快Python开发速度，提高效率。下面将介绍几款常见的Python IDE。

① IDLE：IDLE是Python的内置IDE，也是Python标准发行版内置的一个简单小巧的IDE，包括交互式命令行、编辑器、调试器等基本组件，足以应付大多数简单应用。

② PyCharm：PyCharm是JetBrains开发的Python IDE，同时也是一款很受欢迎的Python编辑器。PyCharm不仅具有一般IDE具备的功能，如调试、语法高亮、Project管理、代码跳转、智能提示、自动完成、单元测试、版本控制等，还提供了一些用于Django开发的功能，同时还能支持Google App Engine和IronPython。

③ Spyder：Spyder是一个强大的交互式Python语言开发环境，属于Python(x,y)的一部分，集成了科学计算常用的Python第三方库。Spyder不仅提供高级的代码编辑、交互测试、调试等特性，还支持包括Windows、Linux和Mac OS操作系统。

④ Jupyter Notebook：Jupyter Notebook是基于网页的用于交互计算的应用程序，可以在网页中直接编写代码和运行代码，代码的运行结果也会直接在代码块下显示，如果在编程过程中需要编写说明文档，可在同一个页面中直接编写，便于及时说明和解释。也就是说，Jupyter Notebook中所有交互计算、编写说明文档、数学公式、图片以及其他富媒体形式的输入和输出，都是以文档的形式体现的。这些文档保存为扩展名为.ipynb的JSON格式文件，不仅便于版本控制，也方便与他人共享。此外，文档还可以导出为HTML、LaTeX、PDF、PY等格式。

2）安装PyCharm。

PyCharm是一款功能强大的Python编辑器，具有跨平台性，分为社区版和专业版，其中专业版需要付费使用。

本书是基于Windows操作系统平台使用PyCharm，读者可以到PyCharm官网下载基于Windows的社区版（Community），如图1-29所示。先单击“Windows”按钮，再单击“Community”中的“DOWNLOAD”按钮即可进行PyCharm下载。

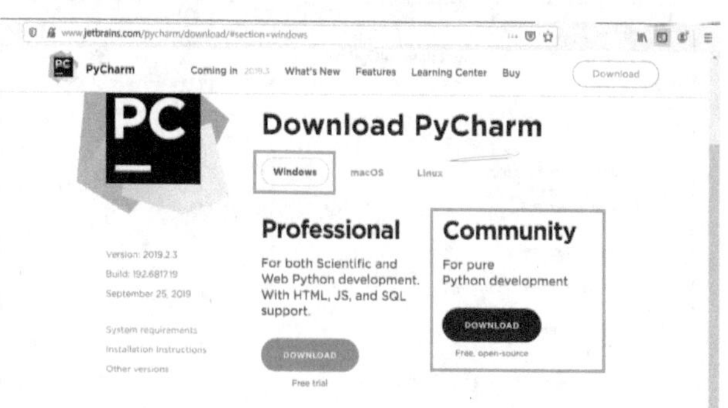

图1-29 PyCharm官网下载页面

下面介绍PyCharm在Windows操作系统下的安装方法。

①下载完成后双击安装包打开安装向导，单击“Next”按钮，如图1-30所示。

②选择 PyCharm 的安装路径，如图 1-31 所示。设置好后单击“Next”按钮。

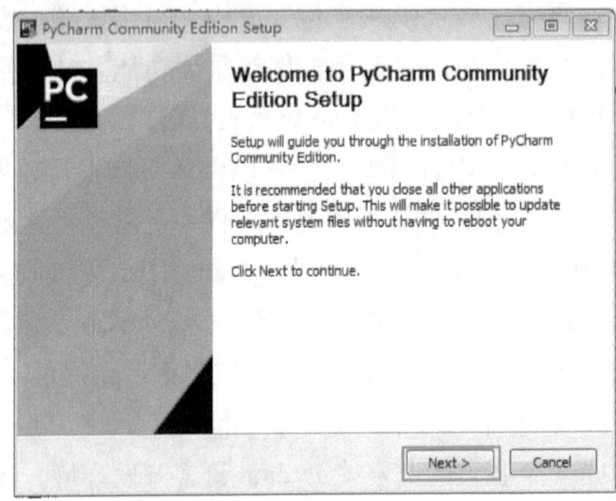

图 1-30 PyCharm 安装欢迎界面

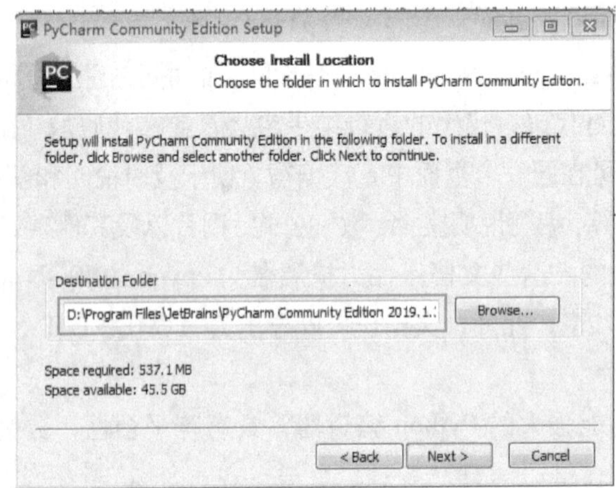

图 1-31 选择 PyCharm 安装路径

③根据使用的计算机操作系统选择位数，创建桌面快捷方式并关联 .py 文件，如图 1-32 所示。设置完成后单击“Next”按钮。

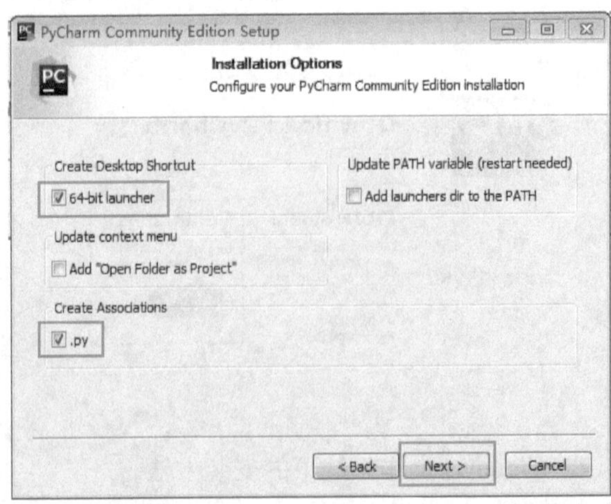

图 1-32 选择创建桌面快捷方式和关联的文件

④ 设置 PyCharm 到启动菜单栏，这里保持默认值，如图 1-33 所示。设置完成后单击“Install”按钮。

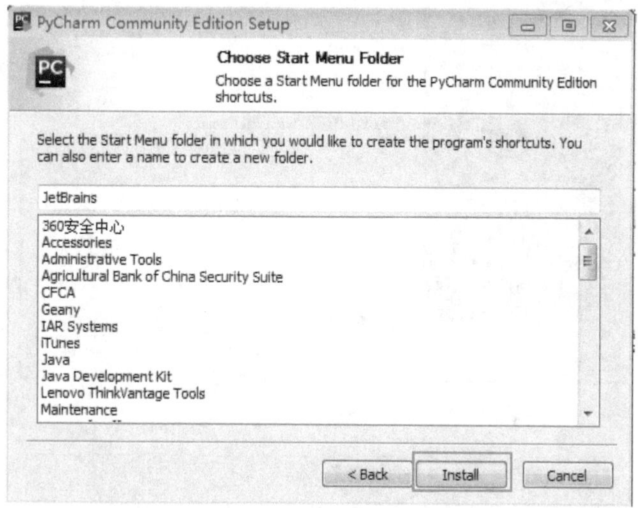

图 1-33　设置 PyCharm 到启动菜单栏

⑤ 进入 PyCharm 的安装进程界面，保持默认选项，如图 1-34 所示。

⑥ 安装完成后单击“Finish”按钮，PyCharm 安装完成，如图 1-35 所示。

3）使用 PyCharm。

完成 PyCharm 的安装后，就可以按照下面步骤使用 PyCharm 了。

① 双击桌面上的 PyCharm 快捷方式，在弹出的窗口中选择“Do not import settings”，单击“OK”按钮，如图 1-36 所示。

② 根据自己的喜好选择相应的 IDE 主题，这里选择“Light”，如图 1-37 所示，单击“Next: Featured plugins”按钮。

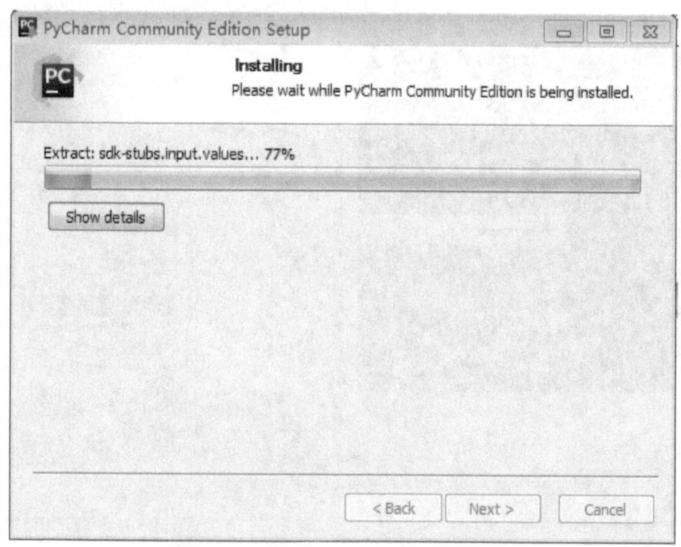

图 1-34　PyCharm 安装进程界面

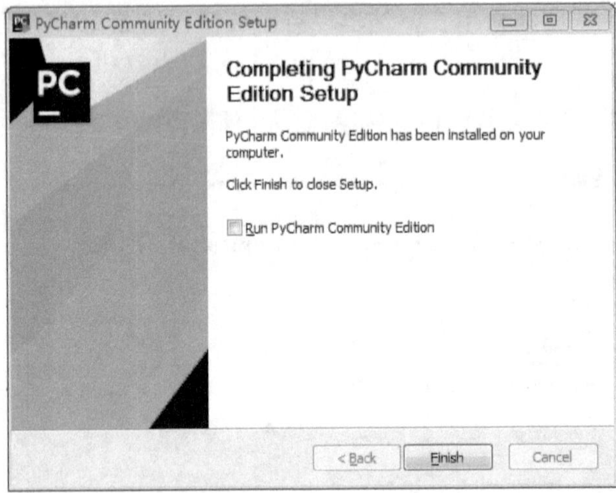

图 1-35　PyCharm 安装完成

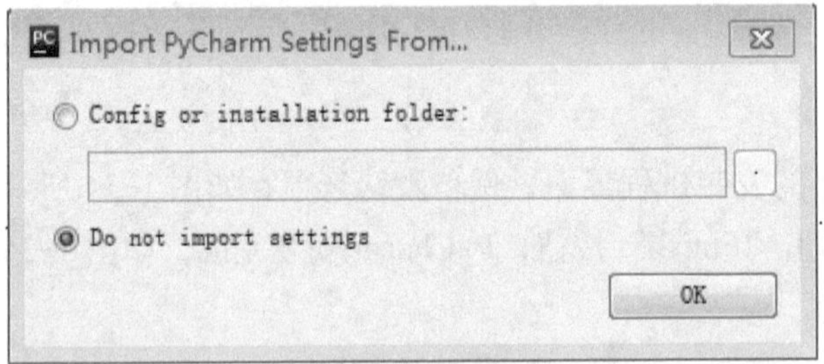

图 1-36　选择“Do not import settings”

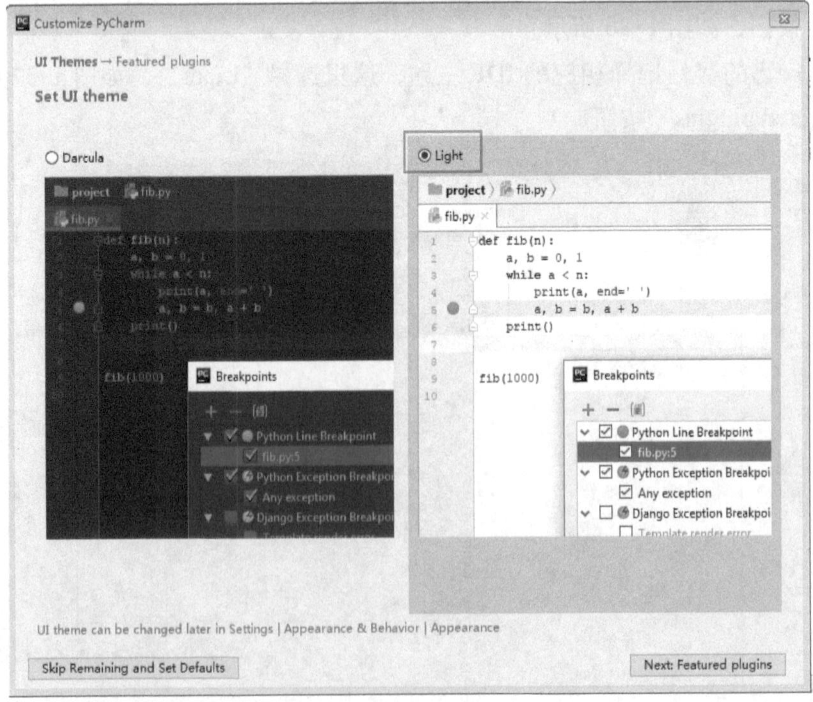

图 1-37　设置 IDE 主题

③在弹出的界面中进行 IDE 的个性化设置，这里保持默认选项，如图 1-38 所示，单击“Start using PyCharm”按钮。

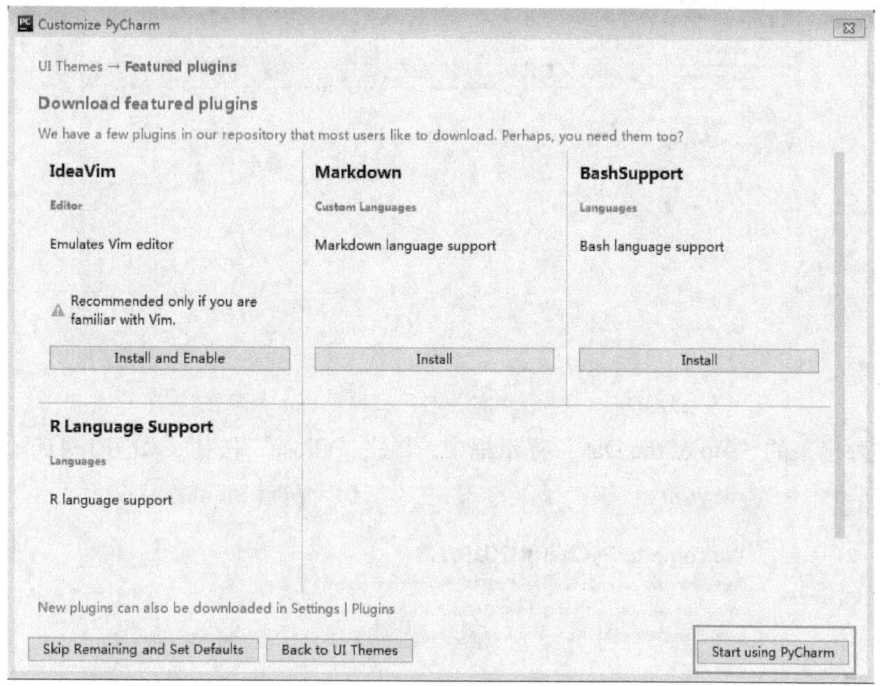

图 1-38　定制 IDE

④在弹出来的界面中选择“Create New Project”，如图 1-39 所示。

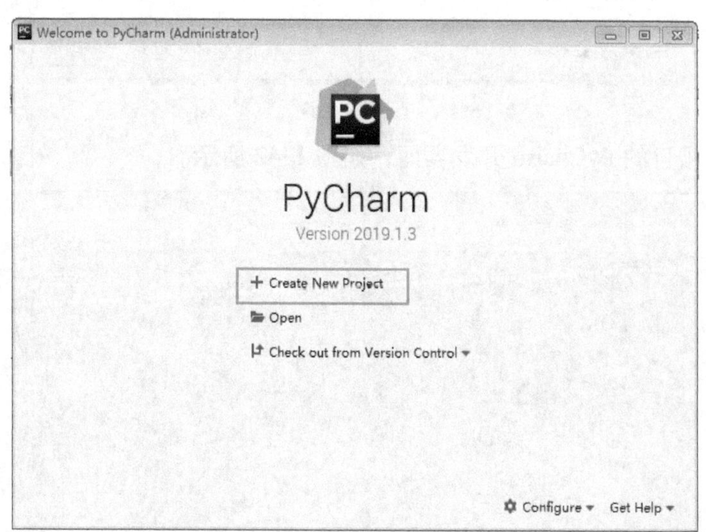

图 1-39　创建新项目

⑤在打开的“Create Project”界面中，在“Location”文本框中设置保存该项目的位置；在“Base interpreter”文本框中设置用于该项目的Python解释器，这里采用默认选项，如图1-40所示，单击“Create”按钮。

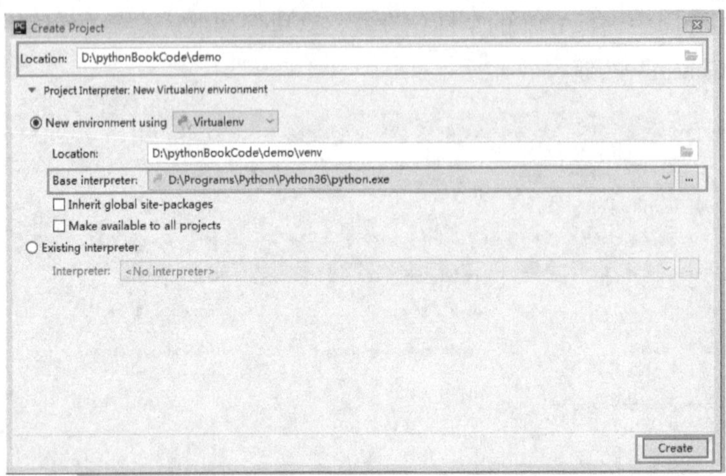

图 1-40　设置项目的保存路径和 Python 解释器

⑥在弹出来的“Tip of the Day”提示框中，单击“Close”按钮，如图 1-41 所示。

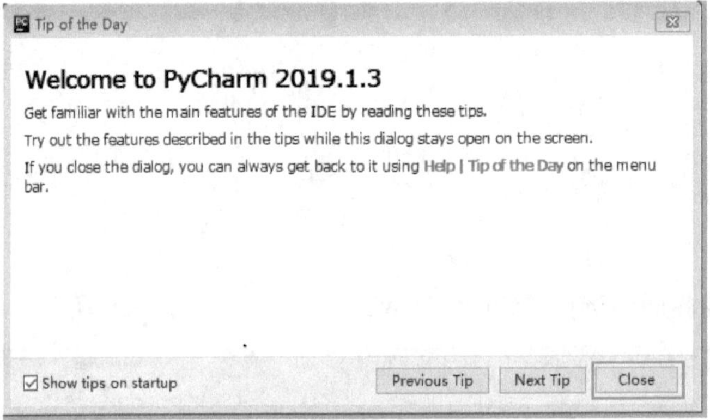

图 1-41　“Tip of the Day”提示框

⑦打开新建项目的 PyCharm 开发界面，如图 1-42 所示。

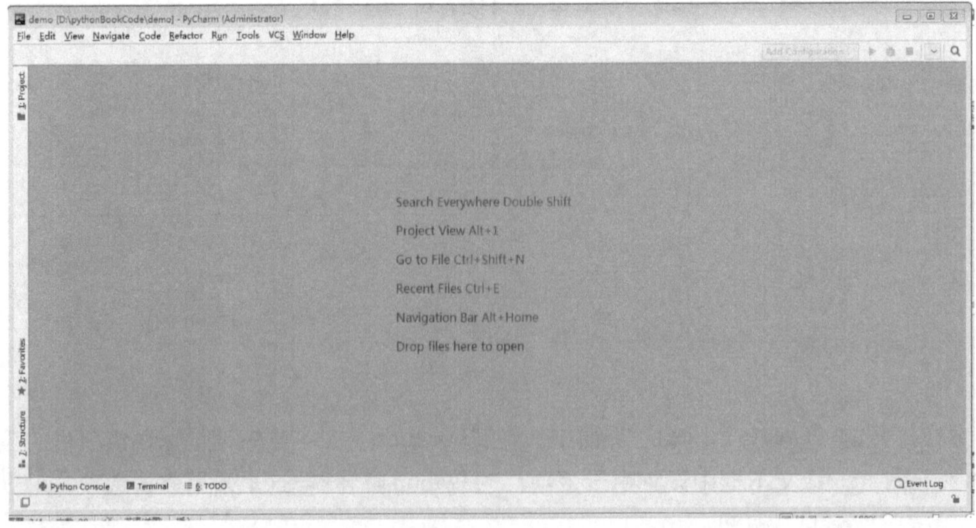

图 1-42　新建项目的 PyCharm 开发界面

⑧ 在打开的项目中新建一个 Python 文件，如图 1-43 所示。命名新文件为“first_application”，如图 1-44 所示，单击“OK”按钮。

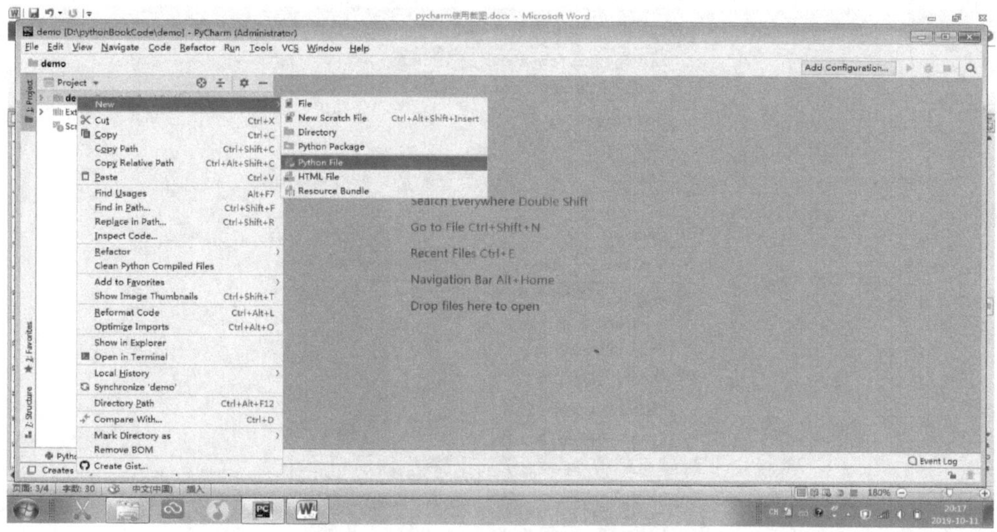

图 1-43　新建一个 Python 文件

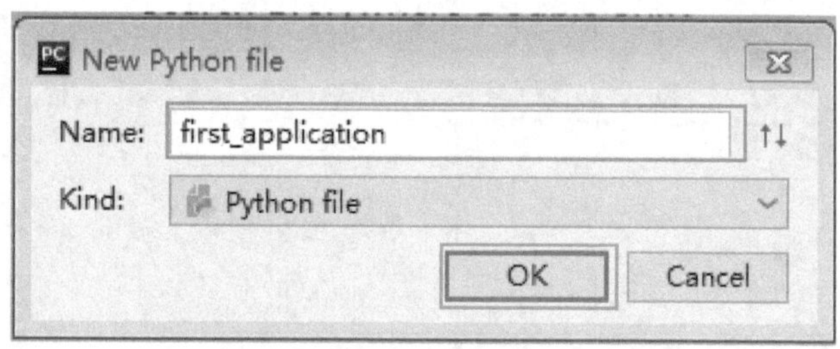

图 1-44　为新建 Python 文件命名

⑨ 在打开的新建 Python 文件代码视图中编辑代码，如图 1-45 所示。这里以调用 print 函数为例演示如何在该视图中编辑代码。

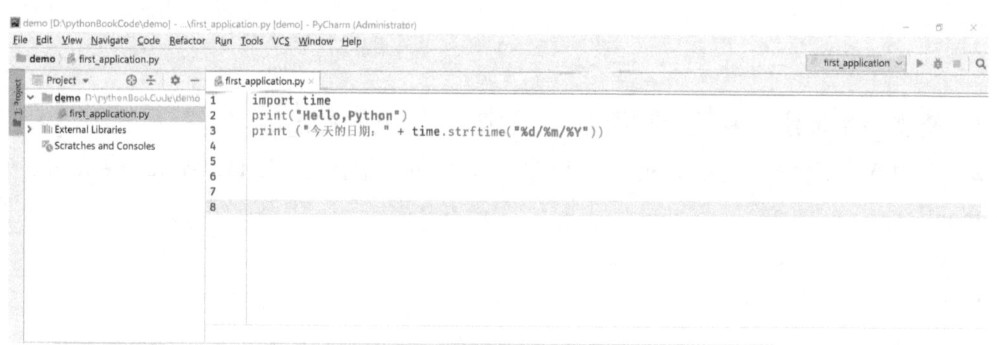

图 1-45　编辑代码

⑩ 编辑结束后就可以在 PyCharm 的 .py 文件（如 first_application.py）窗口中右击任意位置，在弹出的快捷菜单中选择“Run‘要运行的程序文件名’”（如 first_application.py）就可以运行该程序，如图 1-46 所示，正常运行时在底部的“Run”窗口中会输出“Hello,

Python！”信息，如图 1-47 所示。

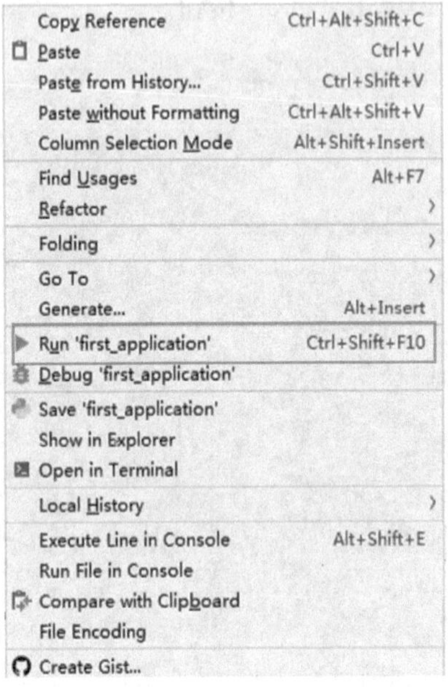

图 1-46 在 PyCharm 中运行 .py 文件

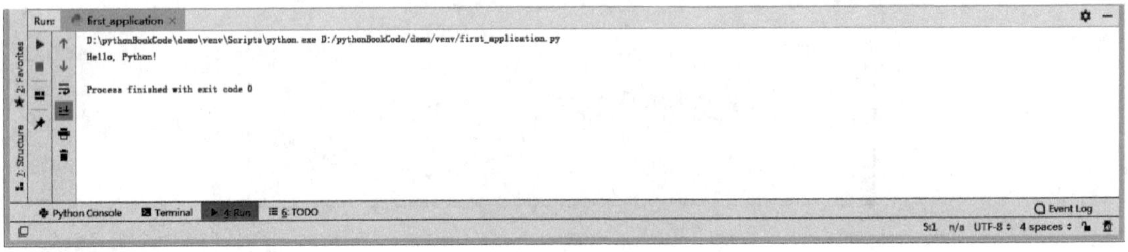

图 1-47 程序运行结果

任\务\拓\展

1．修改 Python 绘制多彩五角星程序，完成多彩多角星的绘制。

2．使用 3 种 Python 启动方式开发程序，使程序均输出“Hello，welcome to the world of Python!”。

小\结

本项目以一个绘制多彩五角星的程序将读者引入 Python 编程世界，同时介绍了 Python 及其主要特性、Python 导入模块的方法、Python 的安装方法，还详细介绍了 3 种 Python 的启动方式以及常见的几种 Python IDE，重点讲解了 PyCharm 的安装和使用。

习\题

一、单选题

1．（　　）不属于 Python 的特性。

A．好学好用　　B．收费　　C．可扩展　　D．可嵌入

2．Python IDE 中（　　）是以网页形式来呈现结果的。

A．PyCharm　　B．IDLE

C．Jupyter Notebook　　D．Spyder

3．Python 程序文件的扩展名为（　　）。

A．.dot　　B．.txt　　C．.py　　D．.c

4．下列关于 Python 的说法错误的是（　　）。

A．Python 是从 ABC 发展而来

B．Python 是一门高级语言

C．Python 是一门只面向对象语言

D．Python 是一种代表简单主义思想的语言

5．下列方法中，哪一个说法是错误的（　　）。

A．Python 可以实现 Web 开发

B．Python 是开源的

C．Python 2.x 和 Python 3.x 系列是兼容的

D．Python 可以实现科学计算

二、编程题

1．编写一个程序，输出：

```
Hello，Python！
Hello，Python！
Hello，Python！
```

2．编写一个程序，绘制一个心形图。

Project 2

项目2

基础知识

——优化系统中的图形面积计算小程序

项目情景

生活中与人们工作、生活息息相关的路径导航、最优路径选择或最佳选址等业务的完成往往离不开数学中图形面积计算功能的支持。本项目将使用 Python 完成一种最常见图形——三角形的面积计算。

完成本项目后，将掌握以下技能：

- Python 程序的规范编写。
- 标识符和关键字的定义。
- 常量和变量的定义和使用。
- 数据类型的转换。
- 运算符和表达式的应用。
- 字符串及其相关操作。

项目概述

不管是简单图形还是复杂图形的面积计算，最后都能划分成基本的规则图形进行面积计算，而三角形、四边形和圆是数学中最基本的 3 种图形，本项目以三角形的面积计算为例快速带领读者进入 Python 编程世界。

本项目的流程如图 2-1 所示。

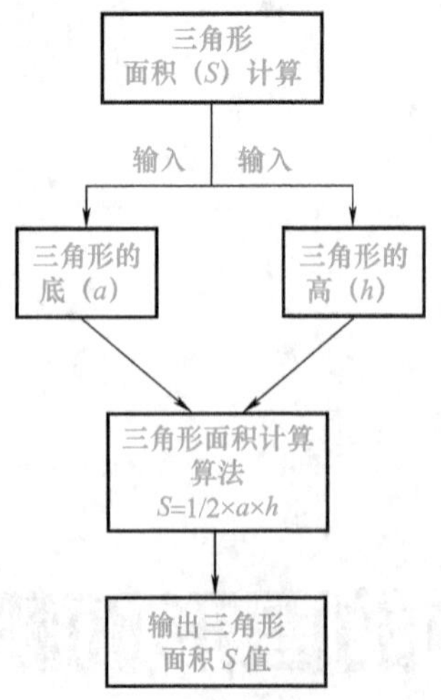

图 2-1　三角形面积计算流程图

任务 计算三角形面积

任务分析

在实际开发中应注意 3 个方面的要素，即程序开发框架、程序算法以及数据。其中，程序算法即解决问题的方法。有些人在开发应用程序的时候只注重解决问题的方法，这种想法比较片面，其实好的数据或数据结构可以在很大程度上优化程序、提高应用程序的开发质量。在早期程序开发时流行着一种说法，即程序 = 算法 + 数据结构。从中可以看出应用程序是算法和数据的有机结合以及数据在程序中的重要性。本项目引领读者进入 Python 应用程序的开发——实现三角形面积的计算，要求数据获取简单并能实现与用户的交互。

任务实施

1. 新建项目

启动 PyCharm 软件，新建一个名为“unit2”的项目，在 Project 下选中 unit2 并右击，选择“New” → “Python File”命令，新建一个 Python 文件 task2_1.py，如图 2-2 所示。

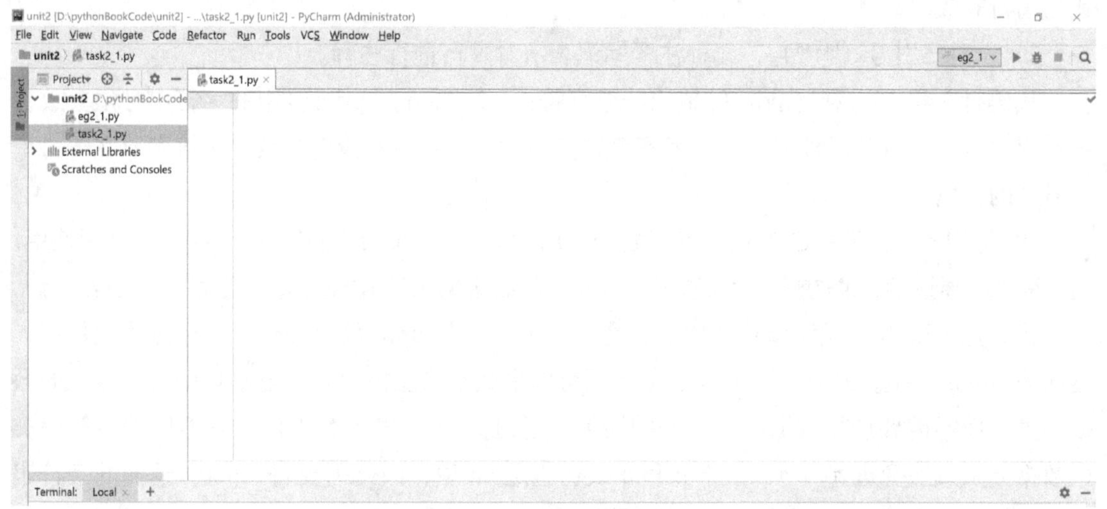

图 2-2 新建一个 Python 文件 task2_1.py

2. 代码编写

1）启动 PyCharm 代码编辑视图；

2）设计计算三角形的面积的算法：S=1/2 × 底 × 高；

3）添加注释，描述项目相关信息；

4）定义两个整型变量 a、h 并赋初值 0，再定义 1 个浮点类型变量 S，赋初值 0.0，定义的 3 个变量分别用于存储三角形的底、三角形的高和三角形的面积。

5）利用 input 函数获取从键盘输入的数据，即获取三角形的底和高的值并分别赋给变量 *a* 和 *h*。

6）将 *a* 和 *h* 的值带入 2）中的算法，计算出的三角形的面积值并赋给变量 *S* 存储。

7）完成代码编写，源代码如下：

```
1  # task2_1：计算三角形的面积
2
3  print(" 这是一个计算三角形面积的程序 ")
4  a=0 # 定义一个整数类型的变量 a 用于存储三角形底边值
5  h=0 # 定义一个整数类型的变量 h 用于存储三角形的高
6  S=0.0 # 定义一个浮点类型变量 S 存储三角形面积
7  a=int(input(" 请输入三角形底的值 -->"))
8  h=int(input(" 请输入三角形高的值 -->"))
9  S=1.0*a*h/2
10 print(" 三角形的面积为：", str(S))
```

8）运行代码，计算结果如图 2-3 所示。

```
这是一个计算三角形面积的程序
请输入三角形底的值-->3
请输入三角形高的值-->5
三角形的面积为： 7.5
```

图 2-3　三角形面积计算结果

源代码分析：

代码行 1：注释，主要用于描述该程序块的相关信息说明。Python 中代码的注释可以有多种方法：

1）用“#”标注，表示从 # 标记位置到本行结束是注释内容。注意：“#”注释标记只在当前行有效。

2）一对三引号（''' '''），此种注释标记表示对多行进行注释。

代码行 3 和 10：利用 print() 输出一个字符串，Python 的 print() 中的字符串必须要放在一对双引号或一对单引号中，如“字符串放在一对双引号中的情境”或‘字符串放在一对单引号中的情境’。

代码行 4 ～ 6：分别定义了 3 个变量：*a*、*h* 和 *S*。在 Python 编程中，变量要先定义后使用，通常变量是通过赋初值的形式完成变量的声明，从而避免无初值的变量影响程序的正常运行。

代码行 7 和 8：利用 input () 输入，在 Python 3.x 中 input 函数接受一个标准输入数据，返回为 string 类型。另外，Python 的输入还可以带文本信息提示并能自动识别需要输入的数据类型，而不需要进行数据类型之间的转换。通过 input() 输入数据后，将返回的字符串类型数据分别赋给变量 *a* 和 *h*，由于 *a* 和 *h* 赋初值是 int 型，因此需要将 input() 返回的字符串类型数据通过函数 int() 转换为 int 数据类型后再分别赋给 *a* 和 *h*。

代码行 9：将获取的输入值带入计算三角形面积的公式中，得到面积值后赋给 float 类型变量 *S*。

必备知识

1．Python 的基本语法

（1）缩进

Python 最具特色的就是使用缩进来表示代码块。缩进的空格是可变的，但是相同逻辑关系的代码块语句必须包含相同的缩进空格数。

缩进时可以使用空格键，也可以使用 <Tab> 键。但需要注意的是，不同的文本编辑器中 Tab 制表符代表的空白宽度不一致，如果编写的代码要跨平台使用，就不要使用 Tab 制表符。

在 IDLE 开发环境中，一般以 4 个空格为基本缩进单位，也可使用下面的方法来修改基本缩进量：

打开 IDLE 开发环境，选择“Options”→“Configure IDLE”命令，打开“Settings”对话框，如图 2-4 所示。在“Fonts/Tabs”标签下，可在“Indentation Width”区域通过拖动滑块来设置基本缩进单位。

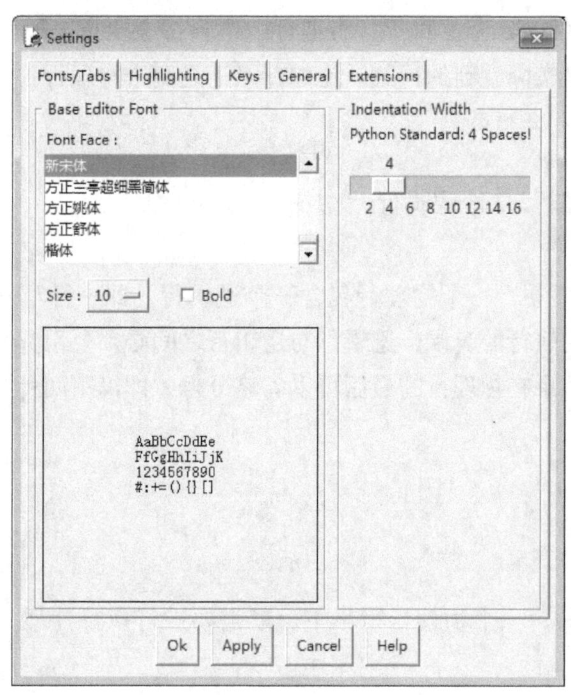

图 2-4 Settings 对话框

接下来通过运行一段代码来直观验证上述规则：

```
x=5
if x>0:
    print("x 是正整数。")
```

运行结果：

```
x 是正整数。
```

如果上述代码没有按规定缩进，错误写成下面的代码：

```
x=5
if x>0:
  print("x 是正整数。")
```

图 2-5 错误信息窗口

运行时会显示错误而拒绝执行程序，如图 2-5 所示。

通过这个例子可以看出，代码的首行不允许有空格。

如果错误写成下面的代码：

```
x=5
if x>0:
print("x 是正整数。")
```

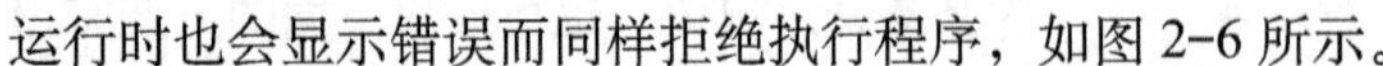
运行时也会显示错误而同样拒绝执行程序，如图 2-6 所示。

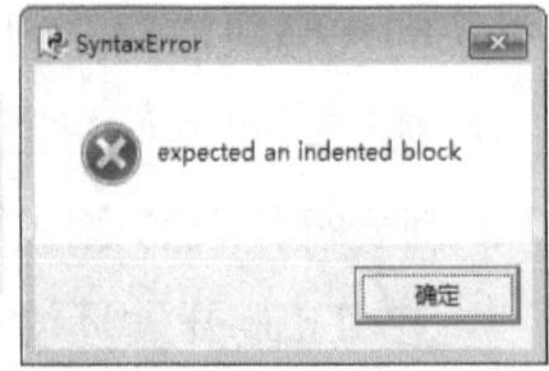

图 2-6　错误信息窗口

通过上述例子可以看出，Python 中的缩进是必须的，这是语法规定，而不像在其他计算机语言中缩进可有可无。也正是因为 Python 的这个特性，Python 代码的可读性非常强。

（2）语句换行

在 Python 中，行可以分为逻辑行与物理行。逻辑行主要指一段代码在结构或意义上的行数，而物理行指的是实际看到的行数。比如，以下是两个物理行：

```
x=10
y=20
```

而以下是 1 个物理行，3 个逻辑行：

```
t=x; x=y; y=t;
```

通常在 Python 程序中，一个物理行包含一个逻辑行，即一行写一条语句。如果要在一个物理行中编写多个逻辑行的时候，逻辑行与逻辑行之间必须要用分号"；"隔开。值得注意的是，逻辑行程序如果在物理行的最后可以省略分号，即以下两种写法都是正确的。

写法一：

```
t=x; x=y; y=t;
```

写法二：

```
t=x; x=y; y=t
```

如果一条语句过长，一个物理行写不下，就需要进行换行处理。语句换行可有以下几种处理方法：

方法一：在要换行的行尾添加续行符"\"。

例如：

```
x="Python\
程序设计 \
教程 "
print(x)
```

运行结果：

```
Python 程序设计教程
```

方法二：在多行语句的外侧加上一对圆括号。

例如：

```
x=( "Python"
    " 程序设计 "
    " 教程 ")
print(x)
```

运行结果：

```
Python 程序设计教程
```

再如：

```
x=(5 +
    22)
print(x)
```

运行结果：

```
27
```

方法三：对于字符串来说，可在多行字符串的外侧加上 3 对单引号或双引号。

例如：

```
x='''Python
    程序设计
教程 '''
print(x)
```

运行结果：

```
Python
    程序设计
教程
```

需要注意的是，在 ()、[ ] 或 { } 中的语句，不需要再使用圆括号进行换行。

例如：

```
x=(1,2,
    3,4)
for i in x:
    print(i)
```

运行结果：

```
1
2
3
4
```

（3）注释

注释对于程序理解和团队合作开发十分重要。在 Python 中，有两种注释方式：

方式一：以“#”号开头的单行注释，表示本行“#”号之后的内容都是注释。

例如：

```
# 单行注释符通常放在一行的开始
print (" 示例程序 ")  # 或放在一行代码的后面
```

方式二：以 3 个引号作为开始和结束符号的多行注释。

包含在一对 3 个单引号（'''……'''）或三个双引号（"""……"""）之间且不属于任何语句的内容将被解释器认为是注释内容。

另外，在 IDLE 开发环境中可以先选取多行代码，然后使用快捷键 <Alt+3> 和 <Alt+4>

进行代码块的批量注释和解除注释。

例如，在 IDLE 开发环境中输入代码，如图 2-7 所示。

首先选取前两行代码，然后使用快捷键 <Alt+3>，则所选取的前两行代码前自动添加了单行注释符，如图 2-8 所示。

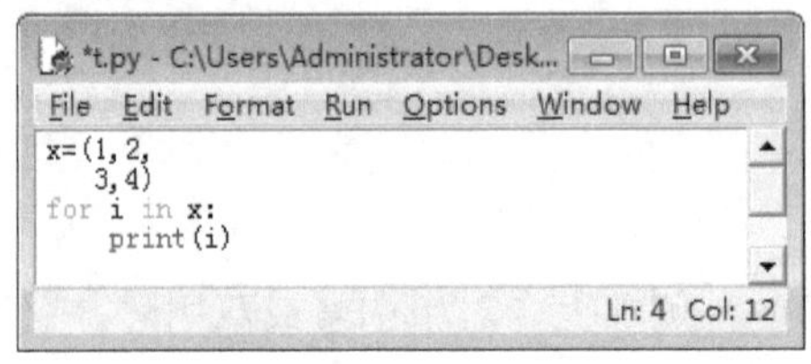

图 2-7 IDLE 程序窗口

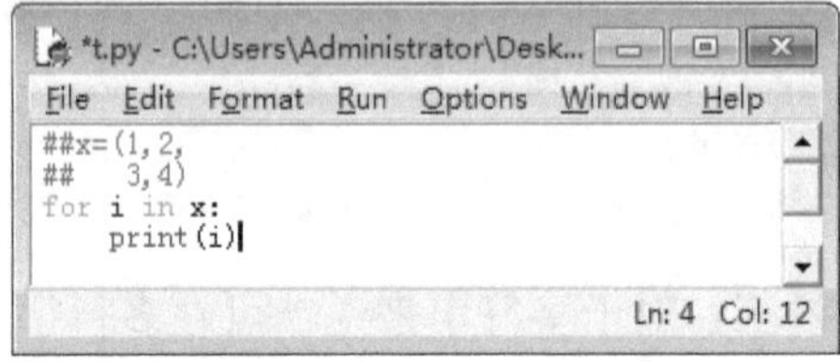

图 2-8 批量添加注释符

如果想解除单行注释符，则可以使用快捷键 <Alt+4> 将选取行的单行注释符批量取消。

2．Python 中的标识符与关键字

在 Python 编程中所起的名字叫做标识符。有效标识符的命名有一定的规则，其中变量名就是标识符的一种。

Python 系统中自带了一些具备特定含义的标识符，这些标识符称为关键字。下面介绍常用的关键字及其含义。

（1）标识符的命名规则

在 Python 中，标识符的命名是有规则的，具体规定如下：

1）标识符的第一个字符必须是字母或下画线，数字不能作为首字符。当标识符包含多个单词时，通常使用下画线“_”来连接，如 name_stu1。

2）除去首字符，标识符只能由字母、数字和下画线组成。标识符中不能出现字母、数字和下画线之外的其他字符。

3）Python 中的关键字不能作为标识符。

4）标识符的长度不限。

5）标识符区分大小写，如 name 和 Name 在 Python 中是两个不同的标识符。

Python 中的标识符还应遵循以下约定：

1）不要使用 Python 预定义的标识符名对自定义的标识符进行命名。

Python 内置的数据类型名，如 int、float、list、str、tuple 等，应避免使用，Python 内置的函数名与异常名也应避免使用。

2）避免名称的开头和结尾都使用下画线。

开头和结尾都使用下画线的名称表示 Python 自定义的特殊方法或变量，因此不应该再命名这类标识符名称。

（2）关键字

Python 系统中的关键字都有哪些呢？通过下面一段程序来查看一下。

```
# Python 中的关键字
import keyword
print(keyword.kwlist)
```

运行结果：

```
['False', 'None', 'True', 'and', 'as', 'assert', 'break', 'class', 'continue', 'def', 'del', 'elif ', 'else', 'except', 'finally', 'for', 'from', 'global', 'if', 'import', 'in', 'is', 'lambda', 'nonlocal', 'not', 'or', 'pass', 'raise', 'return', 'try', 'while', 'with', 'yield']
```

也就是说，上面显示的这 33 个关键字不能用作标识符。Python 中的每个关键字都代表不同的含义，可以通过 help( ) 命令进入帮助系统来查看，示例代码如下：

```
>>> help()                  # 进入帮助系统
help> keywords              # 查看所有的关键字列表
help> if                    # 查看"if"这个关键字的说明
help> quit                  # 退出帮助系统
```

3．简单数据类型的常量和变量

程序运行时不会被更改的量叫作常量。常量通常可以分为整型、浮点型、复数型、布尔型、字符串型；整型常量又有十进制、二进制、八进制、十六进制等不同的表示方式。浮点型也有十进制形式和指数形式两种表示方式。

程序设计中还会经常用到另外一个量叫作变量，变量是内存中命名的存储位置，用于存储数据。与常量不同的是，变量在程序运行过程中是变化的。变量的数据类型除了有整型、浮点型、复数型、布尔型、字符串型外，还有列表类型、元组类型、字典类型等组合数据类型。

（1）了解常量及其表示

Python 语言中常量有整型、浮点型、复数型、布尔型、字符串型。了解各类型常量的表示方法，就可以根据题目需要正确地给变量赋值、完成相应的计算、得到问题的答案了。

1）整型常量。

在 Python 中整型是最常用的数据类型，它的取值范围与所用的机器有关，在 32 位机器上取值范围是 -2^{31} ～（2^{31}–1），即 –2 147 483 648 ～ 2 147 483 647；在 64 位机器上，取值范围是 -2^{63} ～（2^{63}–1），即 –9 223 372 036 854 775 808 ～ 9 223 372 036 854 775 807。

可以使用下面的代码显示本机的整数最大取值。

```
>>> import sys
>>> print(sys.maxsize)
9223372036854775807
```

Python 中整型常量也可以用二进制、八进制、十六进制表示，当用二进制表示时，数值前面加上“0b”或“0B”；当用八进制表示时，数值前面要加上“0o”或“0O”，注意第一个字符为数字 0，第二个字符为字母 o 或 O；当用十六进制表示时，数字前面要加上“0x”或“0X”。不同进制的表示示例如下：

```
# 十进制整数
>>> 23
23
>>> -45
-45
```

```
# 二进制整数
>>> 0b1101
13
>>> -0B1101
-13
# 八进制整数
>>> -0o17                    # 第二个字符为数字 0，第三个字符为小写字母 o
-15
>>> 0O23                     # 第一个字符为数字 0，第二个字符为大写字母 O
19
# 十六进制整数
>>> 0x41
65
>>> -0X1a
-26
```

值得注意的是，在 Python 3 中已经没有长整型这个数据类型了。

2）浮点型常量。

浮点型常量用来表示带有小数的数据，有两种表示形式：十进制小数形式和指数形式。

十进制小数形式是由数字和小数点组成，小数点前或后面的“0”可以默认省略，但小数点必须要写，如 1.23、–3.45、23.、.15 等都是正确的写法。

指数形式的格式是：< 实数 >e/E<+/–> 指数。

其中，“e”或“E”表示基是 10，后面的整数表示指数，如果指数是正整数，整数前面的“+”号可以省略。不同方式的表示示例如下：

```
>>> .15
0.15
>>> 23.
23.0
>>> 1.25e3
1250.0
>>> -4.57E-3
-0.00457
```

需要注意的是，Python 的浮点型数据占 8 个字节，能表示的数值范围是 $-1.8^{308} \sim 1.8^{308}$。示例代码如下：

```
>>> -1.8E308                 # 表示浮点数超出了可以表示的范围
-inf
>>> 1.8E308                  # 表示浮点数超出了可以表示的范围
inf
```

3）布尔型常量。

布尔型可以看做是一种特殊的整数，只有两个取值：True 和 False，分别对应整数 1 和 0。对于值为零的任何数字或空集在 Python 中的布尔值都是 False。例如，以下对象的布尔值都是 False：

- 0（整型）；
- False（布尔型）；

- 0.0（浮点型）；
- 0.0+0.0j（复数型）；
- ""（空字符串）；
- []（空列表）；
- ()（空元组）；
- {}（空字典）；
- None。

Python 语言中有一个特殊的值——“None”，它表示空值，不同于逻辑值 False、数值 0、空字符串 ""，它表示的含义就是没有任何值，它与其他任何值的比较结果都是 False。示例代码如下：

```
>>> None == False
False
>>> ""== None
False
>>> None == 0
False
```

4）复数类型常量。

复数类型用来表示数学中的复数，它由实数部分和虚数部分组成，表示格式为：a+bj，其中，实数部分 a 和虚数部分 b 都是浮点型，虚数部分必须加后缀“j”或“J”。

需要注意的是，实数部分如果为 0 可以省略不写，但一个复数必须要有虚数部分，而且虚数部分的值即使是 1 也不能省略，必须写成 1j，否则会报错。示例代码如下：

```
>>> 1.23+45.6j                # 实数部分和虚数部分都是小数
(1.23+45.6j)
>>> 3-2j                      # 实数部分或虚数部分可以写成整数
(3-2j)
>>> 3.21e3+9.87e-2J           # 实数部分或虚数部分可以写成指数形式
(3210+0.0987j)
>>> -.56+0j                   # 虚数部分为 0 也要写成 0j
(-0.56+0j)
>>> 0+2j
2j
>>>3.4j                       # 实数部分为 0 可以省略不写
3.4j
>>> 2-j                       # 虚数部分的值即使是 1 也不能省略，否则会报错
Traceback (most recent call last):
    File "<pyshell#16>", line 1, in <module>
        2-j
NameError: name 'j' is not defined
>>> 2-1j                      # 虚数部分的值即使是 1 也要写成“1j”
(2-1j)
```

5）字符串常量。

字符串是一种表示文本的数据类型，也是 Python 中最常见的，可以通过“'”单引号、“"”双引号和“'''”三引号对来表示字符串常量。

需要注意的是，用单引号表示的字符串里不能包含单引号；同样，用双引号表示的字

符串里不能包含双引号，且只能有一行。只有三引号能够包含多行字符串，常常出现在函数声明的下一行，用来注释函数的功能。相关示例代码如下：

```
>>> 'hello'
'hello'
>>> 'let's go'                              # 单引号表示的字符串里不能包含单引号
SyntaxError: invalid syntax
>>> "let's go"
"let's go"
>>> ""Yes.",he said."                       # 双引号表示的字符串里不能包含双引号
SyntaxError: invalid syntax
>>> '''"Yes.",he said.'''
'"Yes.",he said.'
>>> '''Hello                                # 三引号能够包含多行字符串
Python
!!!'''
'Hello\nPython\n!!!'                        # \n 表示换行
```

（2）变量及不同数据类型间的转换

变量用来存储数据，它的值在程序运行过程中会发生变化。变量是标识符的一种，因此变量的命名要遵循标识符的命名规则。

在 Python 中，使用变量之前不用先声明，直接给变量赋值即可，Python 会根据变量的值自动判断变量的数据类型，即给变量赋了什么类型的值，变量就是什么数据类型了。

1）变量名。

变量是标识符的一种，变量的命名完全遵循标识符的命名规则。下面所列的变量名都是有效的：

```
x      pow_x     x2      _price     Myage
```

以下变量名都是无效的：

```
3a                              # 错在：第 1 个字符为数字
My age                          # 错在：中间有空格
my-price                        # 错在：中间有减号
return                          # 错在：使用了 Python 关键字
```

Python 中的变量区分大小写，比如，下列示例中的 age 和 Age 被认为是两个不同的变量。

```
>>> age=18
>>> Age=28
>>> age
18
>>> Age
28
```

Python 支持 Unicode 编码，因此在 Python 3.x 中，可以使用中文作为变量名，例如：

```
>>> 姓名 =' 张华 '
>>> 姓名
' 张华 '
```

给变量命名除了要遵循规则外，在此还提出一点建议：见名知意。最好起一个有意义的名字，尽量做到从变量名上就能明显知道它保存的是什么值，这样可提高代码的可读性。

例如，使用 name 保存姓名，使用 age 保存年龄。

2）变量的数据类型。

为了更加充分地利用内存空间，需要为变量指定不同的数据类型。Python 中常见的变量的数据类型如图 2-9 所示。

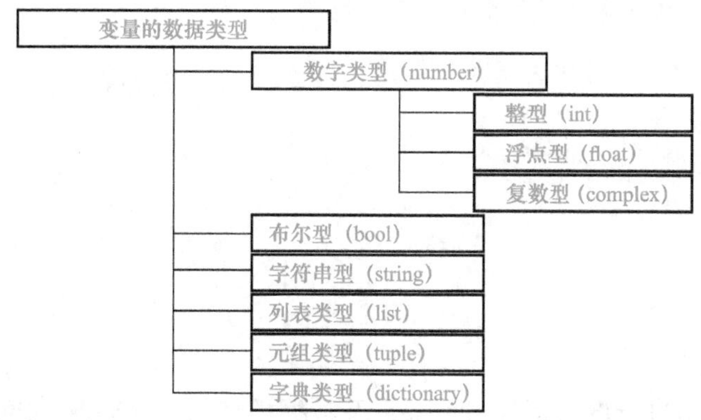

图 2-9　变量的数据类型

变量可以直接使用，Python 会根据变量的值自动辨别变量的数据类型，如果想查看变量的数据类型，可以使用 type() 函数来检测数据的类型，该函数的格式为：

type（变量名）

示例代码如下：

```
>>> x=10                                   # x 是整型变量
>>> type(x)
<class 'int'>
>>> y=12.3                                 # y 是浮点型变量
>>> type(y)
<class 'float'>
>>> L=True                                 # L 是布尔型变量
>>> type(L)
<class 'bool'>
>>> s=' 这是一个字符串 '                   # s 是字符串型变量
>>> type(s)
<class 'str'>
# x 是整型变量，y 是浮点型变量，x+y 的结果 z 是浮点型变量
>>> x=10
>>> y=12.3
>>> z=x+y
>>> type(z)
<class 'float'>
```

对于复数型变量，可通过“变量名 .real”访问复数的实数部分，通过“变量名 .imag”访问复数的虚数部分。示例代码如下：

```
>>> c=1.23-4j                              # c 是复数型变量
>>> c.real                                 # 访问复数的实数部分
1.23
>>> type(c.real)                           # 查看复数实数部分的数据类型
```

```
<class 'float'>
>>> c.imag                                  # 访问复数的虚数部分
-4.0
>>> type(c.imag)                            # 查看复数虚数部分的数据类型
<class 'float'>
```

Python 中可以一次对多个变量赋值，赋值格式为：

```
变量 1，变量 2，…，变量 n = 值 1，值 ,2，…，值 n
```

示例代码如下：

```
>>> name,age=" 张伟 ",19
>>> name
' 张伟 '
>>> age
19
```

3）数据类型转换。

当多个数据类型进行混合运算时就会涉及数据类型的转换问题。Python 系统会检查一个数是否可以转换为另一个类型，如果可以则自动进行类型转换。数据类型转换的基本原则是整型转换为浮点型，浮点型转换为复数。示例代码如下：

```
>>> 2+3.4
5.4
>>> 1.2 + (3.4+5.6j)
(4.6+5.6j)
```

上述计算中，数据类型的转换是自动进行的，不需要编码来进行类型转换。但是在有些情况下，需要借助一些函数进行数据类型转换。常见的数据类型转换函数有：

① int (x)：将变量 x 转换为一个整数；

② float (x)：将变量 x 转换为一个浮点数；

③ complex (real,imag)：创建一个复数，real 为实数部分，imag 为虚数部分；

④ str (x)：将任意对象 x 转换为字符串。

示例代码如下：

```
>>> x=3.4                          # 将浮点数转换为整数
>>> int(x)
3
>>> x='12'                         # 将字符串转换为整数
>>> int(x)
12
>>> float(-5)                      # 将整数转换为浮点数
-5.0
>>> x='12'                         # 将字符串转换为浮点数
>>> float(x)
12.0
>>> complex(1.2, -3.5)             # 创建一个复数
(1.2-3.5j)
```

```
>>> complex(3)
(3+0j)
>>> complex(1.2e-3,7.65e+2)
(0.0012+765j)
>>> a=12.3                    # 将数值转换成字符串
>>> s=str(a)
>>> s
'12.3'
>>> str(4+5j)
'(4+5j)'
```

4．正确使用运算符和表达式

描述各种不同运算的符号称作运算符，参与运算的数据叫做操作数。Python 运算符包括赋值运算符、算术运算符、关系运算符、逻辑运算符、位运算符、成员运算符和身份运算符。表达式是将不同类型的数据，如常量、变量、函数等，用运算符按照一定的规则连接起来的式子。

（1）算术运算符和算术表达式

算术运算符主要用于计算。Python 中的算术运算符有两类：单目操作符正号（+）、负号（–），和双目运算符（+、–、*、/、%、**、//），分别表示加、减、乘、除、取余、乘方、整除等运算。Python 中的算术运算符和表达式见表 2–1。

表 2–1　算术运算符和表达式

算术运算符	描述	表达式	实例
+	加法运算	x+y	9+2 结果为 11
–	减法运算	x–y	9–2 结果为 7
*	乘法运算	x*y	9*2 结果为 18
/	除法运算	x/y	9/2 结果为 4.5
%	求模运算（取余数）	x%y	9%2 结果为 1 –13%3 结果为 2
**	幂运算	x**y	9**2 结果为 81
//	整除运算，返回商的整数部分（向下取整）	x//y	9//2 结果为 4 –7//3 结果为 –3

（2）赋值运算符和赋值表达式

Python 中的赋值运算符有两类：简单赋值运算符（=）和复合赋值运算符（+=、–=、*=、/=、%=、**=、//=），简单赋值运算符是把等号右边的值赋给左边；复合赋值运算符可以看做是将算术运算和赋值运算功能合并在一起的一种运算符。Python 中的赋值运算符和表达式见表 2–2，假设 x=7，y=3。

表 2-2　赋值运算符和表达式

赋值运算符	描述	表达式	实例
=	赋值运算	x=y	z=x，z 结果为 7
+=	加法赋值运算	x+=y	等价于 x=x+y，x 结果为 10
–=	减法赋值运算	x–=y	等价于 x=x–y，x 结果为 4
*=	乘法赋值运算	x*=y	等价于 x=x*y，x 结果为 21
/=	除法赋值运算	x/=y	等价于 x=x/y， x 结果为 2.3333333333333333
%=	求模赋值运算	x%=y	等价于 x=x%y，x 结果为 1
**=	幂赋值运算	x**=y	等价于 x=x**y，x 结果为 343
//=	整除赋值运算	x//=y	等价于 x=x//y，x 结果为 2

可以同时为多个变量赋同一个值，示例代码如下：

```
>>> x=y=z=10
```

结果变量 x、y、z 的值均为 10 了。

还可以将多个数值赋给多个变量，示例代码如下：

```
>>> x,y=10,20
>>> x
10
>>> y
20
>>>
```

（3）关系运算符和关系表达式

关系运算用于比较两个数的大小。Python 中的关系运算符有等于（==）、不等于（!=）、大于（>）、大于等于（>=）、小于（<）、小于等于（<=）等。关系运算的结果是一个逻辑值，即结果不是 True 就是 False。Python 中的关系运算符和表达式见表 2-3，假设 x=10，y=20。

表 2-3　关系运算符和表达式

关系运算符	描述	表达式	实例
==	等于运算	x==y	结果为 False
!=	不等于运算	x!=y	结果为 True
>	大于运算	x>y	结果为 False
<	小于运算	x<y	结果为 True
>=	大于等于运算	x>=y	结果为 False
<=	小于等于运算	x<=y	结果为 True

（4）逻辑运算符和逻辑表达式

逻辑运算用来表达日常交流中的“并且”“或者”“除非”等意思。Python 中的逻辑运算符有：与（and）、或（or）、非（not）。关系运算的结果是一个逻辑值，即结果不是 True 就是 False。Python 中的逻辑运算符和表达式见表 2-4，假设 x=10，y=20。

表 2-4 逻辑运算符和表达式

逻辑运算符	描述	表达式	实例
and	“与”运算： 如果 x 为 False，x and y 返回 False，否则它返回 y 的计算值	x and y y and x	结果为 20 结果为 10
or	“或”运算： 如果 x 是 True，x or y 返回 x 的值，否则它返回 y 的计算值	x or y y or x	结果为 10 结果为 20
not	“非”运算： 如果 x 为 True，not x 返回 False；如果 x 为 False，not x 返回 True	not x	结果为 False

在编程中，通常用逻辑运算符进行条件判断，比如，判断 x 值是否在 0 ~ 100 之间，条件表达式应写为：（x>=0）and（x<=100），示例代码如下：

```
>>> x=10
>>> (x>=0) and (x<=100)
True
>>> x=120
>>> (x>=0) and (x<=100)
False
```

（5）成员运算符和成员表达式

成员运算符用于判断指定序列中是否包含某个值，结果为 True 或 False。Python 中的成员运算符有两个：in 和 not in。Python 中的成员运算符和表达式见表 2-5，假设 x=10，y=[1,2,3,4]。

表 2-5 成员运算符和表达式

成员运算符	描述	表达式	实例
in	如果在指定的序列中找到某值则返回 True，否则返回 False	x in y	结果为 False
not in	如果在指定的序列中没有找到某值则返回 True，否则返回 False	x not in y	结果为 True

（6）位运算符和位表达式

程序中用到的数据在计算机中都是以二进制的形式存储的。位运算就是直接对整数在内存中的二进制数的各位进行操作。Python 中位运算符有：按位与（&）、按位或（|）、按位异或（^）、按位取反（~）以及位移运算符：左移（<<）、右移（>>）等。

Python 中的位运算符和表达式见表 2-6。假设 a=185，b=39，用十六进制表示为：a=0xb9，b=0x27；用二进制表示为：a=0b10111001，b=0b00100111。

表 2-6　位运算符和表达式

成员运算符	描述	表达式	实例
&	按位与： 如果两个二进制位都为 1，则该位为 1，否则为 0	a&b	a:10111001 b:00100111 a&b:00100001 （33，0x21）
|	按位或： 只要有一个二进制位为 1，则该位为 1，否则为 0	a|b	a:10111001 b:00100111 a|b:10111111 （191，0xbf）
^	按位异或： 两个二进制位相同为 0，相异为 1	a^b	a:10111001 b:00100111 a^b:10011110 （158，0x9e）
~	按位取反： 对数据的每个二进制位取反	~a	a:10111001 ~a:01000110 （70，0x46）
<<	按位左移： 运算数的各二进制位全部向左移若干位	a<<2	a:10111001 a<<2:11100100 （228，0xe4）
>>	按位右移： 运算数的各二进制位全部向右移若干位	a>>2	a:10111001 a>>2:00101110 （46，0x2e）

需要注意：

1）按位取反运算。

a:10111001，对该数每个二进制位取反，即把 1 变为 0，把 0 变为 1，得到～ a:01000110，该数对应的十六进制数为 0x46，对应的十进制数为 70。

2）按位左移运算。

a<<2 表示运算数的各二进制位全部左移 2 位，移出的高位丢弃，低位补 0。a<<2 的结果是 11100100，对应的十六进制数为 0xe4，对应的十进制数为 228。

一个数向左移动 n 位，如果移出的位数都是 0，则移位后的结果相当于该数乘以 2 的 n 次方。因此，在程序中想要计算一个数乘以 2 的 n 次方，可以使用按位左移 n 位来实现。

3）按位右移运算。

a>>2 表示运算数的各二进制位全部右移 2 位，移出的低位丢弃，高位补 0。a>>2 的结果是 00101110，对应的十六进制数为 0x2e，对应的十进制数为 46，是原数除以 4 的商。

一个数向右移动 n 位，则移位后的结果相当于该数整除 2 的 n 次方。因此，在程序中想要计算一个数除以 2 的 n 次方，可以使用按位右移 n 位来实现。

（7）运算符的优先级

在一个算式中如果出现加、减、乘、除四则运算，应该先做乘、除，后做加、减，这叫做运算顺序。Python 中有多种类型的运算符，如果多个不同的运算符同时出现在一个表达式中，就要通过运算符的优先级来决定执行运算的先后顺序，通常优先级高的先执行，优先级低的后执行。所以运算符的优先级是描述在计算机运算时表达式执行运算的先后顺序。Python 运算符的优先级见表 2-7。

表 2-7　运算符的优先级

优先级	运算符	描述	结合方向
1	**	幂（指数）	
2	~ + -	按位取反、正号、负号	从左到右
3	* / % //	乘、除、取模、整除	从左到右
4	+ -	加、减	从左到右
5	<< >>	按位左移、按位右移	从左到右
6	&	按位与	
7	^	按位异或	
8	|	按位或	
9	< <= > >=	小于、小于等于、大于、大于等于	从左到右
10	== !=	等于、不等于	从左到右
11	= += -= *= /= %= //= **=	赋值运算符	从右到左
12	in not in	成员运算符	从左到右
13	not	逻辑非	
14	and	逻辑与	
15	or	逻辑或	

一般情况下，运算符的优先级决定了运算的次序。但是，如果想要改变默认的计算顺序，可以使用圆括号。例如，想要在表达式 10+20*30 中让加法在乘法之前计算，那么就写成（10+20）*30。

建议：最好是以圆括号来标记运算符的优先级，这样可读性强，也是一个良好的编程习惯。

Python 运算符通常由左向右结合，即具有相同优先级的运算符按照从左向右的顺序计算。例如，1+2+3 被计算成（1+2）+3。但是赋值运算符的结合顺序是由右向左进行的，即 x=y=z 被处理为 x=（y=z）。

5．字符串及其应用

字符串是 Python 中最常用的数据类型，通过单引号、双引号或三引号来表示。字符串中的字符可以是 ASCII 字符、各种符号以及各种 Unicode 字符。Python 不支持单字符类型，

单字符也是作为一个字符串使用的。本项目主要介绍 Python 中字符串的输入与输出，学会使用切片的方式访问字符串中的字符，并掌握常用的字符串内建函数。

（1）截取身份证号码中的出生日期

前面已经讲过了字符串常量，当一个变量被赋予了一个字符串常量，该变量就是一个字符串类型的变量了。字符串变量中的字符是可以用索引（下标）访问到的。

1）字符串的存储方式。

字符串在内存中的存储方式见表 2-8。

表 2-8　字符串的存储方式

字符串	p	y	t	h	o	n
索引（下标）	0	1	2	3	4	5

字符串中的每一个字符占用内存的一个字节并对应着一个编号，这个编号从 0 开始，被称作索引（下标）。要访问字符串中的字符可以使用方括号和索引的方式来读取，示例代码如下：

```
>>> str="python"
>>> str[0]
'p'
>>> str[3]
'h'
```

2）截取子字符串。

除了上面介绍的可以访问字符串中的某个字符，还可以截取子字符串。截取子字符串的语法格式如下：

```
[起始：结束：步长]
步长的默认值为 1。
```

需要注意的是，选取的区间是左闭右开型，即从“起始”的索引开始到“结束”的前一位索引结束，不包括“结束”位本身的字符，示例代码如下：

```
>>> str="python"
>>> str[1:4]                    # 截取索引为 1 ～ 3 的子串
'yth'
>>> str[1:]                     # 如果“结束”位空缺，则默认为到字符串的尾部
'ython'
>>> str[1:-1]                   # 负号表示从字符串的尾部开始，此时尾部索引为 0
'ytho'
>>> str[::-1]                   # 步长为负表示倒序，即从后往前截取子串
'nohtyp'
```

3）字符串运算符。

Python 中针对字符串进行运算的运算符号见表 2-9。

表 2-9　字符串运算符

运算符	描述	示例代码	输出结果

+	字符串连接	>>> s1='Hello'
		>>> s2='World'
		>>> s1+s2
			HelloWorld

*	字符串重复输出	>>> s1='Hello' >>>s1*2	HelloHello
[]	通过索引获取字符串中的字符	>>> s1='Hello' >>>s1[1]	e
[:]	截取字符串中的一部分，遵循左闭右开原则	>>> s1='Hello' >>> s1[0:4]	Hell
in	成员运算符 如果字符串中包含给定的字符则返回 True	>>> s1='Hello' >>>'H' in s1 >>>'h' in s1	True False

not in	成员运算符
	如果字符串中不包含给定的字符则返回 True
		>>> s1='Hello'
		>>> 'h' not in s1
		>>> 'H' not in s1
			True
			False

截取身份证号码中的出生日期的参考代码：

```
>>> id="120106199810253487"            # 18 位身份证号码
>>> id[6:6+8]                          # 截取身份证号码中的出生日期
'19981025'
```

（2）以交互方式识别身份证号码中的出生日期

本功能与（1）的功能相近，只是需要以交互的方式实现格式化的输出，这就要用到字符串的输入、输出、字符串的连接等。

1）字符串的输入函数 input( )。

在 Python 中，通常使用内置函数 input( ) 来接收用户从键盘输入的数据。input( ) 函数的一般用法是：

```
变量 = input(' 提示：')
```

input( ) 可以接收用户输入的任意类型的数据，但是值得注意的是它会将所有输入默认为字符串，即返回字符串类型。因此若要进行数值比较，还应使用相应的数据类型转换函数，如 int( )，将字符串转换成数值后再比较大小。示例代码如下：

```
>>> age= input(' 请输入你的年龄：')      # 把输入的字符串赋值给 age
请输入你的年龄：18
>>> type(age)                           # 查看此时变量 age 的数据类型，发现是字符串型
<class 'str'>
>>> age=int(age)                        # 把字符串 age 转变为整型
>>> type(age)                           # 查看此时变量 age 的数据类型，已转变为整型
<class 'int'>
```

2）字符串的输出函数 print( )。

Python 内置函数 print( ) 是基本的输出函数，可以把要输出的内容显示在屏幕上。它的

使用很灵活，常见的用法有：

① 输出字符串。

```
>>>print('Hello Python! ')
```

或者：

```
words= 'Hello Python!'
print(words)
```

运行结果：

```
Hello Python!
```

② 输出字符串与变量的值（变量的值默认为字符串类型）。

```
x=10
print('x=', x)
```

运行结果：

```
x= 10
```

③ 输出多个对象的值且改变多个值之间的分隔符。

```
# 使用默认分隔符
>>> print(1,2,3)
1 2 3
# 使用指定的分隔符
>>> print(1,2,3,sep=',')
1,2,3
print(1,2,3,sep=':')
>>> 1:2:3
```

④ 把一段文字打印 n 遍且不换行。

```
words= 'Hello Python! ' * 4
print(words)
```

运行结果：

```
Hello Python! Hello Python! Hello Python! Hello Python!
```

⑤ 把一段文字打印 n 遍且每段文字独自一行。

```
words= 'Hello Python!\n '
print(words* 4)
```

运行结果：

```
Hello Python!
Hello Python!
Hello Python!
Hello Python!
```

3）字符串的格式化输出。

字符串的格式化输出是在 print( ) 中使用格式化符号（%）来实现的。

字符串格式化输出的一般形式为：

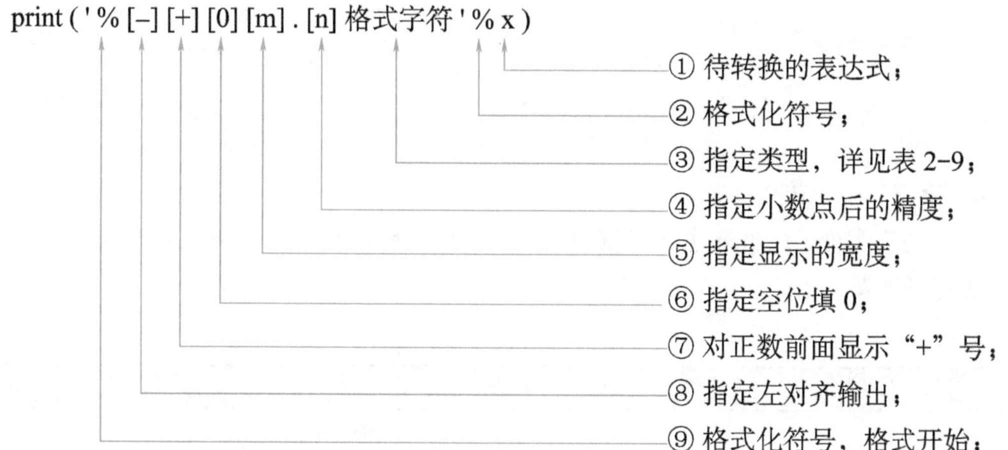

其中，方括号“[ ]”表示可选参数。

Python 支持的常见格式符号见表 2-10。

表 2-10　常见格式符号

格式	说明	示例代码	执行结果
%c	ASCII 码符号	>>> r=65 >>> print('%c'%r)	A
%d	十进制整数	>>> a=23 >>> print('%d'%a)	23
%o	八进制整数	>>> a=23 >>> print('%o'%a)	27
%x	十六进制整数（小写 a ～ f）	>>> a=14 >>> print('%x'%a)	e
%X	十六进制整数（大写 a ～ f）	>>> a=14 >>> print('%X'%a)	E
%f	浮点小数，可指定小数位数	>>> x=12.3456 >>> print('%6.2f'%x)	□12.35 (□代表空格)

%e
%E
	浮点小数的指数形式	>>> x=12.3456
		>>> print('%e'%x)
		>>> print('%E'%x)
			1.234560e+01
			1.234560E+01

%g
%G
	使用小数或科学计数法	>>> x=1234.56
		>>> print('%g'%x)
		>>> print('%.3g'%x)
		>>> print('%.2G'%x)
			1234.56
			1.23e+03
			1.2E+03

%s	字符串	>>> str="hello" >>> print('%s'%str)	hello

示例代码如下：

```
>>> a=123
>>> print("%d"%a)                    # 输出十进制整数
123
>>> print( "%+5d"%a)                 # 输出的整数占 5 位且前加“+”号，
```

```
□+123                          #□表示空格
>>> "%-5d"%a                   # 指定数据宽度为 5 位且左对齐，不足的空出
123□□
>>> print("%05d"%a)            # 指定数据宽度为 5 位，不足的位数补 0
00123
```

4）字符串中的转义符号。

与 C 语言类似，Python 也在字符串中引入了以反斜杠符号“\”开头的转义符号，常见的转义符号见表 2-11。

表 2-11　常见的转义符号

转义符号	描述	示例代码	输出结果

\
（在行尾时）
	续行符	>>> x='ab\
		cd'
		>>> print(x)
			abcd

\\	反斜杠符号	>>> x='a\\b' >>> print(x)	a\b
\'	单引号	>>> x='a\'b' >>> print(x)	a'b
\"	双引号	>>> x='a\"b' >>> print(x)	a"b
\n	换行	>>>x='a\nb' >>> print(x)	a b
\t	横向制表符	>>>x='a\tb' >>> print(x)	a b
\v	纵向制表符		
\r	回车		
\f	换页		
\a	响铃		
\b	退格（Backspace）		
\000	空	>>> x='a\000b' >>> print(x)	a b
\oyy	以八进制数 yy 代表的字符		
\xyy	以十六进制数 yy 代表的字符	w="\x41" >>> print(w)	A
\other	其他的字符以普通格式输出		

值得注意的是，如果不想使用转义字符，只想直接按照字符串字面的意思来使用，可以在字符串的第一个引号前加上字母 r/R（可以大小写），则可使转义字符不生效。示例代码如下：

```
>>> print('Good\tbye')
Good    bye
>>> print(r'Good\tbye')
Good\tbye
```

实现交互方式识别身份证号码中的出生日期的参考代码：

```
id=input(" 请输入你的身份证号码：")
y=id[6:6+4]                                    # y 是截取的年份
m=id[10:12]                                    # m 是截取的月份
d=id[12:14]                                    # d 是截取的日期
fmt='%s-%s-%s'                                 # fmt 是指定的输出格式
print(" 你的出生日期是：" + fmt %(y,m,d))        # "+" 号是字符串连接符号
```

运行程序：

```
请输入你的身份证号码：000102199703078957
你的出生日期是：1997-03-07
```

（3）字符串的内建函数

Python 提供了许多对字符串进行操作的函数，这些 Python 内置的支持字符串的函数可以通过 dir("") 进行查看。下面简要介绍一下字符串常见的内建函数。

1）find( )。

语法格式：

```
str.find (substr[,start][,end])
```

功能：用于查找字符串 str 中是否包含子字符串 substr，如果指定 start（开始）和 end（结束）范围，就只在指定范围内进行查找；若找到则返回子串的位置，若未找到则返回 –1。

参数说明：

str：被查找的原始字符串；

substr：要查找的子字符串；

start：查找范围的开始索引号，默认为 0；

end：查找范围的结束索引号，默认为字符串的长度。

示例代码如下：

```
>>> s1='Welcome to our school!'
>>> s1.find('come')                  # 在字符串 s1 中查找子串 "come"
3                                    # 找到，索引号为 3
>>> s1.find('come',10,20)            # s1 索引号为 10~20 的范围中查找子串 "come"
-1                                   # 没有找到
>>> poem=' 春眠不觉晓 '
>>> poem.find(' 晓 ')                # 中文字符只占一个字符位
4
```

2）index ( )。

语法格式：

```
str.index (substr[,start][,end])
```

功能：查找字符串 str 中是否包含子字符串 substr，如果指定 start（开始）和 end（结束）范围，就只在指定范围内进行查找；如果包含子字符串则返回子字符串开始的索引号，否则抛出异常。

参数说明：

str：原始字符串；

substr：要查找的子字符串；

start：查找范围的开始索引号，默认为 0；

end：查找范围的结束索引号，默认为字符串的长度。

示例代码如下：

```
>>> s='hello python!'
>>> s.index('th')                       # 找到则输出索引号
8
>>> s.index('tn')                       # 找不到则抛出异常
Traceback (most recent call last):
    File "<pyshell#65>", line 1, in <module>
        s.index('tn')
ValueError: substring not found
```

3）count ( )。

语法格式：

```
str.count (substr[,start][,end])
```

功能：统计字符串 str 中子字符串 substr 出现的次数；如果指定 start（开始）和 end（结束）范围，就只在指定范围内进行统计。

参数说明：

str：原始字符串；

substr：要统计的子字符串；

start：范围的开始索引号，默认为 0；

end：范围的结束索引号，默认为字符串的长度。

示例代码如下：

```
>>> s='How do you do!'
>>> s.count('do')
2
>>> s.count('do',0,10)                  # 指定了统计范围
1
```

4）join ( )。

语法格式：

```
str.join(sequence)
```

功能：与 split() 正好相反，用于将序列中的若干个字符串元素以指定的字符连接起来，生成一个新的字符串。

参数说明：

sequence：要连接的字符串元素序列。

在 Python 中建议使用 join() 函数连接字符串，比用“+”号连接的效率高。示例代码如下：

```
>>> str=' '
>>> sequence=['My','name','is','Helen']
>>> str.join(sequence)                          # 用空格将字符串连接起来
```

```
'My name is Helen'
>>> '/'.join(sequence)                    # 用"/"将字符串连接起来
'My/name/is/Helen'
```

5）replace ( )。

语法格式：

```
str. replace (old,new[,count])
```

功能：将字符串 str 中的子字符串参数 old 替换为子字符串参数 new，返回原字符串中所有匹配项都被替换后得到的新字符串；如果指定参数 count，则替换不超过 count 次。

参数说明：

old：将被替换的子字符串；

new：将被替换成的新的子字符串；

count：替换的最大次数；该参数可选。

示例代码如下：

```
>>> s='name 同学：你好！ '
>>> s.replace('name',' 王强 ')
' 王强 同学：你好！ '
>>> s='a bbb a bbb a bbb'
>>> s.replace('a','g',2)                  # 指定了替换次数为 2
'g bbb g bbb a bbb'
```

6）split ( )。

语法格式：

```
str.split(sep=None, maxsplit=-1)
```

功能：用指定的字符把字符串分割成若干个子字符串并返回分割后的字符串列表；如果参数 maxsplit 有指定值，则仅分割 maxsplit 个子字符串。

参数说明：

sep：指定的分隔符。若未指定分隔符，默认为所有的空字符，包括空格、换行符（\n）、制表符（\t）等。

maxsplit：分割次数。

示例代码如下：

```
>>> s1='How do you do !'
>>> s1.split()                            # 参数均为默认值
['How', 'do', 'you', 'do', '!']
>>> s1.split('o')                         # 指定分隔符号为 'o'
['H', 'w d', ' y', 'u d', ' !']
>>> s1.split('o',2)                       # 指定分割次数为 2 次
['H', 'w d', ' you do !']
```

7）partition ( )。

语法格式：

```
str.partition(char)
```

功能：根据指定的分割符 char 将字符串 str 进行分割，返回一个 3 元的元组，如果字符

串 str 中包含分隔符 char，则第一个为分隔符左边的子字符串，第二个为分隔符本身，第三个为分隔符右边的子字符串；如果字符串 str 中不包含分隔符 char，则第一个为原字符串，第二个和第三个均为空字符串。

参数说明：

char：指定的分隔符号。

示例代码如下：

```
>>> s='2019-6-23'
>>> s.partition('-')                    # 字符串 s 中包含字符 '-'
('2019', '-', '6-23')
>>> s.partition('=')                    # 字符串 s 中不包含字符 '='
('2019-6-23', '', '')
```

8）strip ( )。

语法格式：

```
str. strip ( [chars])
```

功能：去除字符串前后的空格或指定字符；如果没有指定字符，默认为空格。

参数说明：

chars：可选参数，指定删除的字符，默认为空格。

示例代码如下：

```
>>> s='##Hello!##'
>>> s.strip('#')
'Hello!'
```

9）lstrip ( )。

语法格式：

```
str. lstrip ( [chars])
```

功能：去除字符串左边的空格或指定字符；如果没有指定字符，默认为空格。

参数说明：

chars：可选参数，指定删除的字符，默认为空格。

示例代码如下：

```
>>> s='##Hello!##'
>>> s.lstrip('#')
'Hello!##'
```

10）rstrip ( )。

语法格式：

```
str. rstrip ( [chars])
```

功能：去除字符串右边的空格或指定字符；如果没有指定字符，默认为空格。

参数说明：

chars：可选参数，指定删除的字符，默认为空格。

示例代码如下：

```
>>> s='##Hello!##'
>>> s.rstrip('#')
'##Hello!'
```

11）ljust ( )。

语法格式：

```
str. ljust (width[, fillchar])
```

功能：将字符串 str 左对齐，并使用空格或填充字符 fillchar 将原字符串填充至指定的长度；如果指定的长度小于原字符串的长度则忽略填充。

参数说明：

width：指定填充后字符串的总长度；

fillchar：用于填充的字符，默认为空格。

示例代码如下：

```
>>> s='Result'
>>> s.ljust(15)                    # 未指定填充字符，则默认为空格
'Result         '
>>> s.ljust(15,'*')                # 指定填充字符为 '*'，新的字符串长度为 15
'Result*********'
>>> s.ljust(5,'*')                 # 指定的长度小于原字符串的长度则忽略填充
'Result'
```

12）rjust ( )。

语法格式：

```
str. rjust (width[, fillchar])
```

功能：将字符串 str 右对齐，并使用空格或填充字符 fillchar 将原字符串填充至指定的长度；如果指定的长度小于原字符串的长度则忽略填充。

参数说明：

width：指定填充后字符串的总长度；

fillchar：用于填充的字符，默认为空格。

示例代码如下：

```
>>> s='Result'
>>> s.rjust(15)                    # 未指定填充字符，则默认为空格
'         Result'
>>> s.rjust(15,'*')                # 指定填充字符为 '*'，新的字符串长度为 15
'*********Result'
>>> s.rjust(5,'*')                 # 指定的长度小于原字符串的长度则忽略填充
'Result'
```

13）center ( )。

语法格式：

```
str. center (width[, fillchar])
```

功能：将字符串 str 居中显示，并使用空格或填充字符 fillchar 将原字符串填充至指定的长度；如果指定的长度小于原字符串的长度则忽略填充。

参数说明：

width：指定填充后字符串的总长度；

fillchar：用于填充的字符，默认为空格。

示例代码如下：

```
>>> s='Result'
>>> s.center(15)                    # 未指定填充字符，则默认为空格
'    Result     '
>>> s.center(15,'*')                # 指定填充字符为'*'，新的字符串长度为15
'*****Result****'
>>> s.center(5,'*')                 # 指定的长度小于原字符串的长度则忽略填充
'Result'
```

14）lower ( )。

语法格式：

```
str.lower()
```

功能：将字符串中的大写字母转换为小写字母。

示例代码如下：

```
>>> s='My name is Helen.'
>>> s.lower()
'my name is helen.'
```

15）upper ( )。

语法格式：

```
str.upper()
```

功能：将字符串中的小写字母转换为大写字母。

示例代码如下：

```
>>> s='My name is Helen.'
>>> s.upper()
'MY NAME IS HELEN.'
```

16）capitalize ( )。

语法格式：

```
str.capitalize ()
```

功能：将字符串中的第一个字母转换为大写字母，并将其他字符转换为小写字母。

示例代码如下：

```
>>> s='my name is Helen.'
>>> s.capitalize()
'My name is helen.'
```

17）title ( )。

语法格式：

```
str. title ()
```

功能：将每个单词的首字母转换为大写字母。

示例代码如下：

```
>>> s='my name is helen.'
>>> s.title()
'My Name Is Helen.'
```

18）isalpha ( )。

语法格式：

```
str.isalpha ()
```

功能：判断字符串是否是英文字母。

示例代码如下：

```
>>> s='string'
>>> s.isalpha()
True
>>> s='string.'
>>> s.isalpha()
False
```

19）isdigit ( )。

语法格式：

```
str.isdigit ()
```

功能：判断字符串是否是数字字符。

示例代码如下：

```
>>> s='1234'
>>> s.isdigit()
True
```

20）isalnum ( )。

语法格式：

```
str.isalnum ()
```

功能：判断字符串是否是英文字母或数字字符。

示例代码如下：

```
>>> s='string.'
>>> s.isalnum()
False
>>> s='x1'
>>> s.isalnum()
True
```

任\务\拓\展

1．学习任务 1 后，编程计算给定的任意梯形的面积。

2．想一想如何编程计算给定的一个五边形的面积。

小\结

前面已经搭建好了 Python 的开发环境，从本项目开始将逐步进入与 Python 程序开发相关的内容。要系统地学会一门编程语言，首先要将这门语言的语法规则、书写格式、能够处理的数据类型及表示方式、运算符及表达式的正确写法、简单的输入输出方式等基础内容掌握好，之后就能够使用这门编程语言写出一些简单的程序代码了。

本项目重点介绍了以下内容：

- Python 的编码规范，包括缩进、换行、注释的格式；
- Python 中的标识符与关键字；
- Python 中不同类型的常量表示方法及变量的赋值；
- Python 中不同类型变量之间的相互转换；
- Python 中的运算符及表达式，包括算术运算符、赋值运算符、关系运算符、逻辑运算符、成员运算符、位运算符等以及各类运算符的优先级；
- Python 中字符串的存储及引用；
- Python 中字符串的常用运算符；
- Python 中字符串的输入函数以及格式化输出函数；
- Python 中字符串的内建函数，功能包括字符串的查找、字符串的统计、字符串的连接、字符串的替换、字符串的分割、删除字符串中的字符、字符串的对齐及填充、字符串中大小写字母的转换、字符串类型的判断等。

习题

一、单选题

1．下列表达式中（　　）是非法的。

A．a=b=c=10　　B．a=（b=c+1）　　C．x，y=10，20　　D．x+=y

2．下述字符串格式化语法正确的是（　　）。

A．'He\'s a %d %%' %' student '　　B．He \'s a %s %%' %'student'

C．He's a %d %%' %' student '　　D．He 's Not %s %%' %' student '

3．表达式的 'a'<'b'<'c' 结果是（　　）。

A．a　　B．c　　C．True　　D．False

4．如赋值 a='a'，则 a>'b'or'c' 的运行结果是（　　）。

A．c　　B．b　　C．a　　D．False

5．关于 Python 的内存管理，下列说法错误的是（　　）。

A．变量不必事先声明　　B．变量无需指定类型

C．可以使用 del 释放资源　　D．变量无需先创建和赋值而直接使用

二、编程题

1．若给定一个圆的半径值，请编写一个程序计算圆的面积并在屏幕上打印输出面积值。

2．若用户注册 QQ 的用户名为 admin，密码为 qq123，请编写一个程序实现用户登录身份合法性的验证。

Project 3

项目3

程序流程控制语句

——地铁买票问题

项目情景

大街上的路灯为什么到了早上 7 点就会自动关闭，而到晚上 7 点又会自动开启？自动评卷系统为什么能根据学生所得的分数自动、快速判断出成绩的优、良、中，差？淘宝网又如何知道登录的会员是否是 VIP 会员？诸如此类的场景应用在生活中随处可见。本项目通过完成北京市地铁买票问题的小程序开发来解决上述疑惑。

完成本项目后，将掌握以下技能：

- Python 程序中的选择结构以及选择结构的嵌套。
- Python 程序中的循环结构以及循环结构的嵌套。
- 循环中的辅助语句。
- 函数的定义及其调用。
- 局部变量与全局变量。
- Python 中常用的系统函数。

项目概述

根据以下信息提示，请帮小明计算每月乘坐地铁支出的总费用。提示信息：

票价：

一、城市公共电汽车价格调整为：10km（含）内 2 元，10km 以上部分，每增加 1 元可乘坐 5km。使用市政交通一卡通刷卡乘坐城市公共电汽车，市域内路段给予普通卡五折，学生卡二五折优惠；市域外路段维持现行折扣优惠不变。享受公交政策的郊区客运价格，由各区、县政府按照城市公共电汽车价格制定。

二、轨道交通价格调整为：6km（含）内 3 元；6 ～ 12km（含）4 元；12 ～ 22km（含）5 元；22 ～ 32km（含）6 元；32km 以上部分，每增加 1 元可乘坐 20km。使用市政交通一卡通刷卡乘坐轨道交通，每自然月内每张卡支出累计满 100 元以后的乘次，价格给予八折优惠；满 150 元以后的乘次，价格给予五折优惠；支出累计达到 400 元以后的乘次，不再享受打折优惠。

要求：

假设每个月小明都需要上 20 天班，每次上班需要来回 1 次，即每天需要乘坐 2 次同样路线的地铁；每月月初小明第一次刷公交卡时，扣款 5 元；编写程序，帮小明计算每月乘坐地铁需要的总费用。

任务 1 计算每月地铁票费用

任务分析

1. 项目输入的确定

实现本项目的关键是理清思路。首先该项目需求中的判断条件较为复杂，由项目的需求分析可知，该项目可以将路程作为输入值，然后对路程进行分析、计算，从而得到小明一个月中应支付的地铁票费用。

2. 条件语句与循环语句结构的确定

从项目需求中的循环条件分析可得，该项目可设计两层循环结构，外层循环表示天数，内层循环表示每天乘坐地铁的次数，即每天两次，由于小明每乘坐一次地铁都会使金额发生改变，而每一次改变都可能使得金额区间改变（项目需求中有优惠条件），所以内层循环控制很有必要。同时循环内还需要对金额进行条件判断，根据区间对金额进行计算（每一次都需要判断）。

任务实施

1. 新建项目

启动 PyCharm 软件，新建一个名为“unit3”的项目，然后在 Project 下选中 unit3 并右击，选择“New”→“Python File”命令，新建一个 Python 文件 task3_1.py，如图 3-1 所示。

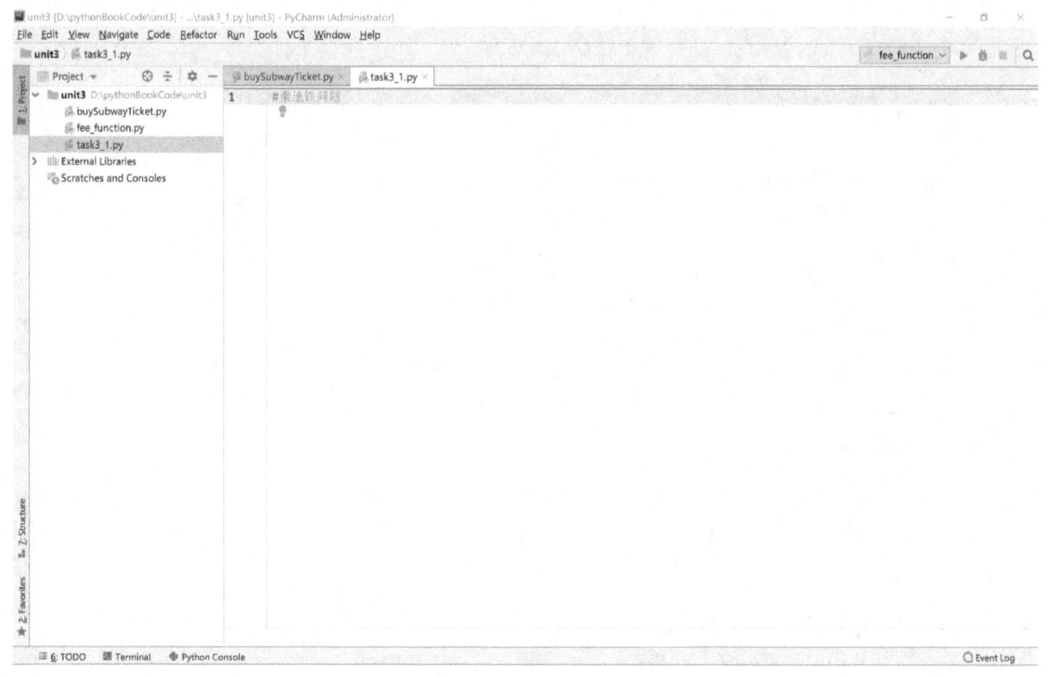

图 3-1 新建一个 Python 文件 task3_1. py

2．代码编写

1）启动 PyCharm 代码编辑视图。

2）定义 3 个变量 days、distance 和 money，days：表示天数，赋初值为 1；distance：表示距离，调用 input( ) 函数获取用户从键盘输入的值并赋给该变量；money：表示应支付的金额，赋初值为 0。

3）定义 while 语句，同时定义一个变量 j 用于控制天数。

4）定义 if-elif 语句，用于距离条件判断，从而控制 money 变量值的变化。

5）利用 print( ) 函数在屏幕上打印输出用户需要支付的金额，即 money 变量值。

6）完成代码编写，源代码如下：

```
# 乘地铁问题
days = 1 #i 表示天数
distance =int(input("input your distance:")) #distance 表示距离
money = 0 # 初始金额为 0
while days <= 20: # 控制 20 天
    j = 1 #j 表示趟数
    if distance == 0:
        break
    while j <= 2 : # 每天两次
        if money < 100:
            if distance <= 6:
                money += 3
            elif 6 < distance and distance <= 12:
                money += 4
            elif 12 < distance and distance <= 22:
                money += 5
            elif 22 < distance and distance <= 32:
                money += 6
            elif distance > 32:
                money += (distance - 32)%20
        elif money >= 100 and money <= 150:
            if distance <= 6:
                money += 3*0.8
            elif 6 < distance and distance <= 12:
                money += 4*0.8
            elif 12 < distance and distance <= 22:
                money += 5*0.8
            elif 22 < distance and distance <= 32:
                money += 6*0.8
            elif distance > 32:
                money += ((distance - 32)%20)*0.8
        elif money >= 150 and money <= 400:
            if distance <= 6:
                money += 3*0.5
            elif 6 < distance and distance <= 12:
                money += 4*0.5
            elif 12 < distance and distance <= 22:
```

```
                money += 5*0.5
            elif 22 < distance and distance <= 32:
                money += 6*0.5
            elif distance > 32:
                money += ((distance - 32)%20)*0.5
        elif money >= 400 :
            if distance <= 6:
                money += 3
            elif 6 < distance and distance <= 12:
                money += 4
            elif 12 < distance and distance <= 22:
                money += 5
            elif 22 < distance and distance <= 32:
                money += 6
            elif distance >= 32:
                money += (distance - 32)%20
        j += 1
    days += 1
money += 5
print("money=%f"%money)
```

7）运行程序，运行结果如图 3-2 所示。

```
Run:  buySubwayTicket
D:\myenv\env\Scripts\python.exe D:/pythonBookCode/unit3/buySubwayTicket.py
input your distance:200
money=216.400000

Process finished with exit code 0
```

图 3-2　运行结果

源代码分析：

1）代码中定义了两重 while 循环语句，最外层循环用于控制天数，即控制计量一个月乘坐地铁的天数为“<=20”天；第二重循环用于控制每天乘坐地铁的次数，即每天两次。

2）在 1）中的最外层循环中加入了 if 语句，用于判断小明乘坐地铁的距离，如果乘坐地铁的距离为 0（表示小明并未乘坐地铁），则让程序中断不再进行后面的判断计算。如果乘坐距离不为 0 则再在内层循环中进行 if 语句的嵌套使用，用于对金额进行条件判断，然后根据乘坐地铁距离所划分的区间，计算每一次乘坐地铁的金额。

必备知识

1．Python 的判断语句

所谓判断指的是只有满足某个条件才有资格做某件事情，如果不满足条件，是不允许做的，这就是选择结构最基本的执行流程。Python 提供了多种判断语句：基本 if 语句、if-else 语句、elif 语句以及 if 结构的嵌套。

（1）if 单分支语句

if 语句构成了最简单的单分支选择结构，其语法格式为：

```
if 表达式:
    语句块
```

当表达式值为 True 或其他等价值时，表示条件成立，语句块将被执行，否则该语句块将不被执行。其流程图如图 3-3 所示。

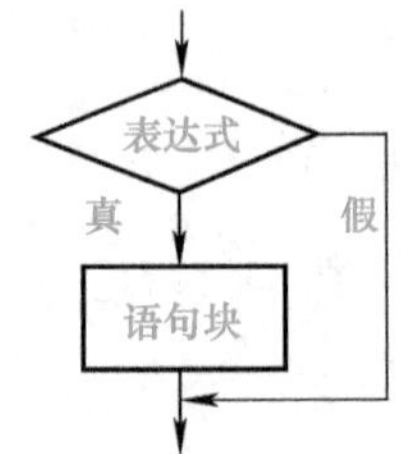

图 3-3　单分支结构流程图

示例代码如下：

```
x1=input(' 请输入整数 x1:')
x2=input(' 请输入整数 x2:')
max=x1
if(x2>max):
    max=x2
print(' 最大值 =',max)
```

运行结果如图 3-4 所示。

```
请输入整数 x1:10
请输入整数 x2:20
最大值= 20

Process finished with exit code 0
```

图 3-4　运行结果

（2）if 多分支语句

1）if-else 语句。

if-else 语句构成了双分支选择结构，其语法格式为：

```
if 表达式:
    语句块 1
else:
    语句块 2
```

当表达式值为 True 或其他等价值时，表示条件成立，执行语句块 1，否则执行语句块 2。其流程图如图 3-5 所示。

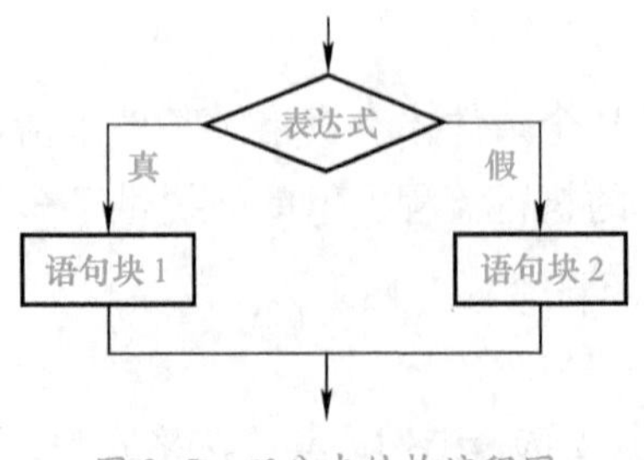

图 3-5　双分支结构流程图

利用 if-else 语句判断所输入的数是奇数还是偶数的代码如下：

```
x=input(' 请输入整数 x:')
if(int(x)%2==0):
    print(x,' 是偶数 ')
else:
    print(x,' 是奇数 ')
```

2）if-elif 语句。

if-elif 语句构成了多分支选择结构，该结构提供了更多的选择，可以实现更为复杂的业务逻辑。其语法格式为：

```
if 表达式 1：
    语句块 1
elif 表达式 2：
    语句块 2
……
elif 表达式 n：
    语句块 n
else：
    语句块 n+1
```

if-elif 语句在执行过程中，会从上到下依次判断每个表达式的值是否为真并在判断结果为真时执行其下特定代码块中的代码，而后忽略剩下的语句并退出多分支结构；如果每个表达式的值都不为真，则执行 else 下面的程序块。其流程图如图 3-6 所示。

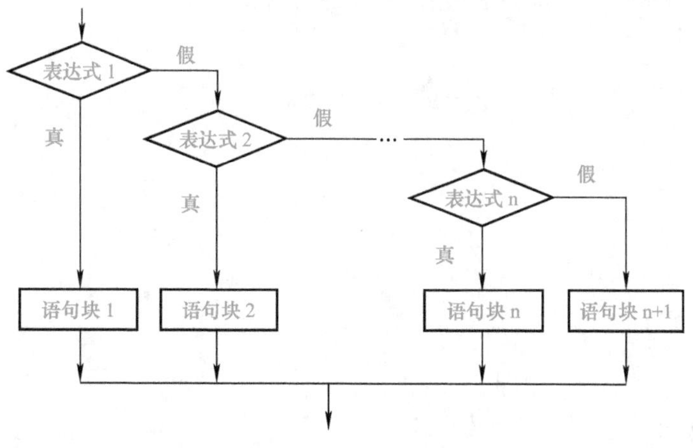

图 3-6　多分支结构流程图

将百分制成绩转换成五等级制的代码如下：

```
score=input(' 请输入你的成绩（0-100）：')
si=int(score)
if si>=90:
    print(" 优 ")
elif si>=80:
    print(" 良 ")
```

```
    elif si>=70:
        print(" 中 ")
    elif si>=60:
        print(" 及格 ")
    else:
        print(" 不及格 ")
```

3）选择结构的嵌套。

在比较复杂的实际情况下，某个条件又可以分为更为详细的子条件，这时可以使用选择结构的嵌套方式来实现逻辑关系。

选择结构的嵌套形式如下：

```
if 表达式 1：
    语句块 1
    if 表达式 2：
        语句块 2
    else：
        语句块 3
else：
    语句块 4
```

使用嵌套结构时，一定要严格控制不同级别代码块的缩进量，因为这决定了不同代码块的从属关系以及业务逻辑能否被实现。

实现具有纠错功能的成绩等级判断的代码如下：

```
score=input(' 请输入你的成绩（0-100）：')
si=int(score)
if  si<0 or si>100:
    print(" 输入错误！请输入 0-100 之间的成绩！ ")
else:
    if si>=90:
        print(" 优 ")
    elif si>=80:
        print(" 良 ")
    elif si>=70:
        print(" 中 ")
    elif si>=60:
        print(" 及格 ")
    else:
        print(" 不及格 ")
```

2．Python 的循环语句

现实生活中有许多用到循环的场景，比如，红绿灯的交替且重复的变化过程。在程序中，若想实现重复执行的某些操作，可以使用循环语句来实现。Python 提供了两种循环语句，分别是 while 循环和 for 循环。

（1）while 循环语句

while 语句的基本格式为：

```
while 条件表达式:
    条件满足时，执行的循环语句块 1
else:
    条件不满足时，执行的语句块 2
```

当条件表达式的值为 True 时，执行 while 下面的语句块，然后返回到 while 后面的条件继续进行判断，以此循环下去；如果条件表达式的值为 False，执行 else 下面的语句块，然后结束循环操作，执行循环结构后面的语句。

需要注意的是，else 子句部分如果不需要，则可以省略。while 循环的流程图如图 3-7 所示。

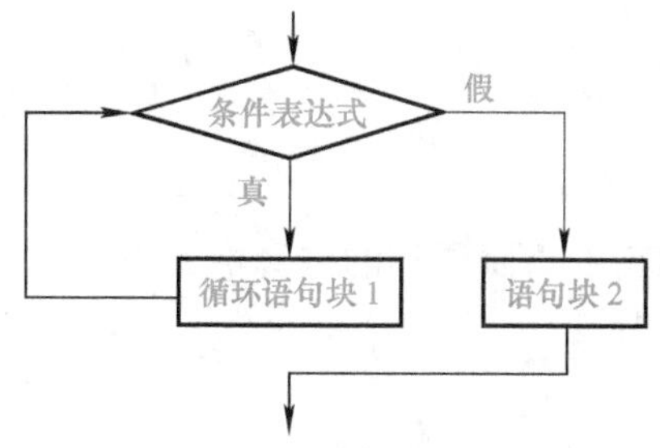

图 3-7　while 循环流程图

使用 while 循环计算 1 ～ 100 自然数之和的代码如下：

```
n=1
sum=0
while n<=100:
    sum = sum + n
    n=n+1
print("1+2+……+100=",sum)
```

运行结果为：

```
1+2+……+100 = 5050
```

（2）for 循环语句

1）for 语句的基本格式为：

```
for 变量 in 集合:
    循环语句块
```

for 语句主要是通过依次遍历集合里面的元素来实现的，这里说的集合并不单指集合这种数据类型，还指由多个元素组成的一个对象。for 循环接受序列、字典或集合等可迭代对象作为其参数，每次循环取出其中的一个元素。

2）range() 函数生成序列：

Python 中内置的 range() 函数可以生成一个数据序列，更明确地说就是生成一个递增的整数列表，一般用在 for 循环中。range 函数的格式及参数含义如下：

```
range（start, end, step)
```

start：计数的开始位置，默认是从 0 开始；

end：计数的结束位置，但不包括该值；

step：每次跳跃的间距，即步长，默认为 1。

值得注意的是，range() 函数生成一个半开区间（左闭右开区间），不包括序列的终值。

当 range() 函数内只有一个参数时，表示会产生从 0 开始计数到输入参数前一位整数结束的整数列表，例如，for i in range(1,101) 分句中，i 的取值为 1 ～ 100，不包括终值 101。

使用 for 循环计算 1 ～ 100 自然数之和的代码如下：

```
sum = 0
for i in range(1,101):
    sum = sum + i
print("1+2+……+100=",sum)
```

运行结果：

```
1+2+……+100= 5050
```

3）for 循环嵌套。

同样，for 语句也可嵌套使用，for 语句的嵌套格式为：

```
for 变量 1  in 集合 1：
    循环语句块 1
    for 变量 2  in 集合 2：
        循环语句块 2
```

for 语句的嵌套使用代码如下：

```
for i in range(1,10):                    # i 控制输出的行数，i 取值 1 ～ 9，共循环 9 次；
    for j in range(1,i+1):               # j 控制每行输出乘式的个数，j 取值 1 ～ i;
        print("%d × %d=%-4d"%(i,j,i*j),end = "")
    print( )
```

运行结果：

```
1×1=1
2×1=2    2×2=4
3×1=3    3×2=6    3×3=9
4×1=4    4×2=8    4×3=12   4×4=16
5×1=5    5×2=10   5×3=15   5×4=20   5×5=25
6×1=6    6×2=12   6×3=18   6×4=24   6×5=30   6×6=36
7×1=7    7×2=14   7×3=21   7×4=28   7×5=35   7×6=42   7×7=49
8×1=8    8×2=16   8×3=24   8×4=32   8×5=40   8×6=48   8×7=56   8×8=64
9×1=9    9×2=18   9×3=27   9×4=36   9×5=45   9×6=54   9×7=63   9×8=72   9×9=81
```

4）break 语句。

在循环结构中，有时会希望满足某个条件或程序执行到某个地方的时候，让程序中断后续的执行，这就需要用到中断机制。循环体中有两种这样功能的语句：break 和 continue。

break 语句在循环中用于强制退出循环，一般与 if 语句配合使用，当判断条件满足时，就会执行 break 语句提前结束循环。

在多重循环中，使用一条 break 语句只能退出其所在的本层循环体，而不能退出多层循环。

break 语句的示例代码如下：

```
n=0
for i in range(1,101):                           # 循环范围 1 ～ 100
    if i%7==0 or i%13==0:
```

```
        print("%d"%i,end="\t")                    # 输出符合条件的数据
        n=n+1
        if n==10:                                 # 监视输出数据的个数
            break
```

运行结果：

```
7    13    14    21    26    28    35    39    42    49
```

5）continue 语句。

continue 语句是另一种中断结构语句，其功能是强制停止本次循环并忽略 continue 后面的语句，然后回到循环的顶端，继续执行下一次循环。

在多重循环中，continue 语句也只能控制本层循环的中断，而不能控制所有层循环的中断。

对于初学编程的人来说，一定要注意区分 break 语句与 continue 语句的不同作用：break 语句执行后会强制退出本层循环，不再执行循环体中的语句；但 continue 语句不会退出循环，而是忽略本次循环的剩余语句，提前进入下一轮循环。

continue 语句的示例代码如下：

```
n=0
sum=0
for i in range(1,6):
    print(" 请输入第 %d 个整数："%i,end="")
    x=input()
    x=int(x)
    if x<=0:
        continue
    n=n+1
    sum=sum+x
print(" 共输入了 %d 个正整数，其总和为：%d。"%(n,sum))
```

运行结果：

```
请输入第 1 个整数：1
请输入第 2 个整数：0
请输入第 3 个整数：-1
请输入第 4 个整数：2
请输入第 5 个整数：4
共输入了 3 个正整数，其总和为：7。
```

任务 2 通过函数方式计算每月地铁票费用

任务分析

函数是用来实现单一或相关联功能且可以重复使用的代码段。由于函数可以重复使用，从而避免了代码的大量重复编写。本任务将计算每月地铁票费用的功能封装到一个函数中，

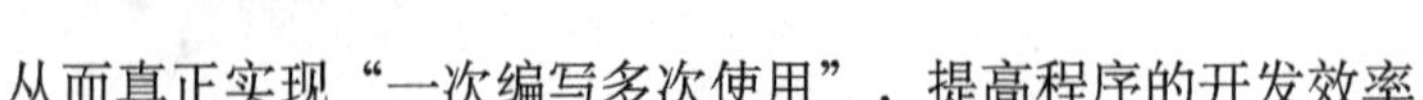

从而真正实现“一次编写多次使用”，提高程序的开发效率。

任务实施

1）打开项目 unit3，新建一个 Python 文件 task3_2.py。

2）在新建文件中定义一个带有参数的函数 subwayFee（distance），其中 subwayFee 为函数名，distance 为参数，函数的返回值为 money。

3）最终的源代码如下：

```
def subwayFee(distance):
    days = 1 #i 表示天数
    #distance =int(input("input your distance:")) #distance 表示距离
    money = 0 # 初始金额为 0
    while days <= 20: # 控制 20 天
        j = 1 #j 表示趟数
        if distance == 0:
            break
        while j <= 2 : # 每天两趟
            if money < 100:
                if distance <= 6:
                    money += 3
                elif 6 < distance and distance <= 12:
                    money += 4
                elif 12 < distance and distance <= 22:
                    money += 5
                elif 22 < distance and distance <= 33:
                    money += 6
                elif distance > 33:
                    money += (distance - 33)%20
            elif money >= 100 and money <= 150:
                if distance <= 6:
                    money += 3*0.8
                elif 6 < distance and distance <= 12:
                    money += 4*0.8
                elif 12 < distance and distance <= 22:
                    money += 5*0.8
                elif 22 < distance and distance <= 33:
                    money += 6*0.8
                elif distance > 33:
                    money += ((distance - 33)%20)*0.8
            elif money >= 150 and money <= 400:
                if distance <= 6:
                    money += 3*0.5
                elif 6 < distance and distance <= 12:
                    money += 4*0.5
                elif 12 < distance and distance <= 22:
                    money += 5*0.5
```

```
                elif 22 < distance and distance <= 33:
                    money += 6*0.5
                elif distance > 33:
                    money += ((distance - 33)%20)*0.5
            elif money >= 400 :
                if distance <= 6:
                    money += 3
                elif 6 < distance and distance <= 12:
                    money += 4
                elif 12 < distance and distance <= 22:
                    money += 5
                elif 22 < distance and distance <= 33:
                    money += 6
                elif distance >= 33:
                    money += (distance - 33)%20
            j += 1
        days += 1
    money += 5
    return money
```

4）调用函数 subwayFee 并传入参数值为 50 进行测试，即输入两行语句并进行测试：

```
fee=subwayFee(50)
print(fee)
```

5）执行结果如图 3-8 所示。

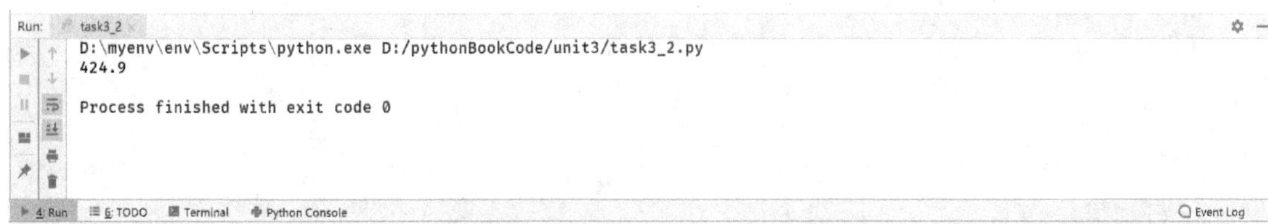

图 3-8　任务 2 程序执行结果

必备知识

1. Python 自定义函数

Python 中的函数分为系统函数和自定义函数。系统函数是预先定义好的，用户直接调用即可实现函数特定的功能；自定义函数需要自己编写。下面讲解构造自定义函数的语法及相关内容。

（1）函数的定义

函数是通过关键字 def 进行定义的，自定义函数的基本格式通常为：

```
def 函数名 ( 参数 1, 参数 2,…, 参数 n):
    " 函数文档字符串 "
    函数体
return 表达式
```

函数定义的规则说明如下：

1）函数代码块以关键词 def 开头，后接函数名称和圆括号 ( )。

2）函数名的命名规则与变量的命名规则相同，即函数名只能包含英文字母、数字和下画线，但是首字符不能为数字，而且函数名也不能是关键字。

3）函数名最好能够做到见名知意，还要注意函数名区分大小写。

4）函数的参数放在圆括号间，参数用于传递给数据，多个参数用逗号分隔开，当然，函数也可以不带参数。

5）函数体的第一行语句可以选择性地使用文档字符串，用于保存函数的说明。

6）函数的具体内容从冒号（:）开始，并且注意函数体必须缩进书写。

7）return [表达式] 结束函数，return 也是个关键字，作用是将最终计算得到的结果返回给调用方；程序也可没有 return 语句，则此时 Python 默认返回值为 None。

（2）函数的调用

定义了一个函数以后，该函数是不会自动执行的，若想执行函数体语句需要通过调用函数来实现。调用函数的格式为：

```
函数名（实际参数列表）
```

函数的调用可以通过另一个函数调用执行，也可以直接从 Python 命令提示符执行。

1）无参数无返回值的函数定义及调用，示例代码如下：

```
def printinfo():
    " 输出运行结果及格式 "
    print(''.center(30,'-'))
    print(' 运行结果：'.center(25))
    print(''.center(30,'-'))
printinfo()
```

运行结果：

```
------------------------------
    运行结果：
------------------------------
```

本示例函数没有参数，也没有 return 语句，这种不返回值的函数通常称作过程。如果函数没有 return 语句则相当于 return None，None 是 Python 中一个非常重要的符号，表示空值。

2）有参数无返回值的函数定义及调用，示例代码如下：

```
def diswelcome(name):
    print('%s 同学：欢迎报考天津职业大学！ '%name)
diswelcome(' 王浩 ')
```

运行结果：

```
王浩同学：欢迎报考天津职业大学！
```

这个函数定义时括号中的参数 name 被称为形式参数，用于接收数值。函数体只有一个 print 语句，%s 表示输出一个字符串，输出的内容为形式参数 name 的值。调用函数时，括号中的数值为 ' 王浩 '，这个叫作实际参数，在函数调用时会把实际参数的数值传递给形式参数。加入参数以后，函数功能更加通用，能够根据传递的不同实参来显示不同的欢迎信息。

3）有参数有返回值的函数定义及调用，示例代码如下：

```
def facto(n):                          # 自定义函数，名为 facto
    " 求 n! "                           # 说明函数功能为求 n!
    f=1
    for i in range(1,n+1):
        f=f*i
        i=i+1
    return f                           # 有返回值
num=input(' 请输入一个整数：')          # 为变量 num 赋值
num=int(num)                           # 为字符串转换成整数
print('%d!=%d'%(num,facto(num)))       # 调用 facto 函数并输出结果
```

运行结果：

```
请输入一个整数：5
5!=120
```

函数实现功能后会得到一个结果并将该结果返回给调用者，返回结果值要用到 return 语句。

（3）文档字符串

通常在函数、模块或类的开始会加上一行说明性文字，这行说明性文字就称为文档字符串。文档字符串可在编写程序时直接写出，非常便捷。

文档字符串是 Python 的一个特性，又叫 DocStrings。在 Python 中使用文档字符串可以大大增强程序的可读性，更加方便地理解程序。

在函数执行时，可以查看该函数的文档字符串，有两种查看的方法：

方法一的语句格式：函数名 .__doc__

方法二的语句格式：help (函数名)

注意：方法一中“doc”两边的下画线（_）各为两个。

自定义函数的应用：编写自定义函数，求 x 的 n 次幂（x^n）。

x^n 的值就是 n 个 x 相乘的结果，所以使用循环结构，循环次数为 n，进行累计乘积即可，源代码如下：

```
def pow(x,n):
    " 求 x 的 n 次幂 "
    f=1
    for i in range(1,n+1):
        f=f*x
        i=i+1
    return f
xx=input(' 请输入一个整数 ( 底 )：')
xx=int(xx)
num=input(' 请输入一个整数 ( 指数 )：')
num=int(num)
print('%d 的 %d 次幂 = %d'%(xx,num,pow(xx,num)))
```

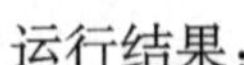

运行结果：

```
请输入幂的底：5
请输入幂的指数：3
5 的 3 次幂 = 125
```

本示例程序中，自定义函数的参数有两个，在调用函数时实际参数必须以正确的方式书写，即实参的数量、顺序以及数据类型必须和函数声明时保持一致，否则系统会抛出错误信息或者得到不正确的计算结果。

2. 默认参数函数

Python 为了简化函数的调用，提供了默认参数机制，这样在调用函数时，可以只传递非默认值的参数值，而省略最后一个或几个实际参数不写，这样的实参值就使用默认的参数值。

在定义有默认参数的函数时，需要注意以下几点：

1）必选参数必须放在默认参数的前面，确保默认参数在最后。

2）通常将参数值变化小的设置为默认参数。

3）函数参数的默认值仅在该函数定义的时候被赋值一次。

使用默认参数定义函数案例，这里要编写的取子串函数的功能是从字符串 str 中截取一段子字符串，截取位置是从第 start 个字符开始，截取的长度是 length 个字符，默认值为 1，源代码如下：

```
def substr(str,start,length=1):
    '''从字符串 str 中取子串函数，从第 start 个字符开始截取 length 个字符'''
    sub=''
    for i in range(start-1,start+length-1):
        sub=sub+str[i]
    return sub
s=input('请输入一个字符串：')
s_start=input('从第几个字符开始截取：')
s_start=int(s_start)
s_len=input('截取字符串的长度：')
s_len=int(s_len)
sub_s=substr(s,s_start,s_len)
print('截取后的子字符串为：',sub_s)
```

程序执行结果如图 3-9 所示。

```
请输入一个字符串：abcdefghijk
从第几个字符开始截取：3
截取字符串的长度：4
截取后的子字符串为： cdef

Process finished with exit code 0
```

图 3-9　程序执行结果

如果用下列语句调用函数，结果如何呢？

```
print(substr('welcome',4))                    # 只取出第 4 个字符 'c'
```

如果要截取子串的开始位置，即 start 值比字符串的长度还大，该如果处理呢？或者字符串本身的长度不足以满足截取的要求又该如何处理呢？

3．可变参数函数

（1）函数的可变参数

前面例子中形参的个数都是固定的，其实 Python 还支持不定长度的参数。如果一个函数能处理比声明时更多的参数，这些参数就叫作可变参数或不定长参数，当参数是不定长度时，只需在参数前加“*”就可以了，加了星号的参数会以元组的形式导入，存放所有未命名的变量参数。声明一个含有可变参数的函数的基本语法格式为：

```
def 函数名 ( [ 常规参数 ,] * 元组形式的可变参数 ):
    " 函数 _ 文档字符串 "
    函数体
    return 表达式
```

示例代码如下：

```
def sample(arg1,*var_tuple):                    # 定义可变参数的函数
    " 打印传入的参数 "
    print(" 函数的实际参数有 : ")                 # 函数功能是打印传入的实参
    print(arg1)                                 # 输出常规参数的值
    print (var_tuple)                           # 输出可变参数的值
    return                                      # 返回
sample(1, (2, 3, 4))                            # 调用函数
```

运行结果：

```
函数的实际参数有：
1
(2, 3, 4)
```

从运行结果可以看出，除了常规参数按顺序接收输入的实参外，其余多个实参是以元组的形式被可变参数接收。可以通过编程将可变参数的多个实参以单一数据的形式输出，示例代码如下：

```
def sample_vartuple( arg1, *var_tuple ):
    " 打印任何传入的参数 "
    print (" 参数输出 : ")
    print (arg1)
    for i in var_tuple:
        print (i)
    return
sample_vartuple(1)                                      # 调用函数
sample_vartuple(1,2,3,4 )
```

运行结果：

```
参数输出：
1
参数输出：
1
2
3
4
```

（2）定义求和函数 sum(*n)

sum(*n) 的功能是求和，但不只是求两个数的和，还可能是 3 个数、4 个数、5 个数的和，也就是编写程序时并不知道用户要计算几个数的和，这是与之前编过的程序最大的不同。

之前的程序都是在已知函数需要多少个形参的情况下构建的，形参可以选择常规参数和默认参数，但当不确定该给函数传入多少个参数的时候就要使用可变参数来构建。

一个可变参数之所以可以接受多个数值，是因为这些输入的数值被组装到元组中。

```
def sum(*n):                                    # n 为可变长参数，前面加“*”
    sum=0
    for i in n:                                 # 对 n 中的每个元素累加求和
        print('%d,'%i,end='')
        sum = sum+i
    print(' 这 %d 个整数的和为：'%len(n),end='')  # len(n) 获得参数 n 的个数
    return sum
print(sum(10,20,30,40,50))                      # 使用 sum 函数计算 5 个整数的和
print(sum(3,4,5))                               # 使用同一个 sum 函数计算 3 个整数的和
```

运行结果：

```
10,20,30,40,50, 这 5 个整数的和为：150
3,4,5, 这 3 个整数的和为：12
```

4．定义函数使用关键字参数

（1）关键字参数

函数调用时可以使用关键字参数来确定传入的参数值。使用关键字参数的显著特点是函数的实参顺序可以与声明时的形参顺序不一致，原因是 Python 解释器能够用参数名匹配参数值。示例代码如下：

```
def stu_info(name,id,score) :
    " 显示学生的姓名、学号和成绩 "
    print (" 姓名 :",name)
    print (" 学号 :",id)
    print (" 程序设计成绩 :",score)
    return
stu_info(name=" 张伟 ", id=180431105,score=93)      # 关键字参数
```

运行结果：

```
姓名 : 张伟
学号 : 180431105
程序设计成绩 : 93
```

Python 还提供了另外一种带两个星号“**”的参数，加了两个星号的参数会以字典的形式导入。声明这类函数的基本语法格式为：

```
def 函数名 ( [ 常规参数 ,] ** 字典形式的参数 ):
    " 函数 _ 文档字符串 "
    函数体
    return 表达式
```

示例代码如下：

```
def sample( arg1, **var_dict ):
    " 打印传入的参数 "
    print (" 输出 : ")
    print (arg1)                              # 输出常规参数的值
    print (var_dict)                          # 输出字典形式的参数值
sample(1,a=2,b=3)                             # 调用函数
```

运行结果：

```
输出 :
1
{'a': 2, 'b': 3}
```

从运行结果可以看出，除了常规参数按顺序接收输入的实参外，其余多个实参要以关键字参数的形式表示并以字典的形式被形参接收。

另外，函数声明时参数中的星号“*”可以单独出现，但是需要注意的是单独出现的星号“*”后面的参数必须用关键字传入。示例代码如下：

```
def f(a,b,*,c):
    return a+b+c
print(f(1,2,c=3))                    # * 后的参数 c 用关键字方式传值，正确
```

运行结果：

```
6
```

如果调用函数用下面的语句：

```
print(f(1,2,3))                      # * 后的参数 c 没用关键字方式传值，报错
```

运行程序会抛出错误：

```
Traceback (most recent call last):
File "C: /Py 源代码 /4-3-4-3.py", line 4, in <module>
    print(f(1,2,3))
TypeError: f() takes 2 positional arguments but 3 were given
```

需要强调的是，字典参数必须放在形参的最后定义。

（2）定义统计成绩的函数 total_score(**subject)

本案例定义了一个带有双星号“**”可变参数的函数，通过这种方式传过来的实际参数被当作字典对待，参数名为字典的键，参数值为字典的值，这个字典是用关键字参数传递数据的。函数的参数名是学科课程的名称，参数值是课程的分数。示例代码如下：

```
def total_score(**subject):                   # 函数会把传过来的可变长参数当作字典
    counts = len(subject)                     # 求字典的元素个数
    print("%d 门课程的成绩分别为："%(counts))
    sum = 0
    for i in subject.keys():                  # 枚举字典元素
        print("%s:%d"%(i, subject[i]))        # 显示字典的键和值
        sum = sum+subject[i]                  # 对字典的值求和
    return sum
scores = total_score(Chinese=88,English=90, 数学 =78)  # 调用函数
```

```
print(" 总分为 %d"%scores)
scores = total_score( 语文 =80, 数学 =113, 英语 =118, 物理 =95, 化学 =99)
print(" 总分为 %d"%scores)
```

Python 3.x 支持将中文作为变量名，程序执行情况如图 3-10 所示。

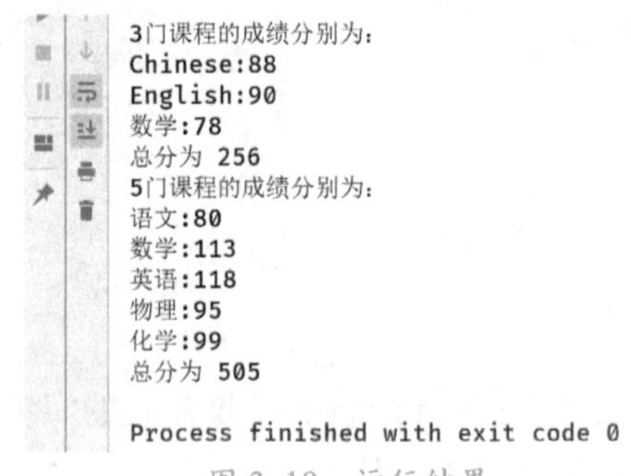

图 3-10　运行结果

5．lambda 函数

（1）lambda 匿名函数

Python 中使用 lambda 来创建匿名函数。所谓匿名就是不再使用 def 这种形式来定义函数。lambda 的语法格式如下：

```
lambda 参数列表：表达式
```

lambda 的主体是一个表达式，而不是一个代码块，其中，“参数列表”是给 lambda 函数传递的参数，可以是一个，也可以是多个；lambda 表达式中可对参数进行某种运算，表达式的值就是 lambda 函数的值。

lambda 函数拥有自己的命名空间，且不能访问参数列表之外或全局命名空间里的参数。示例代码如下：

```
# 定义只有一个参数的 lambda 函数
>>> fun = lambda x : x**2              # 功能是求 x 的平方
>>> fun(4)
16
# 定义有多个参数的 lambda 函数
>>> fun= lambda x,n : x**n             # 功能是求 x 的 n 次幂
>>> fun(3,4)
81
# 定义有多个参数且有默认值的 lambda 函数
>>> fun = lambda x,y=10,z=20 : x+y+z
>>> fun(5)                             # 相当于 5+10+20
35
>>> fun(5,6)                           # 相当于 5+6+20
31
>>> fun(5,6,7)                         # 相当于 5+6+7
18
```

通过上述示例明显看出，lambda 函数简化了函数定义的书写形式，使代码更加简洁。但是使用函数的定义方式更加直观，易于理解。

使用 lambda 函数能够生成列表，示例代码如下：

```
>>> list_x = [lambda x:x, lambda x:x*10, lambda x:x*100]
>>> list_x[0](5),list_x[1](6),list_x[2](7)
(5, 60, 700)
```

第一句定义了一个列表 list_x，有 3 个元素，分别为 x、x*10、x*100；

第二句显示列表的元素，第 0 个列表元素的参数值为 5，计算结果为 5；第 1 个列表元素的参数值为 6，计算结果为 6*10=60；第 2 个列表元素的参数值为 7，计算结果为 7*100=700；因此显示的列表元素为（5, 60, 700）。

使用 lambda 还能生成字典，示例代码如下：

```
>>> dict_x={"k1":lambda x:x*2, "k2":lambda x:x*4,"k3":lambda x:x*6}
>>> dict_x ['k1'](10)
20
>>> dict_x ['k2'](20)
80
>>> dict_x ['k3'](30)
180
```

第一句定义了一个字典，字典第一个元素的键为 k1，值为 x*2；字典第二个元素的键为 k2，值为 x*4；字典第三个元素的键为 k3，值为 x*6。调用之后，k1 键的值为 10*2=20；k2 键的值为 20*4=80；k3 键的值为 30*6=180。

（2）定义 lambda 函数识别身份证号码中的出生日期

本案例将使用简洁的 lambda 匿名函数实现识别身份证号码中的出生日期。示例代码如下：

```
dob={'y':lambda id : id[6:10],'m':lambda id : id[10:12],'d':lambda id : id[12:14]}
p_id='120106199803158927'
print(' 你的出生日期是：',end='')
print(dob['y'](p_id),end=' 年 ')
print(dob['m'](p_id),end=' 月 ')
print(dob['d'](p_id),end=' 日 ')
```

运行结果：

```
你的出生日期是 1998 年 03 月 15 日
```

6．变量的作用域

Python 程序中的变量并不是随处都可以访问的，访问权限取决于该变量接收赋值的位置，专业的说法是取决于变量的作用域。最重要的是要了解并掌握局部变量和全局变量的作用域，避免编程中出现数据访问错误。

（1）LEGB 原则

Python 的作用域一共有 4 种，分别是：

L（Local）：局部作用域。

E（Enclosing）：外面嵌套函数区域，常见的是闭包函数外的函数。

G（Global）：全局作用域。

B（Built-in）：内建作用域，即内建函数所在模块的范围。

Python 中变量是以 L → E → G → B 的规则查找，即先在局部中查找，如果找不到，就会去局部外找（如闭包），再找不到就会去全局找，最后去内置中找。

Python 中只有模块（module）、类（class）以及函数（def、lambda）才会引入新的作用域，其他的代码块（如 if-elif-else、try-except、for、while 等）是不会引入新的作用域的，也就是说这些语句内定义的变量，外部也可以访问。示例代码如下：

```
if True:
    msg = 'Hello Python!'
……
print(msg)
```

运行结果：

```
Hello Python!
```

本例中 msg 是在 if 语句块中被赋值的，但 if 语句块外部还是可以访问到 msg 的。

另外，内置作用域是通过一个名为 builtin 的标准模块来实现的，但是这个变量名自身并没有放入内置作用域，所以必须导入这个文件才能够使用它。在 Python 3.0 中，可以使用以下代码来查看到底预定义了哪些变量。

```
>>> import builtins
>>> dir(builtins)
```

（2）局部变量

在函数内部定义的变量拥有一个局部作用域，叫作局部变量。局部变量只能在其被声明的函数内部访问，函数的形参也被认为是局部变量。示例代码如下：

```
>>> def func():
    x= 10
>>> print(x)
```

x 定义在函数 func 中，是局部变量，func 外部是不能访问到 x 的。因此运行结果会出现如下错误：

```
Traceback (most recent call last):
    File "<pyshell#1>", line 1, in <module>
        print(x)
NameError: name 'x' is not defined
```

报错信息显示 x 未定义，因为它是局部变量，只有在函数内才可以使用。

（3）全局变量

在函数外部定义的变量是全局变量，全局变量可以在整个程序范围内访问。全局变量即使与局部变量同名，两者也互不干扰，因为它们的作用域不同。示例代码如下：

```
def func():
    x=10
    print(" 函数内 : x=%d"%x)
x = 20
print(" 调用函数前 : x=%d"%x)
func()
print(" 调用函数后 : x=%d"%x)
```

运行结果：

```
调用函数前 : x=20
函数内 : x=10
调用函数后 : x=20
```

本程序在 func 函数内定义了一个变量 x，赋值为 10，这个 x 是局部变量；在 func 函数外也定义了一个变量 x，赋值为 20，但这个 x 是全局变量。尽管两个变量的名字都叫 x，但它们是两个不同的变量，就如同一个班有两个同姓名的人，他们只是名字相同，实际却是两个截然不同的个体。在函数体外起作用的是全局变量 x，在函数内起作用的是局部变量 x。

（4）global 关键字

如果在主程序中已经定义了一个全局变量，在函数内需要引用它，则需在函数内的变量名前加 global 进行修饰，来表示引用的是全局变量。但是，如果在函数内不修改全局变量也可以不使用 global 进行修饰。global 的语法格式如下：

global 变量 1，变量 2，…，变量 n。示例代码如下：

```
x = 10
def func():
    x+=5
    print(" 函数内 : x= %d"%x)
print(" 调用函数前 : x=%d"%x)
func()
print(" 调用函数后 : x=%d"%x)
```

运行程序时会出现错误，如图 3-11 所示。

```
  File "D:/pythonBookCode/unit3/3-26.py", line 2
    def func():
    ^
IndentationError: unexpected indent

Process finished with exit code 1
```

图 3-11　运行程序报错

错误信息为局部作用域引用错误，显示在调用函数时执行到 x+=5 语句出错，原因是函数体中的 x 是局部变量，尚未被赋值而无法修改。如果 x 想使用全局变量 x 的值，则必须在函数体内增加一条语句：global x，表示 x 是全局变量。将上一个示例代码改为：

```
x = 10
def func() :
    global x                        # 指明 x 是全局变量
    x+=5                            # 相当于 x=10+5
    print(" 函数内 : x= %d"%x)
print(" 调用函数前 : x=%d"%x)
func()
print(" 调用函数后 : x=%d"%x)
```

运行结果：

```
调用函数前 : x=10
函数内 : x= 15
调用函数后 : x=15
```

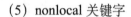

（5）nonlocal 关键字

当内部作用域想修改外部作用域的变量时，除了会用到 global 关键字之外，有时还会用到 nonlocal 关键字。要修改嵌套作用域（enclosing 作用域）中的变量则需要使用 nonlocal 关键字。示例代码如下：

```
def outer():                          # 定义外层函数 outer
    x=10                              # outer 函数的局部变量 x
    def inner():                      # outer 函数体中嵌套定义了内层函数 inner
        nonlocal x                    # 使用 nonlocal 关键字声明 inner 的局部变量 num
        x = 20
        print('inner 体内 x：%d'%x)
    inner()                           # 在 outer 函数体中调用 inner 函数
    print('outer 体内 x：%d'%x)
outer()
```

运行结果：

```
inner 体内 x：20
outer 体内 x：20
```

如果注释掉语句“nonlocal x”，则运行结果为：

```
inner 体内 x：20
outer 体内 x：10
```

7．Python 中常用的内建函数

Python 中有许多预先定义好的函数叫作内建函数。这些内建函数并不需要自己编写就能实现很多强大的功能，了解并熟记这些内建函数可以大大提高编程效率。本案例以表格的形式列举出部分常见的内建函数及使用示例。

（1）查看内建函数

要查看 Python 内建函数及函数对象，可以执行如下命令：

```
print(dir(__builtins__))
```

执行命令后显示的结果如图 3-12 所示。

```
['ArithmeticError', 'AssertionError', 'AttributeError', 'BaseException', 'BlockingIOError', 'BrokenPipeError',
 'BufferError', 'BytesWarning', 'ChildProcessError', 'ConnectionAbortedError', 'ConnectionError',
 'ConnectionRefusedError', 'ConnectionResetError', 'DeprecationWarning', 'EOFError', 'Ellipsis', 'EnvironmentError',
 'Exception', 'False', 'FileExistsError', 'FileNotFoundError', 'FloatingPointError', 'FutureWarning', 'GeneratorExit',
 'IOError', 'ImportError', 'ImportWarning', 'IndentationError', 'IndexError', 'InterruptedError', 'IsADirectoryError',
 'KeyError', 'KeyboardInterrupt', 'LookupError', 'MemoryError', 'ModuleNotFoundError', 'NameError', 'None',
 'NotADirectoryError', 'NotImplemented', 'NotImplementedError', 'OSError', 'OverflowError', 'PendingDeprecationWarning',
 'PermissionError', 'ProcessLookupError', 'RecursionError', 'ReferenceError', 'ResourceWarning', 'RuntimeError',
 'RuntimeWarning', 'StopAsyncIteration', 'StopIteration', 'SyntaxError', 'SyntaxWarning', 'SystemError', 'SystemExit',
 'TabError', 'TimeoutError', 'True', 'TypeError', 'UnboundLocalError', 'UnicodeDecodeError', 'UnicodeEncodeError',
 'UnicodeError', 'UnicodeTranslateError', 'UnicodeWarning', 'UserWarning', 'ValueError', 'Warning', 'WindowsError',
 'ZeroDivisionError', '__build_class__', '__debug__', '__doc__', '__import__', '__loader__', '__name__', '__package__',
 '__spec__', 'abs', 'all', 'any', 'ascii', 'bin', 'bool', 'bytearray', 'bytes', 'callable', 'chr', 'classmethod',
 'compile', 'complex', 'copyright', 'credits', 'delattr', 'dict', 'dir', 'divmod', 'enumerate', 'eval', 'exec', 'exit',
 'filter', 'float', 'format', 'frozenset', 'getattr', 'globals', 'hasattr', 'hash', 'help', 'hex', 'id', 'input', 'int',
 'isinstance', 'issubclass', 'iter', 'len', 'license', 'list', 'locals', 'map', 'max', 'memoryview', 'min', 'next',
 'object', 'oct', 'open', 'ord', 'pow', 'print', 'property', 'quit', 'range', 'repr', 'reversed', 'round', 'set',
 'setattr', 'slice', 'sorted', 'staticmethod', 'str', 'sum', 'super', 'tuple', 'type', 'vars', 'zip']

Process finished with exit code 0
```

图 3-12　执行命令后显示的结果

（2）常用的数值运算函数

Python 中常用的数值运算函数见表 3-1。

表 3-1　常用的数值运算函数

函数名	函数功能	示例	结果
abs(number)	返回数字的绝对值 复数返回该复数的模	abs(-23) abs(3+4j)	23 5.0
pow(x,y[,z])	返回 x 的 y 次幂，若有参数 z，则所得结果再对 z 取模	pow(2,3) pow(2,3,5)	8 3
round(number[,n])	按给定的精度对数字进行四舍五入	round(3.3333) round(6.6666) round(6.6666,3)	3 7 6.667
min(x[,y,z...])	返回给定参数的最小值，参数可以为序列	min(5,3,4) min((2,5),(2,3,4))	3 (2, 3, 4)
max(x[,y,z...])	返回给定参数的最大值，参数可以为序列	max(5,3,4) max((2,5),(2,3,4))	5 (2, 5)
divmod(n1,n2)	除法和取余运算的结合，返回一个包含商和余数的元组	divmod(13,3)	(4, 1)
range([start,] end[, step])	按参数生成连续的有序整数列表	range(4) range(1,4) range(1,5,2)	[0, 1, 2, 3] [1, 2, 3] [1, 3]

（3）常用的类型转换函数

Python 中常用的类型转换函数见表 3-2。

表 3-2　常用的类型转换函数

函数名	函数功能	示例	结果
chr(i)	返回 ASCII 码对应的字符串	chr(65) chr(65)+chr(97)	A Aa
ord(x)	返回字符串的 ASCII 码或 Unicode 值	ord("a") ord(" 中 ")	97 20013
int(x[,base])	把数字和字符串转换成一个整数； base 表示当前 x 的进制数，默认为 10	int(3.3) int("13") int("1a",16)	3 13 26
bin(x)	把整数转换成二进制数	bin(5)	0b101
oct(x)	把整数转换成八进制数	oct(12)	0o14
hex(x)	把整数转换成十六进制数	hex(12) hex(16)	0xc 0x10
float(x)	把一个数字或字符串转换成浮点数	float("12") float("12.3") float(5)	12.0 12.3 5.0
complex(r[,i])	把字符串或数字转换为复数	complex("2+1j") complex("2") complex(2,1)	(2+1j) (2+0j) (2+1j)
str(obj)	把对象转换成可打印字符串	str(4.5) str(3+2j)	'4.5' '(3+2j)'
list(x)	将序列对象转换成列表	list("why") list((1,2,3))	['w', 'h', 'y'] [1, 2, 3]
tuple(x)	把序列对象转换成元组	tuple("why") tuple([1,2,3])	('w', 'h', 'y') (1, 2, 3)

（4）其他常用函数

Python 中还有一些常用的函数，在此就不归类介绍了，见表 3-3。

表 3-3　其他常用函数

函数名	函数功能	示例	结果
len(object)	返回字符串和序列的长度	len('hello') len([1,2,3])	5 3
type(obj)	返回对象的数据类型	type(3) type(3.4) type('12.3') type([1,2,3])	class 'int' class 'float class 'str' class 'list'
isinstance(obj, c_info)	判断对象是否与参数 c_info 的类型相同，如果相同则返回 True，否则返回 False	isinstance('hi',str) isinstance(3.5,int) isinstance ((1,2),list) isinstance((1,2),tuple) isinstance([1,2],list)	True False False True True
filter(function,list)	将一个函数应用于序列中的每一项，并返回该函数返回 True 值时的所有项，从而过滤掉返回值为 False 的所有项	def is_odd(n): return n % 2 == 1 newlist = filter(is_odd, [1, 2, 3, 4, 5, 6, 7, 8, 9, 10])	

示例：编写自定义函数，判断输入数据的类型。

```
def displayNumType(num):
    print (num,end=' 是 ')
    if isinstance(num,(int,float,complex)):
        print( type(num).__name__,end='')
        print(' 型数据。')
    elif isinstance(num,str):
        print('str 型数据。')
    else:
        print(' 其他类型数据。')
displayNumType(-12)
displayNumType(34.5)
displayNumType(1.2+3.4j)
displayNumType('hello')
```

运行结果：

```
-12 是 int 型数据。
34.5 是 float 型数据。
(1.2+3.4j) 是 complex 型数据。
hello 是 str 型数据。
```

示例：编写程序，使用 filter 函数过滤掉指定字符串中的指定子串。

```
def nosubstr(str) :                    # 定义过滤字符串的函数
    return str.find(sub_s) == -1       # 返回 str 中不包含的 sub_s 字符串
s=input(' 输入一个字符串：')           # s 为全局变量，存储原字符串（有空格）
list_s=s.split()                       # list_s 将原字符串分割成单词列表
sub_s=input(' 要过滤的子串：')         #sub_s 为全局变量，存储要过滤的子串
```

```
# 在 nosubstr 函数中过滤 list_s 列表中的字符串，结果存于 filter 类变量 result 中
result=filter(nosubstr,list_s)
# 将结果映射至序列中的每个元素，返回结果列表 list_r
list_r=list((map(str,result)))
print(list_r)                                    # 输出显示结果中的字符串列表值
```

运行结果：

```
输入一个字符串：how do you do
要过滤的子串：do
['how', 'you']
```

关于 filter 函数，Python 3.x 和 Python 2.x 有所不同，Python 2.x 中返回的是过滤后的列表，而 Python 3.x 中返回的是一个 filter 类。filter 类实现了 __iter__ 和 __next__ 方法，可以看成是一个迭代器，有惰性运算的特性，优点是提升了性能、节约了内存。

任\务\拓\展

1．编写程序，输入两个整数，按从大到小的顺序输出这两个整数。

参考代码：

```
x1=input(' 请输入整数 x1:')
x2=input(' 请输入整数 x2:')
if(x2>x1) :
        t=x1
        x1=x2
        x2=t
print(x1,x2)
```

2．修改 Python 绘制多彩五角星程序，完成多彩多角星的绘制。

3．使用 while 循环，求 1+2+…+n<100 的最大的 n 值及最大的和。

思路分析：这个题目的循环次数不确定，需要不断判断累加和值是否小于 100，若小于 100 则继续累加下一个自然数，否则循环结束。

小\结

Python 中两个主要的控制语句是判断语句和循环语句。判断语句主要有 if 语句、if-else 语句、elif 语句，更复杂的逻辑关系可以使用 if 结构的嵌套来实现。循环语句主要有 while 循环和 for 循环，循环的嵌套能够处理更多逻辑上的重复。在循环体中还可以使用 break 语句和 continue 语句来干涉流程的走向。通过判断（条件语句）和重复（循环语句）的合理控制，就可以编写出解决现实中比较复杂问题的程序了。

函数是对程序逻辑进行结构化或过程化的一种编程方法，可以将完整的程序代码分离成易于管理的多个程序段，特别是把重复代码放到函数中，这样既能节省空间也能提高代码

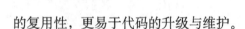

的复用性，更易于代码的升级与维护。

函数要先定义再调用，函数可以通过关键字 def 进行定义，也可以使用关键字 lambda 来创建匿名函数。使用 def 方式定义函数更加直观、易于理解，而使用 lambda 函数简化了函数定义的书写形式，使代码更加简洁。

定义函数时通常要确定形式参数的名称及数量，调用函数时通过这些参数进行数据的传递。函数的参数有多种形式：常规参数、默认参数、关键字参数、可变参数（不定长参数）等，当函数具有多个参数时，也可以使用多种类型的参数组合。当能够事先知道函数需要多少个形参的情况下，应选择常规参数和默认参数；当不确定该给函数传入多少个参数时，就要使用可变参数。

可变参数要在参数前加星号，如果只加一个星号（*），这样的参数会以元组的形式导入，存放所有未命名的变量参数；如果加了两个星号（**），这样传过来的实际参数被当作字典对待，参数名为字典的键，参数值为字典的值，这个字典是用关键字参数传递数据的。

在编写函数时特别要注意变量的作用范围，即作用域。变量按作用域的不同分为全局变量和局部变量。在函数外部定义的变量叫作全局变量，全局变量可以在整个程序范围内访问；在函数内部定义的变量叫做局部变量，局部变量只能在其被声明的函数内部访问。全局变量与局部变量即使同名也互不干扰，因为它们的作用域不一样。

当内部作用域的变量想修改外部作用域的变量时，就要用到 global 关键字或 nonlocal 关键字。在函数或其他局部作用域中要使用全局变量需要用 global 关键字；要在一个嵌套的函数中修改外层非全局作用域中的变量则需要使用 nonlocal 关键字。

Python 中有许多系统函数，也叫内建函数，这些函数不需要导入任何模块即可直接使用，了解并熟记这些内建函数可以大大提高编程效率。如果想查看 Python 中的内建函数，可执行“dir(__builtins__)”语句。

习题

一、单选题

1．下列代码执行结果是（　　）。

```
x = 1
def change(a):
    a += 5
    print(a)
change(x)
```

A．5　　B．6　　C．7　　D．1

2．下列（　　）的参数定义不合法？

A．def function(*args):　　B．def function(arg=1):

C．def function (*args, a=1):　　D．def function (a=1, **args):

3．有如下代码，调用结果正确的是（　　）。

```
def bar(x):
    def foo(y):
        return x ** y
    return foo
```

A．bar(2)(3) == 8　　B．bar(2)(3) == 6
C．bar(3)(2) == 8　　D．bar(3)(2) == 6

4．有如下代码 x = map(lambda a: a**3, [1, 2, 3])，则 list(x) 的运行结果是（　　）。

A．(1, 6, 9)　　B．[1, 6, 9]　　C．[1, 8, 27]　　D．[1, 12, 27]

5．语句 list(range(4,-4,-2)) 得到的列表是（　　）。

A．[ ]　　B．[4, -2, -4]　　C．[4, 2, 0, -2]　　D．[-4, -2, 0, 2, 4]

6．若 x = (1, 2, 3)，（　　）操作是不合法的。

A．x*3　　B．list(x)　　C．x[1:-1]　　D．x[2] = 4

二、编程题

1．使用 while 循环将 1 ～ 100 之间能被 3 或 7 整除的数显示输出。

2．统计一个字符串的字符个数。

Project 4

项目4

基本数据结构

——简版通信录管理系统

项目情景

工作、生活中随处可见通信录的应用场景，比如，在电商类的应用程序中，设置收货人的电话号码；在即时通信类的应用中，添加手机联系人、好友等。通信录管理系统不仅有利于人们在繁忙嘈杂的生活中沟通交流，也方便人们更新联系方式等。

完成本项目的学习后，将掌握以下技能：

- 列表的声明和使用。
- 元组的声明和使用。
- 字典的声明和使用。
- 集合的声明和使用。

项目概述

为了方便对通信录联系人的管理，需要统计联系人的联系方式，包括姓名、手机号码、家庭地址等，并将这些统计信息集中存放在列表中以便随时查看以及更新联系人信息等。本项目将基于列表存储联系人信息，开发一个通信录管理系统。

项目要求使用函数完成各种功能并且根据键盘输入来选择对应的函数完成名片管理的所有功能。通信录管理系统的具体功能如图 4-1 所示。

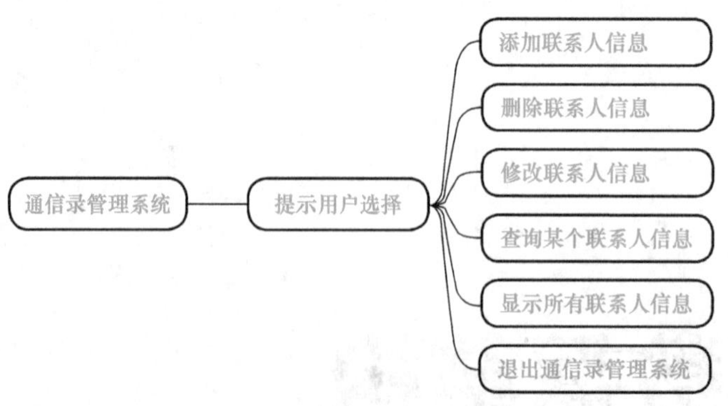

图 4-1　通信录管理系统功能图

任务 1　制作通信录管理菜单

任务分析

通信录管理系统菜单中共有 6 种功能，通过接收键盘输入的序号响应用户选择的功能，比如，用户输入“1”，则完成名片添加功能，选择“6”就会退出通信录管理系统。

定义输出菜单功能的函数。考虑到该函数只用来输出信息，并且输出的内容是固定不变的，所以定义一个无参数、无返回值的函数 print_menu ( ) 。

任务实施

1. 新建项目

启动 PyCharm 软件，新建一个名为“unit4”的项目，然后在 project 下选中 unit4 并右击，选择“New”→“Python File”命令，新建一个 Python 文件“addressBook.py”（简易通信录文件），如图 4-2 所示。

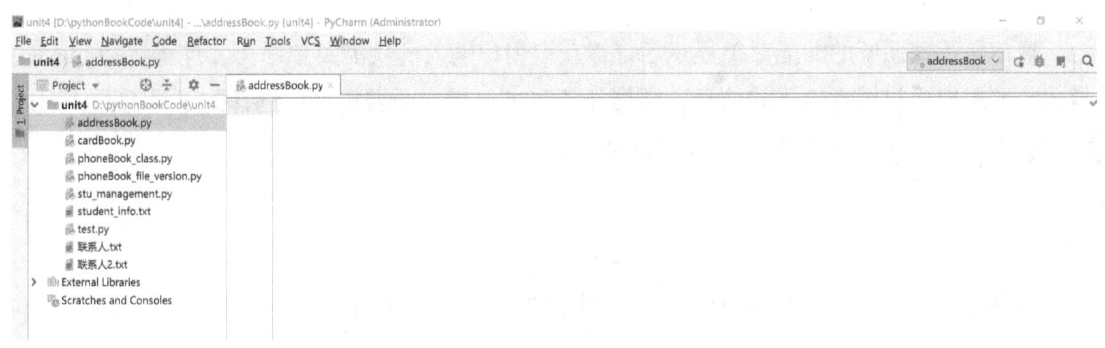

图 4-2　新建 addressBook.py

2. 代码编写

打开代码视图进行代码的编辑，输入以下代码：

```
# 打印功能提示
def print_menu():
    print("--" * 20)
    print(''' 系统提供以下功能
    1：添加联系人信息
    2：删除联系人信息
    3：修改联系人信息
    4：查询指定联系人信息
    5：显示全部联系人信息
    6：退出通信录 ''')
    print("--" * 20)
```

运行程序，结果如图 4-3 所示。

```
----------------------------------------
系统提供以下功能
        1：添加联系人信息
        2：删除联系人信息
        3：修改联系人信息
        4：查询指定联系人信息
        5：显示全部联系人信息
        6：退出通信录
----------------------------------------

Process finished with exit code 0
```

图 4-3　运行结果

任务 2　获取用户输入

任务分析

通信录管理系统的功能菜单显示后，需获取用户输入的功能菜单序号。这里选择 input( ) 函数获取用户通过键盘输入的信息，根据任务需求分析，还需将用户选择的序号返回，因此设计一个无参且有返回值的函数 get_choice ( )。

任务实施

继续在任务 1 中的“addressBook.py”文件中添加如下代码：

```
def get_choice():
    choice = input(" 请选择所选的功能选项序号：")
    return int(choice)
```

在显示功能菜单后，通过调用函数 get_choice( ) 获取用户输入的信息，代码如下：

```
choice = get_choice( )
```

运行结果如图 4-4 所示。

```
----------------------------------------
系统提供以下功能
        1：添加联系人信息
        2：删除联系人信息
        3：修改联系人信息
        4：查询指定联系人信息
        5：显示全部联系人信息
        6：退出通信录
----------------------------------------
请选择所选的功能选项序号：1
```

图 4-4　运行结果

任务3 开发功能模块

任务分析

获取序列号后，执行与序列号对应的功能操作。使用 while 循环不间断输出菜单功能项后，再使用 if-elif 语句根据用户选择的序号完成相应的功能。

任务实施

在任务 2 中的代码后面继续添加如下代码：

```
while True:
    try:
        print_menu ()
        choice = get_choice ()
        if choice==1:
            pass
        elif choice ==2:
            pass
        elif choice ==3:
            pass
        elif choice ==4:
            pass
        elif choice ==5:
            pass
            break
        elif choice==6:
            pass
        else:
            print(' 输入不合法，请输入合法数字 ')
    except ValueError:
        print(' 请输入数字选项 ')
```

根据用户选择的序列号执行与之对应的操作。程序开发框架搭建好后，就该完成具体功能的代码编写。为了更好地实现代码复用，此处将满足各个条件的功能操作封装到函数中，通过调用各自对应的函数实现相应的功能。

（1）添加联系人

考虑到添加的联系人信息需要存储起来，这里将使用列表，因此在 while 语句的前面定义一个空列表，具体如下：

```
# 用来保存所有联系人信息
person_infos = [ ]
```

当用户选择序号 1 后，提示用户输入联系人信息，包括联系人的姓名、手机和地址。此时需要设计一个字典 new_infos = {} 存储联系人的这些信息并在最后将填充完联系人信息的字典添加到 person_infos 列表中。根据分析，定义一个无参、无返回值的函数 add_info( ) 完成添加联系人及其信息功能，具体如下：

```
# 添加一个联系人信息
def add_info():
    # 提示并获取联系人的姓名
    new_name = input(" 请输入新增联系人名字：")
    # 提示并获取联系人手机号码
    new_phone = input(" 请输入新增联系人的手机号码：")
    # 提示并获取联系人地址
    new_addr = input(" 请输入新增联系人的地址 ")
    new_infos = {} # 字典是可变对象，初始化一定不能放在 for 循环前面
    new_infos['name'] = new_name
    new_infos['phone'] = new_phone
    new_infos['addr'] = new_addr
    person_infos.append(new_infos)
```

（2）删除一个联系人

当要删除一个联系人及其信息时候，就需要定义一个删除联系人信息的函数。在该函数中，首先提示用户选择即将删除的那位联系人在存储列表中的序号（如第 2 个联系人），然后使用删除列表的 del 语句删除相应的联系人信息，具体代码如下：

```
# 删除一个联系人信息
def del_contact(person):
    del_num = int(input(" 请输入要删除的序号：")) - 1
    del person [del_num]
```

（3）修改一个联系人信息

定义一个用于修改指定联系人信息的函数。在该函数中，根据提示输入联系人的信息，包括联系人在存储列表中的序号，修改后的姓名、手机号码以及地址。然后根据序号获取要修改的联系人在列表中的字典，并用新输入的信息替换字典中的原信息，具体实现代码如下：

```
# 修改一个联系人的信息
def modify_info():
    student_id = int(input(" 请输入要修改的联系人的序号："))
    new_name = input(" 请输入联系人修改后的新名字：")
    new_phone = input(" 请输入联系人修改后的新手机号码：")
    new_addr = input(" 请输入联系人修改后的新地址 ")
    person_infos[student_id - 1]['name'] = new_name
    person_infos[student_id - 1]['phone'] = new_phone
    person_infos[student_id - 1]['addr'] = new_addr
```

（4）根据指定名字搜索联系人信息

若要对某个联系人的信息进行查询，可以使用条件查询。定义一个按照指定名字查询该联系人信息的函数 search_info()，具体代码如下：

```
    #按照指定联系人姓名进行联系人信息查询
    def search_info():
        name = (input('请输入要搜索的联系人姓名'))
        temp={}
        for temp in person_infos:
            for key,value in temp.items():
                if value ==name:
                    print('联系人 %s 的电话号码是 %s，地址是 %s'%(temp['name'],temp['phone'],
temp['addr']))
                    break
```

（5）显示全部联系人信息

定义一个显示全部联系人信息的函数。在该函数中遍历存储联系人信息的列表，再通过 for 循环逐一取出并打印输出每个联系人的详细信息，具体代码如下：

```
    #定义一个用于显示所有联系人信息的函数
    def show_infos():
        print("--" * 20)
        print("学生的信息如下：")
        print("--" * 20)
        print("序号        姓名        手机号码        地址")
        i = 1
        for temp in person_infos:
            print("%d      %s      %s      %s" % (i, temp['name'], temp['phone'], temp['addr']))
            i += 1
```

（6）定义 main 函数

定义一个 main 函数，用于控制这个程序的流程。在该函数中，使用一个无限循环（while True）来保证程序持续接收用户的输入。在循环中打印功能菜单项，提示用户选择相应的功能项，之后获取用户的输入，并使用 if-elif 语句根据不同序号调用实现对应功能的函数，具体代码如下：

```
    def main():
        while True:
            print_menu()            #打印菜单
            key = input("请输入功能对应的数字：")  #获得用户输入的序号
            if key == '1':      #添加联系人的信息
                add_info()
            elif key == '2':  #删除联系人的信息
                del_info(person_infos)
            elif key == '3':  #修改联系人的信息
                modify_info()
            elif key == '4':  #查看指定联系人的信息
                search_info()
            elif key == '5':  #查看所有联系人的信息
                show_infos()
            elif key == '6':  #退出管理器
                quit_confirm = input("真的要退出吗？ (Yes or No):")
                if quit_confirm == "Yes":
                    break     #结束循环
            else:
                print("输入有误，请重新输入")
```

在代码的最后调用 main() 函数，运行整个程序，具体代码如下：

```
main()
```

以下是运行各个功能模块的效果图。

添加联系人的运行结果如图 4-5 所示。

显示全部联系人信息的运行结果如图 4-6 所示。

```
----------------------------------------
系统提供以下功能
    1：添加联系人信息
    2：删除联系人信息
    3：修改联系人信息
    4：查询指定联系人信息
    5：显示全部联系人信息
    6：退出通信录
----------------------------------------
请输入功能对应的数字：1
请输入新增联系人姓名：张三
请输入新增联系人的手机号码：13800000000
请输入新增联系人的地址：天津
----------------------------------------
系统提供以下功能
    1：添加联系人信息
    2：删除联系人信息
    3：修改联系人信息
    4：查询指定联系人信息
    5：显示全部联系人信息
    6：退出通信录
----------------------------------------
请输入功能对应的数字：1
请输入新增联系人姓名：李四
请输入新增联系人的手机号码：13511111111
请输入新增联系人的地址：北京
----------------------------------------
```

图 4-5　添加联系人运行结果

```
----------------------------------------
系统提供以下功能
    1：添加联系人信息
    2：删除联系人信息
    3：修改联系人信息
    4：查询指定联系人信息
    5：显示全部联系人信息
    6：退出通信录
----------------------------------------
请输入功能对应的数字：5
----------------------------------------
学生的信息如下：
----------------------------------------
序号    姓名    手机号码            地址
1       张三      13800000000       天津
2       李四      13511111111       北京
----------------------------------------
```

图 4-6　查看全部联系人信息运行结果

删除联系人信息的运行结果如图 4-7 所示。

修改联系人信息的运行结果如图 4-8 所示。

```
请输入功能对应的数字：5
----------------------------------------
学生的信息如下：
----------------------------------------
序号    姓名    手机号码            地址
1       张三      13800000000       天津
2       李四      13511111111       北京
----------------------------------------
系统提供以下功能
    1：添加联系人信息
    2：删除联系人信息
    3：修改联系人信息
    4：查询指定联系人信息
    5：显示全部联系人信息
    6：退出通信录
----------------------------------------
请输入功能对应的数字：2
请输入要删除的序号：1
----------------------------------------
系统提供以下功能
    1：添加联系人信息
    2：删除联系人信息
    3：修改联系人信息
    4：查询指定联系人信息
    5：显示全部联系人信息
    6：退出通信录
----------------------------------------
请输入功能对应的数字：5
----------------------------------------
学生的信息如下：
----------------------------------------
序号    姓名    手机号码            地址
1       李四      13511111111       北京
----------------------------------------
```

图 4-7　删除联系人信息的运行结果

```
学生的信息如下：
----------------------------------------
序号    姓名    手机号码            地址
1       李四      13511111111       北京
----------------------------------------
系统提供以下功能
    1：添加联系人信息
    2：删除联系人信息
    3：修改联系人信息
    4：查询指定联系人信息
    5：显示全部联系人信息
    6：退出通信录
----------------------------------------
请输入功能对应的数字：3
请输入要修改的联系人的序号：1
请输入联系人修改后的新姓名：李四2
请输入联系人修改后的新手机号码：13500000000
请输入联系人修改后的新地址：上海
----------------------------------------
系统提供以下功能
    1：添加联系人信息
    2：删除联系人信息
    3：修改联系人信息
    4：查询指定联系人信息
    5：显示全部联系人信息
    6：退出通信录
----------------------------------------
请输入功能对应的数字：5
----------------------------------------
学生的信息如下：
----------------------------------------
序号    姓名    手机号码            地址
1       李四2     13500000000       上海
----------------------------------------
```

图 4-8　修改联系人信息的运行结果

查询指定联系人信息的运行结果如图 4-9 所示。

```
-----------------------------------------
系统提供以下功能
      1：添加联系人信息
      2：删除联系人信息
      3：修改联系人信息
      4：查询指定联系人信息
      5：显示全部联系人信息
      6：退出通信录
-----------------------------------------
请输入功能对应的数字：5
-----------------------------------------
学生的信息如下：
-----------------------------------------
序号      姓名      手机号码            地址
1         李四2      13500000000        上海
2         王五       13100000000        广东
-----------------------------------------
系统提供以下功能
      1：添加联系人信息
      2：删除联系人信息
      3：修改联系人信息
      4：查询指定联系人信息
      5：显示全部联系人信息
      6：退出通信录
-----------------------------------------
请输入功能对应的数字：4
请输入要搜索的联系人姓名：王五
联系人 王五 的电话号码是 13100000000 ， 地址是 广东
-----------------------------------------
```

图 4-9　查询指定联系人信息的运行结果

上述程序中，使用 Python 的数据结构—— 列表的形式来保存全部联系人的信息：姓名、电话、地址等。利用列表 person_infos = [ ] 的增、删、改、查等相关操作完成所添加联系人信息的存储、删除、提取、查看等操作，而新增的每一个联系人的具体信息是存储在 Python 的另一种数据结构，即字典 new_infos = {} 中，由于字典是可变对象，对它的初始化一定不能放在 for 循环前面。

必备知识

Python 中的数据结构主要包含序列、映射及集合 3 种基本类型。Python 程序开发中常见的数据结构操作主要表现为列表、元组、字典、集合的创建以及相应的增加、删除、修改、查询，类别的索引、列表元素的提取等操作。

1. 列表的创建及其常见操作

Python 列表是由一系列特定顺序排列的元素组成，列表中的元素可以是 Python 中的任何对象，即可为字符串、整数、元组，也可以是 list 等 Python 中的对象。列表中的每个元素可变，可对每个元素进行修改和删除。由于列表中的每个元素的位置是确定的，因此可通过索引访问每个元素。

（1）创建列表

创建列表的方法有两种，分别是使用方括号 [ ] 和 list 函数创建。

1）使用方括号 [ ] 创建列表，示例代码如下：

```
## 使用 [] 创建列表对象 courseList，存储专业课程名称
courseList = ['JavaWeb', 'Python', ' 大数据导论 ', ' 数据采集与清洗 ', ' 数据挖掘与分析 ', ' 大数据
              工程化开发 ']
print(courseList)  # 打印输出存储的课程名称
```

2）使用 list 函数创建列表，示例代码如下：

```
## 使用 list 函数创建列表对象 courseList2，存储专业课程名称
courseList 2= list([' 大数据专业课：', ['JavaWeb', 'Python', ' 大数据导论 ', ' 数据采集与清洗 ',' 数
                据挖掘与分析 ',' 大数据工程化开发 ']])
print(courseList2)  # 打印输出存储的课程名称
# ----------------------------------------------------------------------------------------
```

（2）列表的常用函数及方法

Python 列表中的常见操作有：添加元素、修改元素、查找元素、删除元素、排序元素。

1）添加元素。

① 通过 append() 可以向列表末尾追加元素。该方法只接受一个参数，参数可以是任何数据类型，被追加的元素在 list 中保持着原结构类型。此元素如果是一个 list，那么这个 list 将作为一个整体进行追加。使用 append() 添加元素到列表的示例代码如下：

```
## 定义变量 courseList，默认有 3 个元素
courseList = ['Java','C#','C++']
course_add = ['Big data','TensorFlow']
courseList.append(course_add)
print("----- 使用 append（）添加之后，列表 courseList 的数据 -----")
print(courseList)
# ----------------------------------------------------------------------------------------
```

② 通过 extend() 可以将另一个列表中的元素逐一添加到原列表中，该方法只接受一个参数；extend() 相当于是将另一个列表连接到原列表上，与 append() 不同的是，extend() 可同时添加多个元素。使用 extend() 增加元素示例代码如下：

```
## 定义变量 courseList，默认有 3 个元素
courseList = ['Java','C#','C++']
course_add = ['Big data','TensorFlow']
courseList.extend(course_add)
print("-----extend（）添加之后，列表 courseList 的数据 -----")
print(courseList)
# ----------------------------------------------------------------------------------------
```

③ 通过 insert(index, object) 函数在指定位置 index 前插入元素 object，该函数有两个参数，第一个参数 index 是元素的索引值，即插入的位置，第二个参数 object 是插入的元素。代码向 courseList 列表 ['Java','C#','C++'] 的第二个元素之前插入一个新列表。使用 insert() 增加元素的示例代码如下：

```
## 定义变量 courseList，默认有 3 个元素
courseList = ['Java','C#','C++']
course_add = ['Big data','TensorFlow']
courseList.insert(1,course_add)
print("-----insert（）添加之后，列表 courseList 的数据 -----")
print(courseList)
#----------------------------------------------------------------------------------------
```

④ 使用“+”（加号）将两个 list 相加，会返回一个新的 list 对象，与前面介绍增加元素的前 3 种方法不同的是，append()、extend()、insert () 均是通过直接修改原数据对象的方式实现向列表增加元素的操作，且无返回值。列表的相加操作示例代码如下：

```
## 定义变量 courseList，默认有 3 个元素
courseList = ['Java','C#','C++']
course_add = ['Big data','TensorFlow']
courseListNew = courseList + course_add
print("---- 使用“+”添加之后，列表 courseListNew 的数据 -----")
print(courseListNew)
# ------------------------------------------------------------
```

注意：将两个 list 相加，需要创建新的 list 对象，从而需要消耗额外的内存，特别是当 list 较大时尽量不要使用“+”来添加 list，而应该尽可能使用 list 的 append() 方法。

2）修改元素。

对 Python 列表元素进行修改时，首先要指明要修改元素对应的索引，然后才能对指定的元素进行修改。修改 courseList 列表的第二个元素值的示例代码如下：

```
## 定义变量 courseList，默认有 3 个元素
courseList = ['Java','C#','C++']
# 修改列表的第二个元素
courseList [1] = 'Python 程序设计 '
print("---- 修改之后，列表 courseList 的数据 -----")
print(courseList)
# ------------------------------------------------------------
```

3）查找元素。

列表元素的查找实质就是查看指定的元素是否存在。Python 中查找元素的常用方法为：

in（存在），如果存在那么结果为 True，否则为 False。

not in（不存在），如果不存在那么结果为 True，否则为 False。

示例代码如下：

```
# 待查找的课程列表
courseList= ['Java','C#','C++']
# 获取用户要查找的名字
findName = input(' 请输入要查找的课程 :')
# 查找是否存在
if findName in courseList:
    print(' 在课程列表中找到了相同的课程名 ')
else:
    print(' 没有找到相应的课程 ')
# ------------------------------------------------------------
```

4）删除元素。

列表元素的常用删除方法有：

①del：根据索引进行删除。

② pop()：删除最后一个元素。要删除指定位置的元素也可用 pop(i) 方法，其中 i 是索引位置。

③ remove()：根据元素的值进行删除，默认是删除列表中第一次出现的指定元素。

删除列表元素的示例代码如下：

```
## 定义变量 courseList，默认有 5 个元素
courseList= ['Java','Python','C#','C++','C']
# 删除列表的第二个元素
del courseList[2]
print('------ 利用 del，删除之后的数据 ------')
print(courseList)
# 利用 pop（）删除列表的最后一个元素
courseList.pop()
print('------ 利用 pop()，删除之后的数据 ------')
print(courseList)
# 利用 remove（）删除列表指定项
courseList.remove("C++")
print('------ 利用 remove()，删除之后的数据 ------')
print(courseList)
# ----------------------------------------------------------------
```

5）元素排序。

Python 列表类型中提供了常见的 3 个方法，即 sort、sorted 和 reverse 实现列表排序功能，这 3 个方法的特点是：sort() 实现列表升序排序，若采用 sort(reverse=True) 这种形式进行方法调用，则可实现列表的降序排序；reverse() 实现对列表的逆序、反转。

- sort() 对列表内容进行正向排序，排序后的新列表会覆盖原列表（列表 ID 维持不变），也就是直接修改原列表 list。
- sorted() 方法可以对任何数据类型的序列排序，并且返回的总是一个列表形式。sorted() 和 sort() 很相似，不同的是，sorted 不改变原来的列表，并返回一个排好序的列表，同时 sorted() 还可以对其他数据结构排序，而 sort() 只对列表排序，且改变原有的列表。如果既要保留原列表，又要得到已经排序好的列表，可使用 sorted() 实现。
- reverse() 对列表逆序、反转，是把原列表中的元素顺序从左至右重新存放，而不会对列表中的参数进行排序整理。如果需要对列表中的参数进行整理，就需要用到列表的另一种排序方式 sort() 来进行正序排序。

利用 sort()、sorted() 进行列表排序的示例代码如下：

```
## 定义变量 item，默认有 5 个元素
item= [1, 2, 3, 4, 5]
itemNew = [ ]
item.sort()
print('------ 使用 sort 排序后的列表数据 ------')
print(item)
itemNew = sorted(item,reverse=True)
print('------ 使用 sorted 排序后的原列表数据 ------')
print(item)
print('------ 使用 sorted 排序后的新列表数据 ------')
print(itemNew)
# ----------------------------------------------------------------
```

运行程序，结果如图 4-10 所示。

```
------使用sort排序后的列表数据------
[1, 2, 3, 4, 5]
------使用sorted排序后的原列表数据------
[1, 2, 3, 4, 5]
--------使用sorted排序后的新列表数据------
[5, 4, 3, 2, 1]

Process finished with exit code 0
```

图 4-10　运行结果

利用 sort()、reverse() 进行列表排序的示例代码如下：

```
## 定义变量 courseList，默认有 5 个元素
courseList= ['Java','Python','C#','C++','C']
print('------ 升原列表数据 ------')
print(courseList)
# 列表升序排序
courseList.sort()
print('------ 升序排序后的列表数据 ------')
print(courseList)
# 列表降序排序
courseList.sort(reverse=True)
print('------ 降序后的列表数据 ------')
print(courseList)
# 利用 reverse（）对列表逆序排列
courseList.reverse()
print('------ 逆序列表后的数据 ------')
print(courseList)
# ------------------------------------------------------------
```

（3）列表元素的索引与提取

Python 序列类型的数据结构都可以通过索引和切片操作对元素进行索引和提取。

1）列表元素索引。

列表是 Python 序列的类型结构之一，列表的索引从 0 开始，以 1 为步长逐渐递增。比如，列表的第一个元素对应的索引为 0，第二个元素对应的索引为 1，其他元素对应的索引以此类推。类别的负索引的原理是按从右到左的方向标记列表中的元素，即列表中末尾的元素（最右边的元素）的负索引为 –1，列表中倒数第二个元素的负索引为 –2，以此类推，其他元素向左依次为 –3，–4 等。使用索引提取列表元素的示例代码如下：

```
list_course = ['JavaWeb', 'Python', ' 大数据导论 ', ' 数据采集与清洗 ',' 数据挖掘与分析 ',' 大数据工程化开发 ']
print('list_course[0]:', list_course[0])  # 获取列表中的第一个元素值
print('list_course[1:5]:', list_course[1:5]) # 获取列表中的第二至第六个元素值
print('list_course[-2]:', list_course[-2])    ## 获取列表中从右向左（倒数）第二个元素值
```

2）列表索引错误示例。

在对列表元素进行索引或提取时，如果超出了列表元素范围，会出现索引错误，索引错误示例代码如下：

```
## 通过超出范围的索引提取列表元素的值
list_course = ['JavaWeb', 'Python', ' 大数据导论 ', ' 数据采集与清洗 ',' 数据挖掘与分析 ',' 大数据工程化开发 ']
# 获取列表中倒数第十个元素值
print('list_course[-10]:', list_course[-10])
```

3）列表切片操作提取元素。

在对列表元素进行索引或提取时，除了按照需求提取列表中的某一个元素，还可通过列表切片操作提取列表中的子列表元素。在对列表进行切片操作时，其操作格式为 list_name[start:end:step]，格式中的“start”指的是起始终止元素的索引值，“end”是指终止元素的索引值，“step”是指提取元素的间隔，即步长。需要注意的是，①一般地，当步长为正数时，end 值大于 start 值，而当步长为负数时，此时的起始元素位置应大于终止元素的位置；②切片操作在取到终止元素时为止，但不包含终止元素，即相当于数学中的左闭右开。③ Python 列表索引时，如果步长设置为 0，系统会报错。列表切片操作代码如下：

```
## 步长为正数的列表切片操作
courseList= ['Java','Python','C#','C++','C',' 大数据导论 ',' 大数据工程开发 ']
print(courseList[1:3])  # 提取第 2~4 的元素
print(courseList[1:5:2])  # 提取第 2~6 的元素，步长为 2
# 步长为负数的列表切片操作
print(courseList[-1:-5:-3])  # 提取倒数第 2~5 的元素，步长为 3
print(courseList[1:3:0])  # 提取步长为 0 时出错
print('-'*20)
```

运行该程序，结果如图 4-11 所示。

```
['Python', 'C#']
Traceback (most recent call last):
  File "D:/PycharmProjects/unit3/ex3_1_14Item_qiepian.py", line 7, in <module>
['Python', 'C++']
['大数据工程开发', 'C++']
    print(courseList[1:3:0])  #提取步长为0时出错
ValueError: slice step cannot be zero
```

图 4-11　运行结果

从上述示例代码可以看出：在切片操作格式当中，省略步长时，切片操作将默认步长为 1；格式中的第二个冒号“：”可以省去，当步长为正数时，表示切片从左向右提取元素；当步长为负数时，表示切片从右向左提取元素。

在对列表进行切片操作时，不仅可以省略步长值，还可以省略格式中的起始元素和终止元素，但必须保留格式中的第一个冒号“：”。若只省略起始索引，切片操作会默认使用开头（步长为正数时）或结尾（步长为负数时）开始提取元素；若只省略终止索引，切片操作会从起始元素开始，按提取方向搜索到列表一端的最后一个元素，此时的切片操作会取所操作的列表那一端的元素值，即相当于数学中的闭区间操作，若格式中的起始元素和终止元素同时省去指定，切片操作会从某段开始对全体元素搜索提取，具体从左端开始还是从右端开始提取视提取方向而定。切片操作实现列表反转的示例代码如下：

```
# 省略起始元素索引
courseList= ['Java','Python','C#','C++','C',' 大数据导论 ',' 大数据工程开发 ']
print(courseList[:3:2]) # 提取从第 0~4 个元素间的元素，步长为 2
```

```
#省略终止元素索引
print(courseList[2:]) #提取从第 2 个元素到列表右端的最后一个元素间的所有元素
#同时省略起始和终止元素索引
print(courseList[::2]) #提取从左端到右端之间的全体元素，步长为 2
print(courseList[::-1]) #提取从右端到左端之间的全体元素，步长为 1，即列表反转
print('-'*50)
```

小技巧：使用切片操作时，可使用切片操作 list_name[::-1] 将列表 list_name 实现反转。

(4) 列表的其他操作

上述所述均是 Python 列表的常用函数和基础操作，下面再介绍一下 Python 列表中常用的其他方法 len 和 *，len() 方法可获取列表长度，实现列表元素个数统计；列表的乘法“*”操作可以实现重复合并同一个列表多次。列表的其他操作示例代码如下：

```
#定义变量 courseList，默认有 3 个元素
courseList= ['Java','Python','C#']
print(len(courseList)) #使用函数 len（）获取列表长度
#使用列表乘法 * 重复合并列表
print(courseList*3) #
print('-'*50) #使用列表乘法 * 重复打印“-”50 次
```

运行程序，结果如图 4-12 所示。

```
3
['Java', 'Python', 'C#', 'Java', 'Python', 'C#', 'Java', 'Python', 'C#']
--------------------------------------------------

Process finished with exit code 0
```

列表重复三次

图 4-12 运行结果

2. 元组的创建及其常见操作

Python 元组和列表数据类似，都是线性表，不同的是元组是不可变序列，一旦被创建，其被赋值后所存储的数据不能被程序修改，即元组的内容或大小无法被改变，因此可以将元组看作是只能读取数据而不能修改数据的列表。

(1) 创建元组

创建元组的语法很简单，用逗号分隔了一些值即可自动创建一个元组。但更多的时候创建元组是通过圆括号括起来的形式实现的，与列表类似，元组的创建方法也有两种，分别是使用圆括号 () 和 tuple 函数创建。

1) 使用圆括号 ( ) 创建元组，示例代码如下：

```
#使用 ( ) 创建元组对象 courseTuple，存储专业课程名称
    #创建存储专业课程的元组 courseTuple，默认有 5 个元素
    courseTuple = ('JavaWeb', 'Python', ' 大数据导论 ', ' 数据采集与清洗 ',' 数据挖掘与分析 ')
    print(courseTuple)   #打印输出存储的课程名称
        #--------------------------------------------------
```

需要注意的是，当元组只有一个元素时，需要在元素的后面加一个英文逗号分隔符，以防止与表达式中的小括号混淆。这是因为小括号既可以表示元组，又可以表示表达式中的优先级运算符，这就容易产生歧义。创建只含一个元素的元组的示例代码如下：

```
## 创建只含一个元素的元组 courseTuple_english，存储专业英语课程
    # 创建存储专业英语课程的元组 courseTuple_english
    courseTuple = ('专业英语',)
    print(courseTuple)  # 打印输出存储的课程名称
#------------------------------------------------------
```

2）使用 tuple 函数创建列表的示例代码如下：

```
## 使用 tuple 函数创建存储专业课程的元组 courseTuple，默认有 5 个元素
courseTuple = tuple(('JavaWeb', 'Python', '大数据导论','数据采集与清洗','数据挖掘与分析'))
print(courseTuple)  # 打印输出存储的课程名称
#------------------------------------------------------
```

（2）元组的访问

元组的访问与列表相同，可以直接使用元组元素的索引值访问元组中的单个元素，也可以使用元组切片操作访问子元组。访问元组元素的运算符包括“[]”和“[:]”运算符，用于访问元组中的单个元素或一个子元组。

1）通过索引访问元组的示例代码如下：

```
## 创建存储专业课程的元组 courseTuple，默认有 5 个元素
courseTuple = ('JavaWeb', 'Python', '大数据导论','数据采集与清洗','数据挖掘与分析')
print(courseTuple[0]) # 访问元组中的第一个元素
print(courseTuple[10]) # 传入的索引值超出了元组的索引范围，引发错误
#------------------------------------------------------
```

运行结果如图 4-13 所示。

```
Traceback (most recent call last):
JavaWeb
  File "D:/PycharmProjects/unit3/task3_2/ex3_2_4.py", line 4, in <module>
    print(courseTuple[10]) #传入的索引值超出了元组的索引范围
IndexError: tuple index out of range

Process finished with exit code 1
```

图 4-13　运行结果

2）通过切片操作访问元组。与列表类似，元组也可以获取元组的切片并且无需考虑超出元组索引范围的问题。

```
# 通过切片操作访问元组
courseTuple = ('JavaWeb', 'Python', '大数据导论','数据采集与清洗','数据挖掘与分析')
print(courseTuple[1:4]) # 访问元组中的第 2~5 个元素间的元素
print(courseTuple[-2:-1]) # 访问元组倒数第 2 个元素到最后 1 个元素之间的所有元素
print(courseTuple[1:10]) # 超出元组的索引范围，但未引发错误
print('-'*50)
```

运行结果如图 4-14 所示。

```
('Python', '大数据导论', '数据采集与清洗')
('数据采集与清洗')
('Python', '大数据导论', '数据采集与清洗', '数据挖掘与分析')
--------------------------------------------------
```

图 4-14　运行结果

(3) 元组解包

元组解包就是将元组中的每个元素赋值给多个不同变量的操作。其操作的基本语法格式为 object1, object2, object3,…, object=tuple。由于创建元组时可以省略圆括号 ()，因此元组解包可以视作为多条赋值语句的集合。通过一句元组解包代码可以简单快速地实现多条赋值语句的功能。

```
## 元组解包操作
courseTuple = ('JavaWeb', 'Python', ' 大数据导论 ')
# 通过解包操作分别为 course1,course2,course3 赋值
course1,course2,course3 = courseTuple
print(" 课程 1 的名称为：", course1)
print(" 课程 2 的名称为：", course2)
print(" 课程 3 的名称为：", course3)
print('-'*50)
```

运行结果如图 4-15 所示。

```
课程1的名称为： JavaWeb
课程2的名称为： Python
课程3的名称为： 大数据导论
--------------------------------------------------
```

图 4-15 运行结果

(4) 更新元组

元组是不可修改类型。虽然在程序运行过程中无法对元组的元素进行插入和删除运算，但可以通过再构造一个新的元组替换旧的元组，来实现元素的插入和删除。

```
## 创建存储专业课程的元组 courseTuple，默认有 5 个元素
courseTuple = ('JavaWeb', 'Python', ' 大数据导论 ', ' 数据采集与清洗 ',' 数据挖掘与分析 ')
print(" 更新前的课程情况：",courseTuple)
# 更新课程元组，删除课程' 数据挖掘与分析'
courseTuple = ('JavaWeb', 'Python', ' 大数据导论 ', ' 数据采集与清洗 ')
print(" 删除 ' 数据挖掘与分析 ' 后的课程情况：",courseTuple)
# 在新课程元组中增加一门课程 'C++'
courseTuple = ('JavaWeb', 'Python', ' 大数据导论 ', ' 数据采集与清洗 ','C++')
print(" 新增课程 'C++' 后的课程情况：",courseTuple)
print('--'*40)
```

运行结果如图 4-16 所示。

```
更新前的课程情况： ('JavaWeb', 'Python', '大数据导论', '数据采集与清洗', '数据挖掘与分析')
删除'数据挖掘与分析'后的课程情况： ('JavaWeb', 'Python', '大数据导论', '数据采集与清洗')
新增课程'C++'后的课程情况： ('JavaWeb', 'Python', '大数据导论', '数据采集与清洗', 'C++')
--------------------------------------------------------------------------------
```

图 4-16 运行结果

(5) 元组常用函数和方法

由于元组是不可变序列，用于列表的排序、替换、添加等方法在元组中不能使用，故能对元组进行操作的相应函数和方法较少，元组的常见操作见表 4-1，常见的内置函数见

表 4-2。需要注意的是，在元组的合并操作中可以将多个元组合并成一个元组，合并后的元组元素顺序保持不变，即合并后的元组成为一个新元组，而原元组保持不变。

表 4-1　元组常见操作

元组函数或方法	说明
count( )	统计某个元素在元组中出现的次数
index( )	找出某个元素在元组中第一个匹配项的索引值
sorted( )	对元组排序并生成一个存储排序后元素的新列表
+	合并两个元组为一个元组
*	重复合并同一个元组为一个更长的元组

表 4-2　元组常见内置函数

内置函数	说明
cmp(tup1,tup2)	比较两个元组元素
len(tup)	返回元组中元素的个数
max(tup)	返回元组中元素最大的值
min(tup)	返回元组中元素最小的值
tuple(seq)	将列表转化为元组

注意：元组内元素数据类型相同的情况下才可以使用内置函数 max() 和 min()。

```
# 声明 courseTuple 元组存储课程名称
courseTuple = ('JavaWeb', 'Python', ' 大数据导论 ',' 数据采集与清洗 ',' 数据挖掘与分析 ')
# 声明 stuScore 元组存储某学生相应课程成绩
stuScore=(80,95,85,90,85)
print(" 某学生的成绩情况：",stuScore)
# 使用 len 函数统计课程数量
print(" 学生所修课程门数：",len(courseTuple))
# 使用 count 函数统计成绩为 85 分的课程数量
print(" 学生成绩为 85 分的课程数量：%d 门 "%stuScore.count(85))
# 使用 index 查找成绩为 95 分的课程位置
print(" 第 %d 门课程成绩为 95 分 "%(stuScore.index(95)+1))
# 使用 sorted 函数对成绩进行从低到高排序
print(" 从低到高排序后的成绩为：" ,sorted(stuScore))
# 使用加法合并课程元组和成绩元组
print(" 合并后的元组为：",courseTuple + stuScore)
# 使用元组乘法重复合并元组
print(" 合并后的元组为：",stuScore*3)
print('--'*50)
```

运行结果如图 4-17 所示。

```
某学生的成绩情况： (80, 95, 85, 90, 85)
学生所修课程门数： 5
学生成绩为85分的课程数量：2门
第2门课程成绩为95分
从低到高排序后的成绩为： [80, 85, 85, 90, 95]
合并后的元组为： ('JavaWeb', 'Python', '大数据导论', '数据采集与清洗', '数据挖掘与分析', 80, 95, 85, 90, 85)
合并后的元组为： (80, 95, 85, 90, 85, 80, 95, 85, 90, 85, 80, 95, 85, 90, 85)
----------------------------------------------------------------------------------------------------
```

图 4-17　运行结果

（6）元组的不可修改特性

元组的不可修改特性可能会让元组变得非常不灵活，因为元组作为容器对象，很多时候需要对容器的元素进行修改，这在元组中是不允许的。元组可以说是列表数据的一种补充，数据的不可修改性在程序设计中也是非常重要的。例如，当需要将数据作为参数传递给 API 但不希望 API 修改参数时，就可以传递一个元组类型；再如，元组可以在映射（和集合的成员）中当作键使用。因此元组和列表是互为补充的数据类型。

3．字典的创建及其常见操作

（1）认识字典

在日常生活中，两组或多组数据之间可能有一定的关联关系，比如，在成绩表数据中，JavaWeb：90，Python：85，大数据导论：95，这组数据看上去像两个列表，但这两个列表的元素之间有一定的关联关系。如果单纯使用两个列表来保存这组数据，则无法记录两组数据之间的关联关系。

为了保存具有映射关系的数据，Python 提供了字典。字典相当于保存了两组数据，其中一组数据是关键数据，被称为 key；另一组数据可通过 key 来访问，被称为 value。形象地看，字典中 key 和 value 的关联关系如图 4-18 所示。

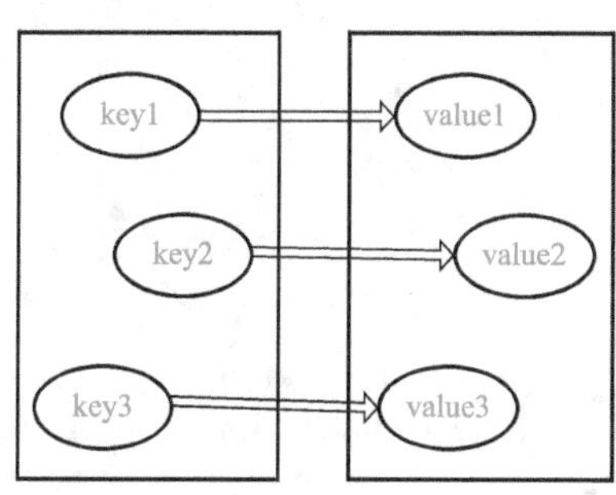

图 4-18　字典保存的关联数据图

由于字典中的 key 是非常关键的数据，而且程序需要通过 key 来访问 value，因此字典中的 key 不允许重复。

（2）创建字典

由于字典通过一组键（key）值（value）对组成，在 Python 中是一种可变的容器模型，因此在创建字典时，每个 key-value 之间用“:”隔开，每组键值对之间用“,”分割，整个字典用“{}”括起来。需要注意的是，在创建字典时需要键在前、值在后，值可以是任何数据类型，但是键必须是不可变的数据类型（如数字、字符串、元组）；键必须唯一，值可以不唯一；如果字典中有多个相同的键，值则取最后一个。

在程序中，创建字典的方式有两种，即可使用花括号语法来创建字典，也可使用 dict() 函数来创建字典。实际上 dict 是一种类型，它就是 Python 中的字典类型。

1）使用花括号创建字典。由于字典的 key 必须是不可变类型，因此元组可以作为字典的 key，而列表是可变类型故不能将其作为字典的 key。使用 {} 创建字典的示例如代码如下：

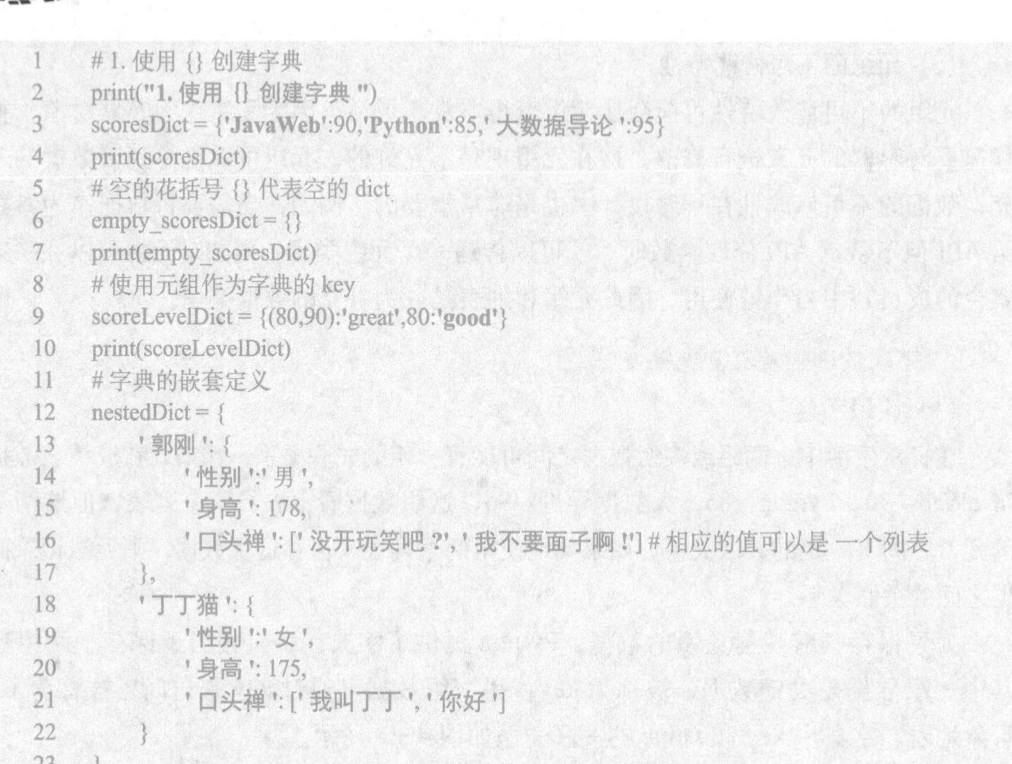

```
1    # 1. 使用 {} 创建字典
2    print("1. 使用 {} 创建字典 ")
3    scoresDict = {'JavaWeb':90,'Python':85,' 大数据导论 ':95}
4    print(scoresDict)
5    # 空的花括号 {} 代表空的 dict
6    empty_scoresDict = {}
7    print(empty_scoresDict)
8    # 使用元组作为字典的 key
9    scoreLevelDict = {(80,90):'great',80:'good'}
10   print(scoreLevelDict)
11   # 字典的嵌套定义
12   nestedDict = {
13       ' 郭刚 ': {
14           ' 性别 ':' 男 ',
15           ' 身高 ': 178,
16           ' 口头禅 ': [' 没开玩笑吧 ?', ' 我不要面子啊 !'] # 相应的值可以是 一个列表
17       },
18       ' 丁丁猫 ': {
19           ' 性别 ':' 女 ',
20           ' 身高 ': 175,
21           ' 口头禅 ': [' 我叫丁丁 ', ' 你好 ']
22       }
23   }
24
25   # 访问多级字典，打印郭刚的体重值
26   print(' 郭刚的身高为：', nestedDict[' 郭刚 '][' 身高 '], 'cm')
27   print('--'*35)
```

运行结果如图 4-19 所示。

```
1.使用{}创建字典
{'JavaWeb': 90, 'Python': 85, '大数据导论': 95}
{}
{(80, 90): 'great', 80: 'good'}
郭刚的身高为：  178 cm
----------------------------------------------------

Process finished with exit code 0
```

图 4-19　运行结果

上面程序中第 3 行代码创建了一个简单的 scoresDict，该字典的 key 是字符串，value 是整数；第 6 行代码使用花括号创建了一个空的字典；第 9 行代码创建的字典中第一个 key 是元组，第二个 key 是整数值，从第 12 行至第 23 行创建了一个嵌套字典 nestedDict，这都是合法的。

2）使用 dict() 函数创建字典。在使用 dict() 函数创建字典时，可以传入多个列表或元组参数作为 key-value 对，每个列表或元组将被当成一个 key-value 对，因此这些列表或元组都只能包含两个元素。使用 dict 函数创建字典的示例代码如下：

```
## 2. 使用 dict 函数创建字典
print("2. 使用 dict 函数创建字典 ")
courses = [('C', 90), ('C#', 85), ('Python', 95)]
# 创建包含 3 组 key-value 对的字典
```

```
coursesDict = dict(courses)
print(coursesDict)  # {'C': 90, 'C#': 85, 'Python': 95}
coursesLists = [['C', 90], ['C#', 85], ['Python', 95]]
# 创建包含 3 组 key-value 对的字典
coursesDict2 = dict(coursesLists)
print(coursesDict2)  # {'C': 90, 'C#': 85, 'Python': 95}
print('--'*40)
```

如果不为 dict() 函数传入任何参数，则代表创建一个空的字典，示例代码如下：

```
## 创建空的字典
dict_empty = dict()
print(dict_empty) # {}
```

还可通过为 dict 指定关键字参数创建字典，此时其 key 直接写 spinach、cabbage，不需要将它们放在引号中，但这种方式创建字典时，key 不允许使用表达式。使用关键字创建字典的示例代码如下：

```
## 使用关键字参数来创建字典
# scoreDict = dict(Liming = 80, Zhangsan =90, Wangwu=95)
scoreDict = dict( 李明 = 80, 张三 = 90, 王五 = 95)
print(scoreDict) #{' 李明 ': 80, ' 张三 ': 90, ' 王五 ': 95}
```

（3）字典的常见操作

1）访问字典值。

① 单级字典的访问。Python 中的字典是一种映射型数据结构，可以通过访问字典中的某一个键，再根据键值映射关系，从而访问该元素中的值。使用“字典名称 [键]”的形式访问该键所映射的值。需要注意的是，传入的键要存在于字典中，访问字典值的示例代码如下：

```
## 访问字典的值
studentDict = {'Name': ' 张萌萌 ', 'Number': 201605216, 'Grade': ' 大三 '}
print(" 名字 : ", studentDict['Name'])
print(" 学号 : ", studentDict['Number'])
print(" 所在年级为 : ", studentDict['Grade'])
print('--'*40)
```

② 多级字典的访问。有时，Python 应用程序过程中需要用到多级嵌套定义的字典，如果按照从外到内定义级别为第 1 层、第 2 层、…、第 n 层，那么多级字典可以通过使用“字典名称 [第 1 层键][第 2 层键名]…[第 n 层键名]”的形式访问该键所映射的值。访问多级字典 nestedDict 的值示例代码如下：

```
## 访问多级字典，打印郭刚的相关信息
print(' 郭刚的性别为：%s，身高为 %dcm，口头禅为：%s：'%(nestedDict[' 郭刚 '][' 性别 '],\
                    nestedDict[' 郭刚 '][' 身高 '],nestedDict[' 郭刚 '][' 口头禅 ']))
```

运行结果如图 4-20 所示。

```
郭刚的性别为：男，身高为178cm，口头禅为：['没开玩笑吧?', '我不要面子啊！']
```

图 4-20　运行结果

2）测试键是否存在。

访问字典值时，如果传入的键不存在则会导致错误出现，因此访问提取字典值时，可先判断传入的键是否存在，Python 为此提供了两种方法，即

①使用 in 语句测试键是否存在。

使用 in 语句测试键是否存在时，若所传入的键在该字典中存在，则返回 True，否则返回 False。

```
## 查询键是否存在
studentDict = {'Name': ' 张萌萌 ', 'Number': 201605216, 'Grade': ' 大三 '}
isExist = 'Python' in studentDict        # False
print(" 查询 'Python' 这个键是否在 studentDict 中存在，是返回 True，否则返回 False\n 返回的值为：",isExist)
```

运行结果如图 4-21 所示。

```
查询'Python'这个键是否在studentDict中存在，是返回True，否则返回False
返回的值为： False
```

图 4-21　运行结果

②使用字典的 get( ) 方法。

使用 Python 字典的 get() 方法可以返回指定键的值，如果值不在字典中则返回默认值。使用 get() 方法的具体语法格式为 dict.get(key, default=None)，其中，key 是字典中要查找的键，default 为当访问的键不存在时返回的默认值。调用 get() 方法时，如果传入的参数只有键，当键存在时，该方法返回所传入键对应的值，如不存在则返回默认的 None 值，屏幕上什么都不显示。如果传入的参数中既包含访问的键，还包含替代值，表示当访问的键存在时返回该键对应的值。如果不存在则返回传入的替代值。使用 get() 判断键是否存在的示例代码如下：

```
##get() 方法的使用
studentDict = {'Name': ' 张萌萌 ', 'Number': 201605216, 'Grade': ' 大三 '}
name = studentDict.get('Name',None)
num = studentDict.get('Number')
grade = studentDict.get('Grade')
print(" 学号为 {0} 是一名 {1} 学生，其名字叫 {2}".format(num,grade,name))
```

运行结果如图 4-22 所示。

```
学号为201605216是一名大三学生，其名字叫张萌萌
```

图 4-22　运行结果

（4）字典常用函数和方法

字典是 Python 中唯一内建的映射类型，具有值多样性、易修改性、处理速度快等特性，是 Python 内置数据结构中最灵活的可变数据类型。在 Python 中为字典提供了丰富、强大的函数和方法，下面将主要介绍字典的常用操作，即实现字典元素的增删改查功能的函数和方法。

1）增添字典元素。

① 通过赋值直接添加。可以采用直接访问字典键的方式向字典中增加元素，具体格式为：字典名 [' 键 '] = 数据，若这个“键”在字典中不存在，就向该字典中增加一组数据。直接添加字典元素的示例代码如下：

```
## 增添字典元素
info = {'number': 20170151,'name': ' 班长 ','sex': 'M'}
newId = 11
info['ID'] = newId
print(' 添加 ID 后的信息为 :\n', info)
print('--'*40)
```

运行结果如图 4-23 所示。

```
添加ID后的信息为:
 {'number': 20170151, 'name': '班长', 'sex': 'M', 'ID': 11}
--------------------------------------------------------------------------------
```

图 4-23　运行结果

② 通过 setdefault() 添加：调用 setdefault() 添加字段元素后将返回包含新增元素的一个新字典，若 setdefault() 方法传进去的新增元素在该字典中已经存在，则不再重复添加。通过 setdefault() 添加字典元素的示例代码如下：

```
## 通过 setdefault() 添加字典元素
studentDict = {'Name': ' 张萌萌 ', 'Number': 201605216, 'Grade': ' 大三 '}
studentDict_new = studentDict.setdefault('address','china')
print(" 增加新元素后的字典信息为：",studentDict_new)
print(" 增加新元素后的原字典信息为：",studentDict)
print("--"*45)
## 添加字典已存在元素的验证
studentDict_new2 = studentDict.setdefault('address','china')
print(" 增加已有元素后的字典信息为：",studentDict_new2)
print(" 增加已有元素后的原字典信息为：",studentDict)
print("--"*45)
```

运行结果如图 4-24 所示。

```
增加新元素后的字典信息为： china
增加新元素后的原字典信息为： {'Name': '张萌萌', 'Number': 201605216, 'Grade': '大三', 'address': 'china'}
------------------------------------------------------------------------------------------
增加已有元素后的字典信息为： china
增加已有元素后的原字典信息为： {'Name': '张萌萌', 'Number': 201605216, 'Grade': '大三', 'address': 'china'}
------------------------------------------------------------------------------------------
```

图 4-24　运行结果

2）删除字典元素。

对字典进行删除的常见方法有：del、pop()、popitem() 和 clear()。这 4 种删除字典元素的方式作用不同，操作方法及返回值都不相同。

① del 语句：对于字典中不再需要的信息，可使用 del 语句将相应的键值对彻底删除。使用 del 语句时，必须指定字典名和要删除的键，格式为：del 字典名 [主键名]。删除字典

元素示例代码如下：

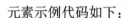

```
## del 语句的使用
studentDict = {'Name': ' 张萌萌 ', 'Number': 201605216, 'Grade': ' 大三 '}
print(" 删除操作前的 studentDict 信息为：",studentDict)
del studentDict['Grade']
print(" 删除键 'Grade' 后的 studentDict 信息为：",studentDict)
print("--"*40)
```

运行结果如图 4-25 所示。

```
删除操作前的studentDict信息为： {'Name': '张萌萌', 'Number': 201605216, 'Grade': '大三'}
删除键'Grade'后的studentDict信息为： {'Name': '张萌萌', 'Number': 201605216}
--------------------------------------------------------------------------------
```

图 4-25　运行结果

上述示例代码将键 'Grade' 从字典 studentDict 中删除，同时删除与这个键相关联的值。程序运行结果输出表明，键 'Grade' 及其值 ' 大三 ' 已从字典中删除，但其他键值对未受影响。注意：del 语句将彻底删除所指定的键值对。

② clear() 方法：清除字典中的所有数据并返回 None。使用 clear() 清空字典元素的示例代码如下：

```
## 使用 clear() 清空字典元素
studentDict = {'Name': ' 张萌萌 ', 'Number': 201605216, 'Grade': ' 大三 '}
print(studentDict)
returned_value = studentDict.clear()
print(" 使用 clear() 方法后的学生字典 studentDict 的信息为：",returned_value)
print("--"*40)
```

运行结果如图 4-26 所示。

```
{'Name': '张萌萌', 'Number': 201605216, 'Grade': '大三'}
使用clear()方法后的学生字典studentDict的信息为： None
--------------------------------------------------------------------------------
```

图 4-26　运行结果

注意，当原字典（本示例中为 studentDict）被引用时，想清空原字典中的元素，用 clear() 方法后，复制版字典（本案例中为 studentDict_new）中的元素也同时被清除了，示例代码如下：

```
# 字典的 clear() 方法的特点
studentDict = {'Name': ' 张萌萌 ', 'Number': 201605216, 'Grade': ' 大三 '}
studentDict_new = studentDict
print("studentDict_new 为：",studentDict_new)
studentDict.clear()
print(" 调用 clear() 后原字典信息为：",studentDict)
print(" 调用 clear() 后 studentDict_new 的信息为：",studentDict_new)
print("--"*40)
```

运行结果如图 4-27 所示。

```
studentDict_new为：  {'Name': '张萌萌', 'Number': 201605216, 'Grade': '大三'}
调用clear()后原字典信息为：  {}
调用clear()后studentDict_new的信息为：  {}
--------------------------------------------------------------------------------
```

图 4-27　运行结果

③ pop() 方法：pop() 方法将删除字典给定键 key 及对应的值，返回值为被删除的值。在调用 pop() 方法时，key 值必须给出，否则将返回一个 default 值。注意，字典 pop() 方法与列表 pop() 方法作用完全不同。利用 pop() 方法删除字典元素的示例代码如下：

```
## pop() 删除字典元素
studentDict = {'Name': ' 张萌萌 ', 'Number': 201605216, 'Grade': ' 大三 '}
studentDict_new = studentDict.pop('Grade')
print(" 删除 'Grade' 键后返回的值为：",studentDict_new)
print(" 删除 'Grade' 键后原字典信息为：",studentDict)
print("--"*40)
```

运行结果如图 4-28 所示。

```
删除'Grade'键后返回的值为：大三
删除'Grade'键后原字典信息为：  {'Name': '张萌萌', 'Number': 201605216}
--------------------------------------------------------------------------------
```

图 4-28　运行结果

④ popitem() 方法：由于字典是无序的，没有所谓的“最后一项”或是其他顺序。故 popitem() 方法将随机返回并删除字典中的一对键和值（项）。在实际开发程序时，用 popitem() 方法将逐一删除字典元素项。

```
## popitem() 删除字典元素
studentDict = {'Name': ' 张萌萌 ', 'Number': 201605216, 'Grade': ' 大三 '}
print(" 调用 popitem 前字典信息为：",studentDict)
studentDict_new = studentDict.popitem()
print(" 调用 popitem 后删除的字典值为：",studentDict_new)
print(" 调用 popitem 后原字典信息为：",studentDict)
print("--"*40)
```

运行结果如图 4-29 所示。

```
调用popitem前字典信息为：  {'Name': '张萌萌', 'Number': 201605216, 'Grade': '大三'}
调用popitem后删除的字典值为：  ('Grade', '大三')
调用popitem后原字典信息为：  {'Name': '张萌萌', 'Number': 201605216}
--------------------------------------------------------------------------------
```

图 4-29　运行结果

3）修改字典元素。

对字典进行修改操作，常常可以通过两种方式完成，一是直接取键值，然后对其值进行修改，但要注意此操作不能修改字典中的键，具体格式为：字典名 [key]= 新的 value。二是通过 update() 函数完成修改，如果 update() 传进来与原来字典中相同键的数据项，则替换原有字典中相同键与之对应的值，如果传进来的参数不含有与原字典相同的键，则向原字典增加该键值对。修改字典元素的示例代码如下：

```
## 1. 直接取键值进行修改字典元素
studentDict = {'Name': ' 张萌萌 ', 'Number': 201605216, 'Grade': ' 大三 '}
print(" 修改前字典信息为：",studentDict)
studentDict['Name'] = ' 李晓 '
print(" 直接取键值进行修改后的字典值为：",studentDict)
print("--"*50)
#
## 2. 通过 update() 方法修改字典元素
scores = {'Python': 90,'C++':95}
studentDict.update(scores)
print(" 通过 update() 修改后的字典值为：",studentDict)
print("--"*50)
```

运行结果如图 4-30 所示。

```
修改前字典信息为： {'Name': '张萌萌', 'Number': 201605216, 'Grade': '大三'}
直接取键值进行修改后的字典值为： {'Name': '李晓', 'Number': 201605216, 'Grade': '大三'}
----------------------------------------------------------------------------------------------------
通过update()修改后的字典值为： {'Name': '李晓', 'Number': 201605216, 'Grade': '大三', 'Python': 90, 'C++': 95}
----------------------------------------------------------------------------------------------------
```

图 4-30　运行结果

4）查询字典元素。

查询字典元素的方式有如下几种：

① 通过键值查找：

```
studentDict = {'Name': ' 张萌萌 ', 'Number': 201605216, 'Grade': ' 大三 '}
print(" 通过键值查找字典元素：",studentDict['Name']) # 输出结果 张萌萌
```

② 通过 keys() 查看都有哪些键：

```
studentDict = {'Name': ' 张萌萌 ', 'Number': 201605216, 'Grade': ' 大三 '}
print(studentDict. keys())
```

③通过 values() 查看都有哪些值：

```
studentDict = {'Name': ' 张萌萌 ', 'Number': 201605216, 'Grade': ' 大三 '}
print(' 通过 values() 查看字典值：',studentDict.values())
```

④通过 items() 查看所有键值对：

```
studentDict = {'Name': ' 张萌萌 ', 'Number': 201605216, 'Grade': ' 大三 '}
print(' 通过 items() 查看所有键值对：',studentDict.items())
```

注意，items()、keys()、values() 得到的返回值并不是 list，需要通过 list() 方法转换，如 list(dic.keys())。

```
# 查询字典元素
# 1. 通过键值查找
studentDict = {'Name': ' 张萌萌 ', 'Number': 201605216, 'Grade': ' 大三 '}
print(' 通过键值查找的结果为：',studentDict['Name'])
print("--"*40)
# 2. 通过 keys() 查看都有哪些键
print(' 通过 keys() 查看字典键：',studentDict.keys())
print("--"*40)
# 3. 通过 values() 查看都有哪些值
print(' 通过 values() 查看字典值：',studentDict.values())
print("--"*40)
```

```
# 4. 通过 items() 查看所有键值对
print(' 通过 items() 查看所有键值对：',studentDict.items())
print("--"*40)
#
# 通过 list() 转换查询结果
print(' 通过 list() 转换所有键值对的查询结果：',list(studentDict.items()))
print("--"*40)
```

运行结果如图 4-31 所示。

```
通过键值查找的结果为：  张萌萌
--------------------------------------------------------------------------------
通过keys() 查看字典键： dict_keys(['Name', 'Number', 'Grade'])
--------------------------------------------------------------------------------
通过values() 查看字典值： dict_values(['张萌萌', 201605216, '大三'])
--------------------------------------------------------------------------------
通过items()查看所有键值对： dict_items([('Name', '张萌萌'), ('Number', 201605216), ('Grade', '大三')])
--------------------------------------------------------------------------------
通过list()转换所有键值对的查询结果： [('Name', '张萌萌'), ('Number', 201605216), ('Grade', '大三')]
--------------------------------------------------------------------------------
```

图 4-31 运行结果

5）字典的常见内置函数和内置方法分别见表 4-3 和表 4-4。

表 4-3 字典常见内置函数

内置函数	说明
cmp(dict1, dict2)	比较两个字典元素
len(dict)	计算字典元素个数，即键的总数
str(dict)	输出字典可打印的字符串
type(variable)	返回输入的变量类型，如果变量是字典就返回字典类型

表 4-4 字典常见内置方法

内置方法	说明
dict.clear()	删除字典内所有元素
dict.copy()	返回一个字典的浅复制
dict.fromkeys(seq[, val])	创建一个新字典，以序列 seq 中元素做字典的键，val 为字典所有键对应的初始值
dict.get(key, default=None)	返回指定键的值，如果值不在字典中返回 default
dict.has_key(key)	如果键在字典 dict 里返回 true，否则返回 false
dict.items()	以列表返回可遍历的（键，值）元组数组
dict.keys()	以列表返回一个字典所有的键
dict.setdefault(key, default=None)	和 get() 类似，但如果键不存在于字典中，将会添加键并将值设为 default
dict.update(dict2)	把字典 dict2 的键 / 值对更新到 dict 里
dict.values()	以列表返回字典中的所有值
pop(key[,default])	删除字典给定键 key 所对应的值，返回值为被删除的值；key 值必须给出，否则返回 default 值
popitem()	随机返回并删除字典中的一对键和值

4．集合的创建及其常见操作

集合是将各不相同的不可变数据对象无序地集中起来的容器，在其中存储类似字典中的键，集合数据类型具有元素不可重复性、不可变类型、元素间无排列顺序等特性。

(1) 创建集合

集合（set）是一个无序的不重复元素序列。若按集合对象是否可变划分，集合可分为可变集合和不可变集合。

1）可变集合。

可变集合的特点是集合对象可变，可对其进行元素增加、删除等处理，处理结果直接作用在对象上。对可变集合可以使用大括号 { } 或者 set() 函数创建，需要注意的是：使用 {} 创建集合时，传入的元素对象必须是不可变的，比如，传入的元素可以是元组而不能是可变的列表。同时，可通过调用一个不带任何参数的 set() 函数而不能使用 { } 的形式创建一个空集合，因为 { } 是用来创建一个空字典。创建集合的具体格式：parame = {value01,value02,...} 或者 set(value)，示例代码如下：

```
## 创建可变集合
# 1. 使用 {} 创建一个非可变空集合
courses = {'Python','C++','Java','Tensorflow 开发实践 '}
print(' 使用 {} 创建的一个非空集合：',courses)
print(type(courses))
print('–'*45)
#
# 2. 调用 set() 函数创建一个函数
courses_set = set() # 创建一个空集合
students_set = set((' 李晓 ',' 张三 ',' 李四 ',' 菲菲 ')) # 使用 set() 创建一个非空集合
print(' 使用 set() 函数创建集合：',students_set)
print(type(students_set))
#
## 验证集合的去重功能
students_re = set((' 李晓 ',' 张三 ',' 李四 ',' 菲菲 ',' 张三 '))
print(" 验证集合去重功能的集合：",students_re)
print(type(students_re))
```

运行结果如图 4-32 所示。

```
使用{}创建的一个非空集合： {'C++', 'Java', 'Tensorflow开发实践', 'Python'}
<class 'set'>
---------------------------------------------------------------------
使用set()函数创建集合： {'李四', '张三', '李晓', '菲菲'}
<class 'set'>
---------------------------------------------------------------------
验证集合去重功能的集合： {'李四', '张三', '李晓', '菲菲'}
<class 'set'>
---------------------------------------------------------------------
```

图 4-32 运行结果

2）不可变集合。

不可变集合对象属于不可变数据集类型，不能对其中的元素进行修改处理。创建不可变集合可以通过 frozenset() 函数实现。与 set() 函数不同，frozenset() 函数创建的是一个不可变集合。不可变集合的特点是其元素都是不可变类型或不可变集合。通过调用一个不带任何

参数的 frozenset() 函数可以创建一个空不可变集合。

```
## 创建不可变集合
# 使用 frozenset() 创建一个非空集合
courses = frozenset({'Python','C++','Java','Tensorflow 开发实践 '})
print(' 使用 frozenset() 创建不可变集合：',courses)
print('--'*45)#
# 创建不可变空集合
set_empty = frozenset()
print(type(courses))
print('--'*45)
```

运行结果如图 4-33 所示。

```
使用frozenset()创建不可变集合： frozenset({'C++', 'Tensorflow开发实践', 'Java', 'Python'})
------------------------------------------------------------------------------------------
<class 'frozenset'>
------------------------------------------------------------------------------------------
```

图 4-33 运行结果

（2）集合常用函数和方法

集合中的不可变集合是不可变数据类型，Python 中没有提供对不可变集合元素进行增、删、查等处理的方法，因此集合的常用函数和方法主要针对可变集合元素进行处理，其常用函数和方法见表 4-5，其使用方法的示例代码如下：

表 4-5 可变集合常用函数和方法

常用函数和方法	说明
set.clear()	向可变集合中增加一个元素
set.update()	将一个可变集合与另一个集合合并
set.pop()	删除可变集合中的一个元素，当集合对象是空集合时返回错误
set.remove()	删除可变集合中指定的一个元素
set.clear()	清空可变集合中的所有元素，返回空集
in	查询元素是否存在集合中
len()	获取集合的元素个数
set.copy()	复制可变集合的内容并创建一个副本对象

```
## 可变集合的常见操作
courses = {'Python','C++','Java','Tensorflow 开发实践 '}
print(" 操作前的原始集合：",courses)
course_copy = courses.copy()  # 创建一个集合副本对象
print(" 生成的集合副本为：",course_copy)
otherSet = {'C 语言 ',' 大数据导论 '}
# 可变集合增添元素的方法
courses.add(' 线性代数 ')   # 使用 add() 增添元素
print(" 增加 ' 线性代数 ' 后的集合为：",courses)
```

```
print("--"*45)
courses.update(otherSet)  # 使用 update() 合并两个集合
print(" 合并后的集合为：",courses)
# 删除可变集合元素
print(" 使用 pop() 删除元素后的集合为：",courses.pop())
courses.remove(' 线性代数 ')
print(" 使用 remove(' 线性代数 ') 删除指定元素后集合为：",courses)
print(" 使用 clear() 将集合副本中的元素清空后的集合为：",course_copy.clear())
print('--'*45)
```

运行结果如图 4-34 所示。

```
操作前的原始集合： {'C++', 'Tensorflow开发实践', 'Python', 'Java'}
生成的集合副本为： {'C++', 'Tensorflow开发实践', 'Python', 'Java'}
增加'线性代数'后的集合为： {'Java', 'C++', '线性代数', 'Tensorflow开发实践', 'Python'}
------------------------------------------------------------------------------------------
合并后的集合为： {'大数据导论', 'Java', 'C++', '线性代数', 'Tensorflow开发实践', 'C语言', 'Python'}
使用pop()删除元素后的集合为： 大数据导论
使用remove('线性代数')删除指定元素后集合为： {'Java', 'C++', 'Tensorflow开发实践', 'C语言', 'Python'}
使用clear()将集合副本中的元素清空后的集合为： None
------------------------------------------------------------------------------------------
```

图 4-34 运行结果

（3）集合运算

集合是由互不相同的元素对象所构成的无序整体。Python 中的集合与数学上的集合概念基本一致，而且可以对集合对象进行并集、交集、差集和异或集等数学集合运算。

1）并集。Python 中将属于集合 A 或集合 B 的所有元素构成的集合称为集合 A 和集合 B 的并集。求集合并集的语法格式为：setA.union(setB) 或 setA | setB，示例代码如下：

```
## 并集运算
courseA = {'Python','C++','Java','Tensorflow 开发实践 '}
print(" 并集运算前原 courseA 的课程有：",courseA)
courseB = {' 大学英语 ',' 线性代数 ',' 体育 '}
print(" 并集运算前原 courseB 的课程有：",courseB)
course_union = courseA |courseB
print(" 并集运算后的集合为：",course_union)
```

运行结果如图 4-35 所示。

```
并集运算前原courseA的课程有： {'Tensorflow开发实践', 'Java', 'Python', 'C++'}
并集运算前原courseB的课程有： {'大学英语', '体育', '线性代数'}
并集运算后的集合为： {'Python', 'C++', '体育', '大学英语', 'Java', 'Tensorflow开发实践', '线性代数'}
```

图 4-35 运行结果

2）交集。Python 中将同时属于集合 A 和集合 B 的元素所构成的集合称为集合 A 和集合 B 的交集。求集合交集的语法格式为：setA.intersection(setB) 或 setA & setB，示例代码如下：

```
## 交集运算
courseA = {'C 语言 ','Python','Java','Tensorflow 开发实践 '}
print(" 交集运算前原 courseA 的课程有：",courseA)
courseB = {' 大学英语 ',' 线性代数 ','C 语言 '}
```

```
print(" 交集运算前原 courseB 的课程有：",courseB)
course_intersection = courseA &courseB
print(" 交集运算后的集合为：",course_intersection)
```

运行结果如图 4-36 所示。

```
交集运算前原courseA的课程有： {'Tensorflow开发实践', 'Python', 'C语言', 'Java'}
交集运算前原courseB的课程有： {'C语言', '大学英语', '线性代数'}
交集运算后的集合为： {'C语言'}
```

图 4-36 运行结果

3）差集。Python 中将属于集合 A 而不属于集合 B 的元素所构成的集合称为集合 A 和集合 B 的差集。求集合差集的语法格式为：setA.difference(setB) 或 setA - setB，示例代码如下：

```
## 差集运算
courseA = {'C 语言 ','Python','Java','Tensorflow 开发实践 '}
print(" 差集运算前原 courseA 的课程有：",courseA)
courseB = {' 大学英语 ',' 线性代数 ','C 语言 '}
print(" 差集运算前原 courseB 的课程有：",courseB)
course_intersection = courseA - courseB
print(" 差集运算后的集合为：",course_intersection)
```

运行结果如图 4-37 所示。

```
差集运算前原courseA的课程有： {'Python', 'Java', 'C语言', 'Tensorflow开发实践'}
差集运算前原courseB的课程有： {'线性代数', '大学英语', 'C语言'}
差集运算后的集合为： {'Python', 'Java', 'Tensorflow开发实践'}
```

图 4-37 运行结果

4）异或集。Python 中将属于集合 A 或集合 B，但不同时属于集合 A 和集合 B 的元素所构成的集合称为集合 A 和集合 B 的异或集。求异或集的语法格式为：setA.symmetric_difference(setB) 或 setA ^setB，示例代码如下：

```
## 异或集运算
courseA = {'C 语言 ','Python','Java','Tensorflow 开发实践 '}
print(" 异或集运算前原 courseA 的课程有：",courseA)
courseB = {' 大学英语 ',' 线性代数 ','C 语言 '}
print(" 异或集运算前原 courseB 的课程有：",courseB)
course_symmDiff = courseA ^ courseB
print(" 异或集运算后的集合为：",course_symmDiff)
```

运行结果如图 4-38 所示。

```
异或集运算前原courseA的课程有： {'Python', 'Java', 'Tensorflow开发实践', 'C语言'}
异或集运算前原courseB的课程有： {'大学英语', 'C语言', '线性代数'}
异或集运算后的集合为： {'线性代数', '大学英语', 'Python', 'Java', 'Tensorflow开发实践'}
```

图 4-38 运行结果

任\务\拓\展

1．实现一个姓名管理系统。

参考代码：

```
def menu():
    print("++++++++++++++++")
    print("|      1、查看      |")
    print("|      2、添加      |")
    print("|      3、删除      |")
    print("|      4、退出      |")
    print("++++++++++++++++")
L = []
def add_name():
    infor = input(" 请输入您的信息：（输入空结束）")
    if infor==" ":
        return
    else:
        L.append(infor)
        add_name()
def select_name():
    name=input(" 请输入您要查询的人名（输入 q 展示全部）:")
    if name=="q":
        for x in L:
            print(x)
    else:
        for x in L:
            if(name==x):
                print(x)
def del_name():
    n=0
    name=input(" 请输入你要删除的信息：")
    for x in L:
        if name == x:
            L.remove(x)
            n=1
    if n==0:
        print(" 没找到！ ")
def main():
    menu()
    while True:
        n=input(" 请输入你的要求：")
        if n=="1":
            select_name()
        elif n=="2":
```

```
            add_name()
        elif n=="3":
            del_name()
        else:
            break
main()
```

2．学生管理系统负责编辑学生的信息、适时地更新学生的资料。例如，新生入校要在学生管理系统中录入刚入校的学生信息。编写一个学生管理系统，要求如下：

①使用自定义函数，完成对程序的模块化。

②学生信息至少包含：姓名、性别、手机号以及专业。

③该系统具有的功能：添加、删除、修改、查询、显示全部学生的所有信息。

小结

本项目通过“迭代增量”的开发模式，以开发一个简易版通讯录系统为例，先用简单语句和函数搭建框架完整而功能简单的程序，然后逐步完善实现整个系统的开发。在该系统开发过程中融入了 Python 的常见数据结构——列表和字典的应用，同时通过必备知识讲解了 Python 中常见的另外两种数据结构，即元组和集合的定义和使用。

习题

1．元素分类：有集合 [11,22,33,44,55,66,77,88,99,90]，将所有值大于 55 的保存至字典的第一个 key 中，将值小于 55 的保存至第二个 key 中。

2．有两个列表 l1 = [11, 22, 33]，l2 = [22, 33, 44]：

1）获取内容相同的元素列表。

2）获取 l1 中有而 l2 中没有的元素列表。

3）获取 l2 中有而 l1 中没有的元素列表。

4）获取 l1 和 l2 中内容都不同的元素。

3．数据结构间的转换：

1）将字符串 s = "alex" 转换为列表。

2）将字符串 s = "alex" 转换为元组。

3）将列表 li = ["alex", "seven"] 转换为元组。

4）将元组 tu = ("Alex", "seven") 转换为列表。

4．输出商品列表：用户输入序号显示选中的商品。商品 li = [" 手机 "，" 计算机 "，" 鼠标垫 "，" 游艇 "]。

1）允许用户添加商品。

2）用户输入序号显示内容。

5．购物车，功能要求：

1）要求用户输入总资产，如2000。

2）显示商品列表，让用户根据序号选择商品，加入购物车购买，如果商品总额大于总资产，则提示余额不足，否则购买成功。

6．分页显示内容：

1）通过 for 循环创建 301 条数据，数据类型不限，如：

user1	email-1	pwd1
user2	email-2	pwd2
...	...	...

2）提示用户：请输入要查看的页码，当用户输入指定页码时，显示指定数据并满足以下要求：

①每页显示 10 条数据；

②若用户输入的页码是非十进制数字，则提示输入的内容格式错误。

Project 5

项目5

面向对象基础编程

——加强版通信录管理系统

项目情景

在项目 4 中的简版通信录管理系统开发中，严格按照通信录的工作流程进行系统开发，开发效率较低，系统后期维护比较困难，不利于团队协同作业，项目管理成本高。

面向对象编程（Object Oriented Programming，OOP）在开发领域将其理解为一种软件开发方式。Python 是一种完全支持面向对象程序设计的语言。面向对象的特点在于其引入了“类”这个新的数据类型。“类”融合了数值（属性）和动作（成员方法），这样的特征就可以在应用程序开发时让程序设计者只关注系统的有用部分，而不需去关注系统内部实现或维护的细节。基于面向对象程序开发可以真正实现聚焦应用、屏蔽细节、方便代码复用、易于团队分工和管理。完成本项目的学习后，将掌握以下技能：

- 明确类和对象的关系，能够独立设计类。
- 使用类创建对象并添加属性。
- self 参数的使用。
- 构造方法和析构方法的使用。
- 使用面向对象思想开发程序。

项目概述

本项目利用面向对象编程思想，进一步完善项目 4 中的简版通信录系统。用 Python 实现简单的通信录管理系统：1）保存联系人的信息，提供增加、删除、查询和修改联系人的功能；2）使用 Python 的数据结构——字典的形式来保存联系人的信息：姓名、电话、邮件、地址、生日；3）通信录中所有联系人的信息可以写入文件保存，也可以从文件中读取。

任务 1 创建 Contact 类

任务分析

通信录管理系统菜单中共有 6 种功能，其中对联系人信息的增、删、改、查功能会在项目开发过程中多次被复用，为了节约成本、代码复用、高效管理代码、提高项目开发效率，在该任务中通过定义一个 Contact 类来封装通信录系统中的常用功能。

通过接收键盘输入的序号响应用户选择的功能，比如，用户输入“1”，则完成名片添加功能；选择“6”，就会退出通信录管理系统。

任务实施

1．新建项目

启动 PyCharm 软件，新建一个名为“unit5”的项目，如图 5-1 所示。

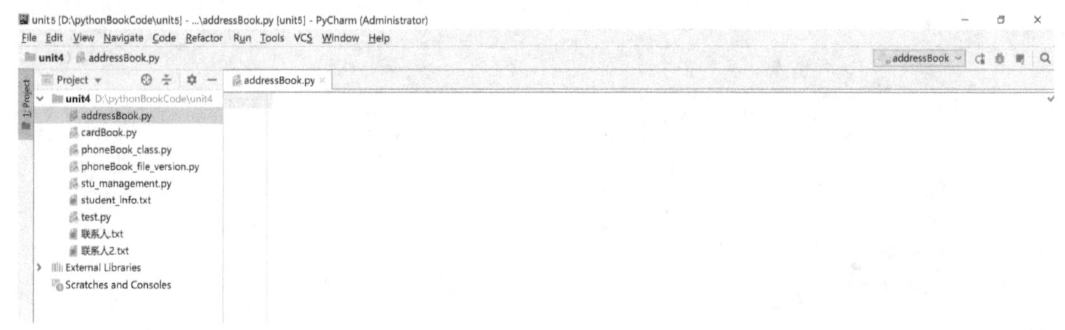

图 5-1 新建 unit5 项目

2．创建 Contact 类

将 unit4 项目中的 addressBook.py 文件复制到 unit5 项目中并将该文件重新命名为 addressBook_classBased.py，打开新命名后的文件进行代码编辑，定义 Contact 类实现通信录系统联系人信息的增、删、改、查等操作，输入的代码如下：

```
class Contact:
    # 用来保存所有联系人信息
    person_infos = []
    # 添加一个联系人信息
    @classmethod
    def add_info(cls):
        # 提示并获取联系人的姓名
        new_name = input(" 请输入新增联系人的姓名：")

        # 提示并获取联系人的手机号码
        new_phone = input(" 请输入新增联系人的手机号码：")
```

```
            # 提示并获取联系人的地址
            new_addr = input(" 请输入新增联系人的地址：")
            new_infos = {}
            new_infos['name'] = new_name
            new_infos['phone'] = new_phone
            new_infos['addr'] = new_addr
            Contact.person_infos.append(new_infos)

        # 删除一个联系人的信息
        @classmethod
        def del_info(student):
            del_number = int(input(" 请输入要删除的序号：")) - 1
            del student[del_number]

        # 修改一个联系人的信息
        @classmethod
        def modify_info(cls):
            student_id = int(input(" 请输入要修改的联系人的序号："))
            new_name = input(" 请输入联系人修改后的新名字：")
            new_phone = input(" 请输入联系人修改后的新手机号码：")
            new_addr = input(" 请输入联系人修改后的新地址：")

            Contact.person_infos[student_id - 1]['name'] = new_name
            Contact.person_infos[student_id - 1]['phone'] = new_phone
            Contact.person_infos[student_id - 1]['addr'] = new_addr

    # 按照指定联系人姓名进行联系人的信息查询
    @classmethod
    def search_info(cls):
        name = (input(' 请输入要搜索的联系人姓名：'))
        temp={}
        # isFound = False
        for temp in Contact.person_infos:
            for key,value in temp.items():
                if value ==name:
                    print(' 联系人 %s 的电话号码是 %s , 地址是 %s'%(temp['name'],temp['phone'],
temp['addr']))
                    break
    # 定义一个用于显示所有联系人信息的函数
        @classmethod
        def show_infos(cls):
        print("--" * 20)
        print(" 学生的信息如下 :")
        print("--" * 20)
        print(" 序号      姓名      手机号码      地址 ")
        i = 1
        for temp in Contact.person_infos:
            print("%d      %s      %s      %s" % (i, temp['name'], temp['phone'], temp['addr']))
            i += 1
    # #=====================
```

任务 2 开发通信录系统功能

任务分析

当 Contact 类定义好之后，通过创建该类实例或创建该类的一个实例对象，即 contact_person，调用在任务 1 中定义的类成员，直接操作对象内部的数据，无需知道方法内部的实现细节。

任务实施

继续完善程序，在任务 1 中的代码后添加如下代码：

```
# 打印功能提示
def print_menu():
    print("--" * 20)
    print(""" 系统提供以下功能
    1：添加联系人信息
    2：删除联系人信息
    3：修改联系人信息
    4：查询指定联系人信息
    5：显示全部联系人信息
    6：退出通信录 """)
    print("--" * 20)

# 创建一个 Contact 类实例对象
contact_person = Contact()
def main():
    while True:
        print_menu()      # 打印菜单
        key = input(" 请输入功能对应的数字 :") # 获得用户输入的序号
        if key == '1':    # 添加联系人的信息
            contact_person.add_info()
        elif key == '2': # 删除联系人的信息
            contact_person.del_info(contact_person.person_infos)
        elif key == '3': # 修改联系人的信息
            contact_person.modify_info()
        elif key == '4': # 查看指定联系人的信息
            contact_person.search_info()
        elif key == '5': # 查看所有联系人的信息
            contact_person.show_infos()
        elif key == '0': # 退出管理器
            quit_confirm = input(" 真的要退出吗？ (Yes or No):")
            if quit_confirm == "Yes":
                break     # 结束循环
            else:
                print(" 输入有误，请重新输入 ")
```

```
##========================================================
# 调用 main() 函数
main()
```

运行结果如图 5-2 所示。

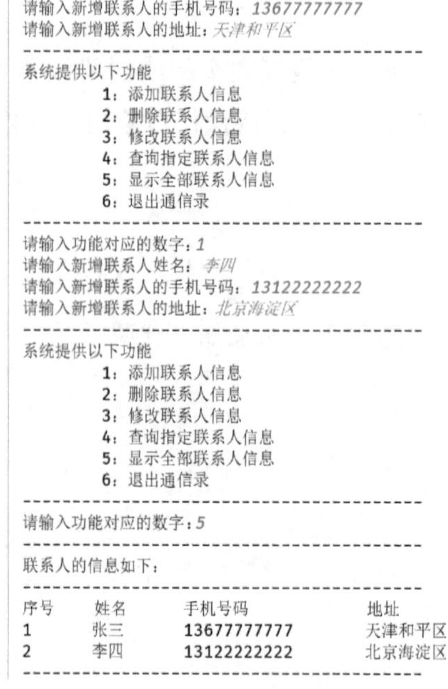

```
请输入新增联系人的手机号码：13677777777
请输入新增联系人的地址：天津和平区
-------------------------------------------
系统提供以下功能
            1：添加联系人信息
            2：删除联系人信息
            3：修改联系人信息
            4：查询指定联系人信息
            5：显示全部联系人信息
            6：退出通信录
-------------------------------------------
请输入功能对应的数字：1
请输入新增联系人姓名：李四
请输入新增联系人的手机号码：13122222222
请输入新增联系人的地址：北京海淀区
-------------------------------------------
系统提供以下功能
            1：添加联系人信息
            2：删除联系人信息
            3：修改联系人信息
            4：查询指定联系人信息
            5：显示全部联系人信息
            6：退出通信录
-------------------------------------------
请输入功能对应的数字：5
-------------------------------------------
联系人的信息如下：
-------------------------------------------
序号    姓名    手机号码         地址
1       张三    13677777777      天津和平区
2       李四    13122222222      北京海淀区
-------------------------------------------
```

图 5-2　运行结果

其他功能的演示与项目 4 中类似，在此不再赘述。

上述程序中，使用关键字 class 定义了一个名为“Contact”的类，该类为创建通信录系统中对联系人信息的增、删、改、查等操作提供了实例模板。在 Contact 类中定义的每个方法上方都添加了 @classmethod，其目的是在调用类中定义的方法时不再对类进行实例化，可以直接通过类名 . 方法名 () 来调用。但在使用 @classmethod 时需要注意：@classmethod 虽然不需要 self 参数，但第一个参数还需是表示自身类的 cls 参数。在 Contact 类中定义方法时，如定义 earch_info(cls) 方法是通过 Contact.person_infos 的方式对类中的内部成员即 person_infos 列表进行调用。语句 contact_person = Contact() 是创建一个名为 contact_person 的 Contact 类实例，又可称为 Contact 类的一个对象，当该对象创建好之后，类之外的其他地方即可通过实例 . 方法 () 或实例 . 属性名的形式调用类成员，比如，在定义 main() 时，通过 contact_person.add_info () 对类成员方法 add_info() 进行调用。

必备知识

本项目再次利用通信录管理系统来说明面向对象编程中类与对象的使用，通过使用不同开发模式开发通信录管理系统的过程体会面向对象开发的特点。涉及的面向对象的概念或技术有：1）面向对象的规则：类、对象、成员、共有、私有；2）面向对象的特点：继承、覆盖（重写）、多态、重构。

1. Python 中的类和对象

类和对象是面向对象编程中最重要的两个核心概念。类是一个抽象的概念，是具有相同特征和行为的事物的集合。对象是现实生活中看得见、摸得着的具体存在的事物，比如小明同学是中国人，他就是属于中国人这个类的一个对象，小明拥有中国人共同的特征：黑头发、黄皮肤，但他存在着有别于其他对象且属于自己的独特属性和行为，属性可以随着自己的行为而发生改变，比如，小明身高 180cm、是单眼皮等个人特征。

（1）类与对象的关系

类是对象的抽象，而对象是类的具体实例。类是抽象的，不占用内存，而对象是具体的，占用存储空间。类是用于创建对象的蓝图，它是一个定义某种类型对象中的方法和变量的软件模板。类与对象的关系如图 5-3 所示，可以将箭头模具视为一个类，它是生产出箭头道具的模板，而箭头道具是箭头模具造出的实实在在的、朝向为左、右、箭头指向斜上方等样子的箭头道具，故可将每一个箭头道具视为一个箭头类对象。由此可将箭头模具与箭头道具之间的关系视为类与对象的关系。

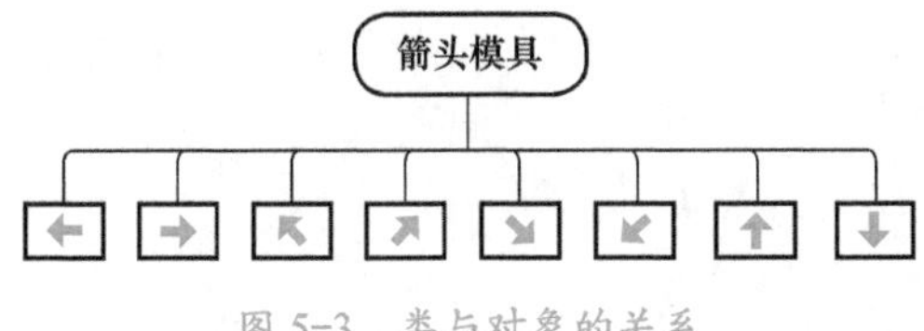

图 5-3　类与对象的关系

（2）定义和使用类

1）类的定义和使用。

类是一种自定义数据类型，是数据和行为（操作）的集合，类可以封装自己的实现细节，对外只提供操作接口。比如，通信录管理系统中定义的 Contact 类就是将存放在 person_infos 列表里的所有联系人的信息数据以及对联系人信息数据维护、管理的操作（增、删、改、查）封装在一起的集合。在面向对象的编程中，类相当于一种“数据类型”，如同 Python 语法基础部分中讲到的整型 int、字符串 string 以及列表类型 list 等数据类型，它们本身不能处理真正业务，而是借助于定义的相应类型变量或实例化对象去处理。定义类时，开发者需要根据实际业务确定类成员是否都包含数据成员和方法成员，也就是说，在定义类成员时数据成员和方法（函数）成员可选择性地进行定义。

类的定义从关键字 class 开始，当执行完 class 的整个代码块后这个类才生效，进入类定义部分后系统会为该类创建一个新的局部作用域，而在类中定义的数据成员和方法成员都隶属于该作用域的局部变量。一般地，类是由以下 3 个部分组成的：

① 类名：类的名称的第一个字母通常需要大写，如果类名是由多个单词构成，则每个单词的首字母都大写，其余字母小写，例如，HotDog，这种形式被形象地称为“驼峰式”命名。

② 类的属性：用于描述事物的特征，例如，猫的品种、颜色、年龄等特征，是用变量

来表示的，是在类定义的内部但是在类的其他成员方法之外声明的。

③ 类的方法：类中定义的函数，用于描述事物的行为，比如，猫具有猫叫、吃饭等行为。类的函数和方法成员命名时，通常采用小写字母，如果由多个单词构成函数名或方法名，则采用连接线相连的形式，如 user_login()。

定义一个类的格式如下：

```
class 类名：
    属性列表
    方法列表
```

一个简单的 Python 类示例代码如下：

```
'''
计算三角形的面积
'''
class TriangleArea:
    # area 变量是一个类变量，
    # 它的值将在这个类的所有实例之间共享。
    # 可以在内部类或外部类使用 TriangleArea.area 访问
    area=0
    # ===============================================
    # __init__() 方法：是一种特殊的方法，被称为类的构造函数或初始化方法，
    # 当创建了这个类的实例时就会调用该方法
    # self: 代表类的实例
    def __init__(self, a,b,c):
        self._edgeA = a
        self._edgeB = b
        self._edgeC = c


    def get_edge(self):
        print("a 边的长度：",self._edgeA)
        print("b 边的长度：",self._edgeB)
        print("c 边的长度：",self._edgeC)

    def calculate_areas(self):
        if self.area==0:
            self.area = 1.0/2*(self._edgeA+self._edgeB+self._edgeC)
        return self.area
##=================================================
```

注意，定义一个类时，缩进格式表达了类的定义范围中包括的一系列成员（数据成员和方法成员）。

2）self 的使用。

在定义一个类的方法时，方法的参数列表中第一个参数永远都是 self。Python 编程中，self 指代的是对象自身，其使用规则可以理解为 C++、C# 或 Java 中的 this 关键字。在开发程序时，当利用对象调用类的方法时，Python 解释器会把当前使用的这个对象作为第一个参数传递给 self，而开发者只需传递后面的参数即可，示例代码如下：

```
class TriangleArea:
    # area 变量是一个类变量，
    # 它的值将在这个类的所有实例之间共享。
    # 你可以在内部类或外部类使用 TriangleArea.area 访问
    area=0
    # ================================================
    # __init__() 方法：是一种特殊的方法，被称为类的构造函数或初始化方法
    # 当创建了这个类的实例时就会调用该方法
    # self: 代表类的实例
    def __init__(self, a,b,c):
        self._edgeA = a
        self._edgeB = b
        self._edgeC = c

    def get_edge(self):
        print("a 边的长度：",self._edgeA)
        print("b 边的长度：",self._edgeB)
        print("c 边的长度：",self._edgeC)
##=============================================
```

Python 是具有解释性且具有脚本风格的语言，类的数据成员都要以“self.memberName”形式进行表达，如采用 self.area 调用 area 数据成员。由于在程序开发中，没有被“self”修饰的数据成员并未被系统设置为全局（global）数据，所以在方法（成员函数）的定义中，参数表中必须带有“self”且将其默认为参数列表中的第一个参数，该参数不需赋值。在面向对象的程序开发中，开发者应特别注意类的这些特点，否则会引起错误。

（3）对象

定义好的类是不可以直接使用的，需要借助类的实例进行使用，就像生产道具的模板一样是不可以直接使用的，需要使用模板构造出实例来使用。在 Python 程序中，创建类的一个对象的语法规则如下：

```
对象名 = 类名 ( )
```

创建对象时，需要注意的是：

- 创建对象后，变量保存的是对象在内存中的地址。
- 变量引用（指向）了新建的对象。
- print 打印变量，显示该变量引用的对象是由哪一个类创建的对象及内存中的地址。

例如，为类 TriangleArea 创建一个对象 ta 后打印该对象，即在源代码后面继续添加如下代码：

```
    ta = TriangleArea(3,4,5)
    print(" 打印对象 ta，输出的地址为：")
    print(ta)
##====================
```

执行程序，输出的结果为：

```
打印对象 ta，输出的地址为：
<__main__.TriangleArea object at 0x00000292497F7320>
```

要使用类 TriangleArea，首先要构造出 TriangleArea 类的一个实例，再通过这个对象实例调用其类的成员，从而对类进行使用。参考代码如下：

```
        # 使用类
        print(" 测试计算三角形面积 ")
        # 构造 TriangleArea 类的一个实例（对象），并用变量 ta 保存对象的引用
        ta = TriangleArea(3,4,5)
        print(" 打印三角形的三边长度 ")
        # 通过对象 ta 调用类成员，从而对类进行使用
        ta.get_edge()
        # 得到指定三角形的面积
        ta.area = ta.calculate_areas()
        print(" 三角形的面积为：%f"%(ta.area))
        print("--"*25)
    # #=======================================
```

在上述示例代码中，ta 实际上是一个变量，可以使用它来访问类 TriangleArea 的属性和方法。给对象添加属性，可以使用如下方式：

```
对象名 . 新的属性名 = 值
```

调用类的成员函数或方法可以使用如下方式：

```
对象名 . 函数名（[ 参数列表 ]） 或 对象名 . 方法名（[ 参数列表 ]）
```

上述示例代码中，语句 ta.area = ta.calculate_areas() 则是将计算出的指定三角形面积赋给属性 area 进行保存。语句 ta.get_edge() 则是通过对象 ta 对类成员方法 get_edge() 进行调用，从而获取参与面积计算的三角形的三条边的长度值。

运行结果如图 5-4 所示。

```
测试计算三角形面积
打印三角形的三边长度
a边的长度： 3
b边的长度： 4
c边的长度： 5
三角形的面积为：6.000000
--------------------------------------------------

Process finished with exit code 0
```

图 5-4　运行结果

2．构造函数与析构函数

在 Python 面向对象编程中，创建对象时系统会默认调用构造函数对实例对象进行初始化。当一个对象完成使命后，系统也会默认调用析构函数删除一个对象，从而释放该对象所占用的资源。

（1）构造函数

在定义类 TriangleArea 时，类中定义了一个函数 __init__(self,a,b,c) 且其函数名 init 前后都有两个下画线，这是一个特殊函数称为构造函数，又叫构造器。当实例化一个对象（创建一个对象）时，构造函数是第一个被自动调用的方法。如果在程序开发过程中，开发者没有显式定义 _init__（self，...）方法，系统会默认提供一个无参的构造函数完成数据成员的初始化。

```
class TriangleArea:
    area=0
# 一般情况下，构造方法的参数和成员变量有关
    def __init__(self, a,b,c):
    # 因为构造方法是在创建对象的过程中被调用的
        # 所以构造方法的作用一般是用来定义成员变量并且给成员变量赋值
        # 定义属性并给属性赋值
        # 通过 self 进行区分是成员变量还是形参
            self._edgeA = a
            self._edgeB = b
            self._edgeC = c
            print(" 构造函数被执行 ...")
tt = TriangleArea(3,4,5)  # 创建对象 tt 时，构造函数 __init__ 被调用
print("--"*25)
```

运行结果：

```
构造函数被执行 ...
--------------------------------------------------
```

建议开发者定义一个 __init__(self,...) 方法，在该方法中将所有数据成员进行初始化，从而形成一个清晰的数据成员列表，有利于项目组开发人员掌握。如上述示例中，通过定义 def __init__(self, a,b,c) 方法实现对三角形 3 条边的长度赋初值的作用。

提示，特别需要强调的是，在 __init__(self,...) 方法中声明类的所有属性是非常好的一个开发习惯。

（2）析构函数

析构函数被 Python 的垃圾回收器销毁的时候调用。当某一个对象没有被引用时，垃圾回收器自动回收资源、调用析构函数。当程序执行结束或使用 del 删除对象的时候，系统会自动调用析构函数。注意，并不是在 del 一个对象的时候就会调用该析构函数，只有当该对象的引用计数为 0 时才会调用析构函数、回收资源。如下面的示例代码中执行 del rect 语句时并没有调用析构函数 __del__(self)，即没有打印输出“析构”信息。

```
class Rectangle:
    def __init__(self,x,y):
        self.x = x
        self.y = y
        print(' 构造 ')
    def __del__(self):
        print(' 析构 ')
    def getPeri(self):
        return (self.x + self.y)*2
    def getArea(self):
        return self.x * self.y

if __name__ == '__main__':
    rect = Rectangle(3,4)
    rect1 = rect
    # del rect
    del rect1
print("--"*30)
```

运行结果：

```
构造
------------------------------------------------------------
```

3．公有成员和私有成员

Python 中类成员主要是指属性和方法（函数），一般地，Python 默认成员的访问权限都是公开的，Python 私有属性和方法没有类似别的语言的 public、private 等关键词来修饰。在 Python 中定义私有变量只需要在变量名或函数名前加上 "__" 两个下画线，这个函数或变量就会成为私有的了。声明方法为私有方法后就不能在类的外部调用，示例代码如下：

```
class Test(object):
    # 公共方法
    def test(self):
        print(" 公共方法 test")

    # 普通方法
    def _test1(self):
        print(" 普通方法 _test1 方法 ")

    # 私有方法
    def __test2(self):
        print(" 私有方法 __test2 方法 ")

t = Test()
t.test()
t._test1()
# t.__test2()# 调用的时候会报错
print("--"*30)
```

运行结果：

```
公共方法 test
普通方法 _test1 方法
------------------------------------------------------------
```

注意，外界无法访问私有方法，但可以在类的内部方法进行调用，方法不能直接被调用，如果想调用私有方法，则必须通过构造另一个函数（方法）来调用私有方法。以下示例代码是私有方法的一个应用场景。

```
class TestPrivateMethod:
    # 私有方法 - 用于发短信
    def __send_message(self):
        print(" 正在发信息 ...")

    # 公共方法
    def send_messaga(self,new_fee):
        #  余额大于 500 才能调用私有方法发信息
        if new_fee>500 :
            self.__send_message()
        else:
            print(" 很抱歉，余额不足，请先充值 ...")
```

```
t = TestPrivateMethod()
t.send_messaga(1000)
print("--"*30)
```

运行结果：

```
正在发信息 ...
------------------------------------------------------------
```

需要特别注意的是，对于变量：

1）如果前面带一个 _ 的变量，则表明这个变量是一个私有变量，只是用于表明而已，因为外部类还是可以访问到这个变量的。

2）如果前面带两个 __，后面带两个 __ 的变量，则表明该变量是一个内置变量。

3）大写加下画线 _ 的变量，表明其是一个不会发生改变的全局变量。

对于方法：

4）如果在方法名前带一个 _ 的，则表明该方法是一个私有方法，也是只用于表明，外部类也可以访问该方法。

5）若方法名前带两个 __，后带两个 __ 的方法，则表明其是一个特殊方法，如构造方法 __init__（self，...）。

另外，Python 中的方法分为 3 种，即普通方法（实例方法）、类方法和静态方法，请读者在定义和使用时注意三种方法的不同。

6）类的实例方法一般有一个显著的特征就是会带有 self 参数，它的第一个正式参数名为 self（这个参数有点类似 C# 和 Java 中的 this），这些方法会访问实例的属性。

7）类的方法就叫类方法，当要写一个只在类中运行而不在实例中运行的方法时，就可以用到类方法，它是用装饰器 @classmethod 来修饰的。

8）类中的一个不带 self 参数的方法为静态方法，定义静态方法需要有一个修饰符 @staticmethod。

3 种方法的定义和调用的示例代码如下：

```
#普通方法、类方法、静态方法的比较
class Test:
    # 定义类 Test 的属性
    name = 'python'
    content = ' 人生苦短，我用 Python!'
    def normal_method(self): # 普通方法访问类 Text 的属性
        print(self.content)

    #类方法访问 Test 类的属性，看到 @staticmethod 就知道这个方法并不需要依赖对象本身的状态
    @classmethod
    def class_method(cls):
        print(cls.content)

    # 静态方法，无法访问 Test 类的属性，
    @staticmethod
    def static_method():
```

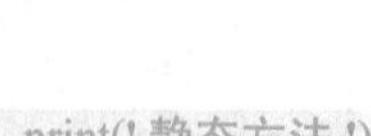

```
            print(' 静态方法 ')

    ## 测试
    test = Test()
    # 设置对象 t 的属性
    test.content = ' 人生苦短，且行且珍惜 '
    test.normal_method()
    test.class_method()
    test.static_method()
    print("--"*30)
```

运行结果如图 5-5 所示。

```
人生苦短，且行且珍惜
人生苦短，我用Python!
静态方法
------------------------------------

Process finished with exit code 0
```

图 5-5　运行结果

通过上述示例可以看出：

普通方法、类方法和静态方法都可以通过对象 test 进行调用，但是静态方法和类方法无法访问对象的属性，所以更改对象 test 的属性仅对普通方法起作用。

普通方法无法通过类名调用，但静态方法和类方法可以用类名调用。

小 \ 结

Python 面向对象编程是一种编程方式，程序构建的思路发生了变化：从“事无巨细，从头到尾”变成“定制构件，组装构件”。Python 面向对象思想让开发人员专注于构建应用的主要业务，屏蔽一些业务实现细节，从而有利于优化程序的结构，高效实现代码复用。

Python 面向对象编程主要通过类和对象的使用实现。类是一个包装有共同特征的模板，对象是根据模板创建的实例（即对象），比如，汽车模型可以对汽车的特征和行为进行抽象，然后可以实例化为一台真实的汽车实体。在 Python 对象编程中，主要通过对象调用封装到类中的公共成员（公共属性和公共方法）完成具体的应用业务。类具有封装性、继承性和多态性 3 个主要特点。

本项目主要讲解了类的概念以及 Python 面向对象的基础操作，演示了何时以及怎样运用该 3 大特性实现面向对象编程。通过学习，读者对 Python 面向对象编程有了深入了解，为将来的应用开发奠定扎实的面向对象编程的思想。

习 \ 题

一、简答题

1．简述面向对象的 3 大特性。

2．Python 面向对象的编程中为什么使用 self 指代自身？

二、编程题

1．封装一个 Student 类，要求包含：

1）类属性：

- 学生姓名；
- 学生所在年级；
- 学科成绩（科目 1，科目 2，科目 3，科目 4)[每门学科成绩的类型为整数]。

2）类方法：

- 获取学生的姓名：get_name()，返回类型：str。
- 获取学生所在年级：get_grade()，返回类型：int。
- 返回 4 门科目中最高的分数：get_high_score()，返回类型：int。

3）类的测试应用：

```
zs = Student(' 张三 ',19,[80,90,98,67])
返回结果：
张三
19
98
```

2．定义一个字典类：dictclass，完成下面的功能：

- dict = dictclass({ 你需要操作的字典对象 })。
- 删除某个 key：del_dict(key)。
- 判断某个键是否在字典里：get_dict(key)，如果在则返回键对应的值，不在则返回"not found"。
- 返回键组成的列表：get_key() 返回类型：(list)。
- 合并字典并返回合并后字典的 values 组成的列表，返回类型：(list)。
- update_dict({ 要合并的字典 })。

3．定义一个列表的操作类：Listinfo，包括的方法：

- 列表元素添加：add_key(keyname)，[keyname: 字符串或者整数类型]。
- 列表元素取值：get_key(num)，[num: 整数类型]。
- 列表合并：update_list(list)，[list: 列表类型]。
- 删除并且返回最后一个元素：del_key()。
- list_info = Listinfo([44,222,111,333,454,'sss','333'])。

4．在网络爬虫时，常会涉及对数据的相关操作，请写一个网页数据操作类，完成下面的功能：

提示：需要用到 urllib 模块。

- get_httpcode( ) 获取网页的状态码，返回结果：101202404 等，类型为 int。
- get_htmlcontent( ) 获取网页的内容，返回类型为 str。
- get_linknum( ) 计算网页的链接数目。

Project 6

项目6

面向对象高级编程

——利用继承和多态求图形面积

项目情景

在项目 2 中按照计算三角形面积的业务流程，实现了三角形面积的计算。随着公司业务的不断发展，对系统功能的要求不断增加，希望实现更多不同图形（如矩形、圆、梯形等）的面积计算，如果还按照业务流程逐一实现不同图形的面积计算，将为后期系统维护带来更高的成本，同时增加了系统维护的难度。

利用面向对象设计的继承与多态特性可以很好地解决上述问题。比如，利用 __init__() 初始化每个图形对象（当然每个图形对象都应有不同的数据属性），每个图形对象都有一个实现面积计算业务功能的名为 get_area 的方法，每一个图形对象调用 get_area 方法实现面积计算。

完成本项目后，将掌握以下技能：

- 明确类和对象的关系，能够独立设计类。
- 使用类创建对象并添加属性。
- self 参数的使用。
- 构造方法和析构方法的使用。
- 迭代器和生成器的使用。
- 类的封装、继承、重载等其他方法。
- 使用面向对象思想开发程序。

项目概述

本项目利用面向对象程序设计的继承和多态性，进一步完善项目 2 中图形面积计算小程序，实现不同图形的面积计算。在该项目中，将在父类中设计公共属性，比如，存储图形面积计算结果的变量 area；设计一个构造函数 __init__(self) 对每一个图形对象实例化，同时将在父类中定义一个名为 get_area() 的公共成员方法，具体实现图形面积计算业务，然后在每一个子类（不同图形对应一个不同的子类）实现对父类的 get_area() 方法的重写。

任务 1 创建父类

任务分析

在本任务中设计一个父类 Shape，将图形的通用属性和行为特征放在该父类中定义，让子类通过继承享用这些属性和方法，从而实现代码的复用。

任务实施

1. 新建 Python 文件——利用继承和多态求图形面积 .py

新建一个项目 unit6，在该项目中新建一个名为“利用继承和多态求图形面积 .py”的 Python 文件，如图 6-1 所示。

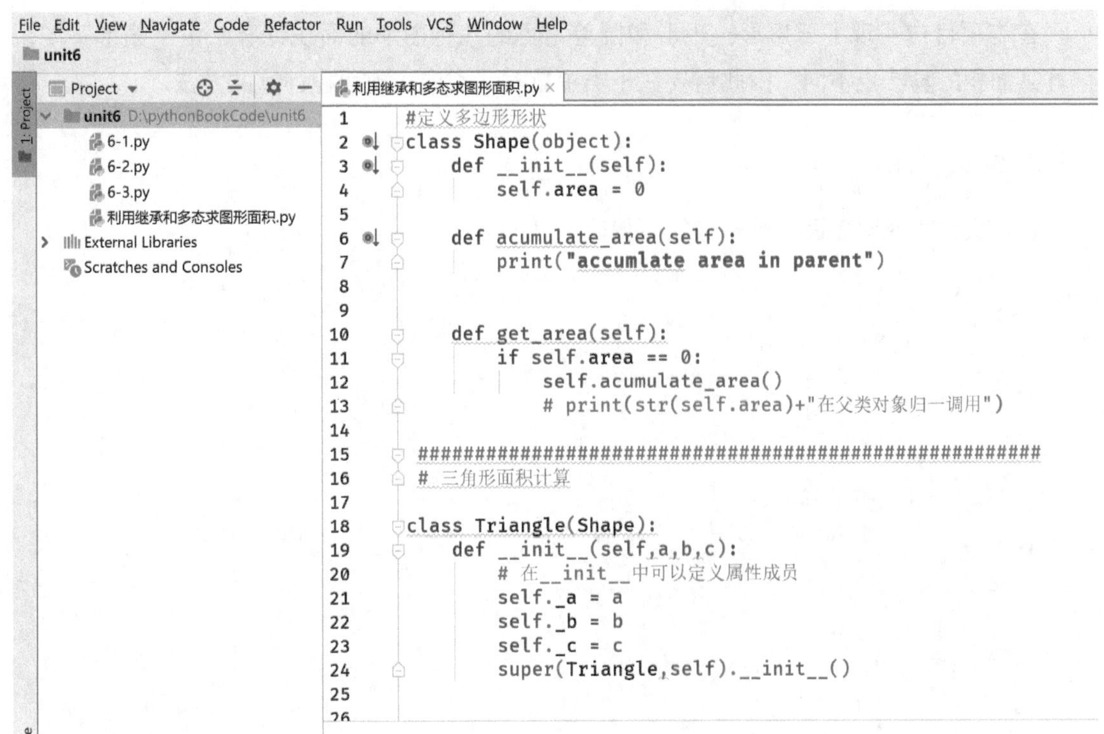

File Edit View Navigate Code Refactor Run Tools VCS Window Help
unit6
Project
unit6 D:\pythonBookCode\unit6
6-1.py
6-2.py
6-3.py
利用继承和多态求图形面积.py
External Libraries
Scratches and Consoles
利用继承和多态求图形面积.py
#定义多边形形状
class Shape(object):
    def __init__(self):
        self.area = 0
    def acumulate_area(self):
        print("accumlate area in parent")
    def get_area(self):
        if self.area == 0:
            self.acumulate_area()
            # print(str(self.area)+"在父类对象归一调用")
##
# 三角形面积计算
class Triangle(Shape):
    def __init__(self,a,b,c):
        # 在__init__中可以定义属性成员
        self._a = a
        self._b = b
        self._c = c
        super(Triangle,self).__init__()

图 6-1 新建“利用继承和多态求图形面积 .py”

2. 创建父类——Shape 类

打开“利用继承和多态求图形面积 .py”文档，在代码视图里创建一个类，类名为 Shape，并在该类定义 1 个通用变量即 area，用于存储图形的面积，公共方法 __init__(self) 用来实现变量 area 的初始化，acumulate_area（self）为子类提供一个公共方法实现具体计算

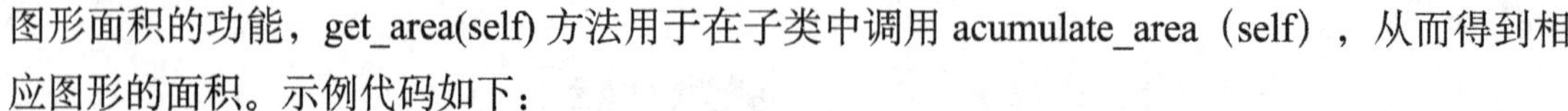

图形面积的功能，get_area(self) 方法用于在子类中调用 acumulate_area（self），从而得到相应图形的面积。示例代码如下：

```
#定义多边形形状
class Shape(object):
    def __init__(self):
        self.area = 0

    def acumulate_area(self):
        print("accumlate area in parent")

    def get_area(self):
        if self.area == 0:
            self.acumulate_area()
##=======================
```

任务 2 创建子类

在本项目中实现了三角形、矩形和圆等常见的几种图形的面积计算，由于图形不同，计算其面积的算法也不同，因此需要在子类中重写父类中实现面积计算的方法。

任务实施

在定义父类代码后面继续添加如下代码：

```
#三角形面积计算
class Triangle(Shape):
    def __init__(self,a,b,c):
        #在__init__中可以定义属性成员
        self._a,self._b,self._c = a,b,c
        super(Triangle,self).__init__()

    def get_edge(self):
        print("三角形的三条边长分别为：%d,%d,%d" % (self._a, self._b,self._c))

#所有的属性应该通过成员函数来处理和访问
def acumulate_area(self):
    self.area=1.0/2*(self._a+self._b+self._c)
    print("三角形的面积为："+str(self.area))

#################################################################
#矩形面积计算
class Rectangle(Shape):
    def __init__(self,a,b):
        #在__init__中可以定义属性成员
        super(Rectangle,self).__init__()
        self._a,self._b = a,b
```

```
        def get_edge(self):
            print(" 矩形的两条边长分别为：%d,%d"%(self._a,self._b))

        # 所有的属性应该通过成员函数来处理和访问
        def acumulate_area(self):
            self.area=self._a*self._b
            print(" 矩形的面积为："+str(self.area))

# 圆的面积计算
class Circle(Shape):
    def __init__(self,r):
        # 在 __init__ 中可以定义属性成员
        super(Circle,self).__init__()
        self.r = r

    def get_edge(self):
        print(" 圆的半径为 :",self.r)
# #==========================
```

任务 3　应用继承和多态计算不同图形的面积

调用父类和子类的相应成员完成不同图形面积的计算，解决方案有多种，比如，先对每个图形进行种类判断，再依据图形种类调用不同的计算面积方法。

由于每个图形都要调用 get_area() 方法，如果利用面向对象设计的继承和多态特性将所有图形放到一个列表中，用一个遍历列表的循环调用 get_area() 方法计算出所有图形的面积。相较上述实施方案，利用继承和多态特性的解决方案更能较好地实现代码复用以及代码优化等。

任务实施

三角形面积计算的两种解决方案对应的代码如下：

```
# 解决方案一
# # 三角形类的应用
# tri = Triangle(3,4,5)  # 创建一个三角形类对象 tri
# # print(" 三角形的三条边为：")
# tri.get_edge()
# tri.get_area()
# #==========================
# # 矩形类的应用
# rec = Rectangle(5,8)  # 创建一个矩形类对象 rec
# # print(" 矩形的边长为：")
# rec.get_edge()
# rec.get_area()
# #==========================
# # 圆类的应用
# cir = Circle(3)  # 创建一个圆类对象 cir
```

```
## print(" 圆的半径为：")
# cir.get_edge()
# cir.get_area()
##=======================

# 解决方案二：利用继承 - 多态特性的解决方案
print(" 利用继承 - 多态特性计算图形面积 ")
list_shape = [Triangle(3,4,5),Rectangle(5,8),Circle(3),Triangle(3,4,3),Rectangle(2,6),Triangle(3,6,5)]

for s in list_shape:
    s.get_edge()
    print(s.get_area())
```

利用继承与多态特性实现不同图形面积的完整代码如下：

```
# 定义多边形形状
class Shape(object):
    def __init__(self):
        self.area = 0

    def acumulate_area(self):
        print("accumlate area in parent")

    def get_area(self):
        if self.area == 0:
            self.acumulate_area()
            # print(str(self.area)+" 在父类对象归一调用 ")
##########################################################
# 三角形面积计算
class Triangle(Shape):
    def __init__(self,a,b,c):
        # 在 __init__ 中可以定义属性成员
        self._a,self._b,self._c = a,b,c
        super(Triangle,self).__init__()

    def get_edge(self):
        print(" 三角形的三条边长分别为：%d,%d,%d" % (self._a, self._b,self._c))

    # 所有的属性应该通过成员函数来处理和访问
    def acumulate_area(self):
        self.area=1.0/2*(self._a+self._b+self._c)
        print(" 三角形的面积为："+str(self.area))

##############################################################
# 矩形面积计算
class Rectangle(Shape):
    def __init__(self,a,b):
        # 在 __init__ 中可以定义属性成员
        super(Rectangle,self).__init__()
        self._a,self._b = a,b

    def get_edge(self):
```

```
            print(" 矩形的两条边长分别为：%d,%d"%(self._a,self._b))

        # 所有的属性应该通过成员函数来处理和访问
        def acumulate_area(self):
            self.area=self._a*self._b
            print(" 矩形的面积为："+str(self.area))
    # 圆的面积计算
    class Circle(Shape):
        def __init__(self,r):
            # 在 __init__ 中可以定义属性成员
            super(Circle,self).__init__()
            self.r = r

        def get_edge(self):
            print(" 圆的半径为 :",self.r)

        # 所有的属性应该通过成员函数来处理和访问
            def acumulate_area(self):
                self.area=3.14*self.r
                print(" 圆的面积为："+str(self.area))
    # 利用继承 - 多态特性的解决方案
    print(" 利用继承 - 多态特性计算图形面积 ")
    list_shape = [Triangle(3,4,5),Rectangle(5,8),Circle(3),Triangle(3,4,3),Rectangle(2,6),Triangle(3,6,5)]

    for s in list_shape:
        s.get_edge()
        print(s.get_area())
        print("--"*20)
    # #========================
```

运行结果如图 6-2 所示。

```
利用继承-多态特性计算图形面积
三角形的三条边长分别为：3,4,5
三角形的面积为：6.0
None
矩形的两条边长分别为：5,8
矩形的面积为：40
None
圆的半径为: 3
圆的面积为：9.42
None
三角形的三条边长分别为：3,4,3
三角形的面积为：5.0
None
矩形的两条边长分别为：2,6
矩形的面积为：12
None
三角形的三条边长分别为：3,6,5
三角形的面积为：7.0
None
----------------------------------------
```

图 6-2　运行结果

必备知识

本项目利用面向对象的 3 大特性，即封装、继承和多态，实现不同图形面积计算功能的开发，通过该项目读者可以了解封装、继承和多态特性以及在 Python 编程中如何应用这些特性。同时读者通过该项目可以体验面向对象的3大特征在Python应用程序编程中的作用，即封装可以隐藏实现细节，使代码模块化；继承通过扩展已存在的代码模块（类）实现代码复用性；多态则是为了类在继承和派生的时候保证在使用“家谱”中任一类实例的某一属性时调用正确，从而实现接口的重用。

1．封装

在面向对象编程中，通常情况下大部分的类不会让外部直接访问类内部的属性和方法，而是向外部类提供一些访问方式，对其内部成员进行访问，以确保程序的安全性。

封装是面向对象编程的3大特性之一。由于类是抽象的，具有模板作用、不能直接被使用等特点，因此面向对象编程的第一步是将属性和方法封装到一个抽象类中，隐藏对象的属性和实现细节，仅对外提供公共访问方式，外界通过创建该抽象类的对象调用封装到类中的属性和方法，实现数据细节与类的使用分离，确保数据安全。

下面的示例是一个减肥规则，即每次瑜伽锻炼一个小时以上减肥0.5公斤（1公斤=1kg）；每次吃高热量食物，体重增加1公斤；如果小芳体重45公斤，小明体重75公斤。利用面向对象的封装性实现整个减肥规则的示例代码如下：

```
class Dieter():
    def __init__(self,name,weight):
        # 初始化方法中增加两个参数由外界传递
        # self. 属性 = 形参
        self.name = name
        self.weight = weight

    def loseweight(self):   # 定义减肥方法
        self.weight -=0.5   # 在类方法的内部，可以直接访问类的属性
        print("%s 通过瑜伽锻炼减肥 0.5 公斤 "%self.name)

    def fat(self):  # 定义增肥方法
        self.weight +=1
        print("%s 每次吃高热量食物，体重增加 1 公斤 "%self.name)

    def __str__(self):
        return " 我的名字叫 %s, 体重是 %.2f 公斤 "%(self.name,self.weight)

# 同一个类创建出来的多个对象之间，属性互不干扰
xiaofang = Dieter(' 小芳 ',45)
xiaofang.loseweight()
xiaofang.fat()
print(xiaofang)
#
xiaoming = Dieter(' 小明 ',75)
xiaoming.loseweight()
xiaoming.fat()
print(xiaoming)
print(xiaofang)
print("--"*20)
```

运行结果如图 6-3 所示。

```
小芳通过瑜伽锻炼减肥0.5公斤
小芳每次吃高热量食物，体重增加1公斤
我的名字叫小芳,体重是45.50
小明通过瑜伽锻炼减肥0.5公斤
小明每次吃高热量食物，体重增加1公斤
我的名字叫小明,体重是75.50公斤
我的名字叫小芳,体重是45.50公斤
------------------------------------
```

图 6-3 运行结果

2. 继承

(1) 认识继承

继承是面向对象最显著的一个特征，利用继承可以使用现有类的所有功能并在无需重新编写原来类的情况下对这些功能进行扩展。继承有两个角色，即

1) “基类”或“父类”：被继承的类称为“基类”或“父类”。

2) “派生类”或“子类”：通过继承创建的新类称为“派生类”或“子类”。

继承的过程就是从一般到特殊的过程。要实现继承，可以通过“继承”(Inheritance)和“组合”（Composition）来实现。

在某些 OOP 语言中，一个子类可以继承多个基类。但是一般情况下一个子类只能有一个基类，要实现多重继承可以使用多级继承。继承的语法如下：

1) 单继承的语法。

```
class 派生类名 ( 基类名 ):
派生类成员
def 子类特有的方法
```

2) 多继承的语法。

```
class SubClassName( 基类 1[, 基类 2,...]):
派生类成员
```

这里以单继承为例讲解继承特性在编程中的应用，示例代码中定义了一个父类 Father 并在父类中定义了一个公共属性 salary 和一个私有属性 __salary，定义了一个公共方法 dojob(self)，同时还定义了一个类 Son 继承 Father 类，Son 类中没有赋予任何语句。因此在该示例中 Father 是父类或基类，Son 是子类或派生类。

```
# 定义父类：Father
class Father:
    def __init__(self):
        self.salary = 5000
        self.__salary= 1000

    def action(self):
        print(' 这是父类的方法 ')
#
# 定义子类：Son
class Son(Father):
```

```
        pass
    #
    # 使用父类 Father
    kitty = Father()
    print(kitty.salary)
    kitty.action()
    print('**' * 20)
    # 使用子类 Son
    jack = Son()  # 子类 Son 继承父类 Father 的所有属性和方法
    print(jack.salary)  # 调用父类属性
    jack.action()   # 调用父类方法
    print('--' * 20)
```

运行结果如图 6-4 所示。

```
5000
这是父类的方法
****************************************
5000
这是父类的方法
----------------------------------------

Process finished with exit code 0
```

图 6-4 运行结果

从该示例代码可以看出：

1）一个类继承另一个类只需要加括号并在里面写父类的名称就可以了，如示例中的代码 class Son（Father），表示类 Son 继承类 Father，或类 Father 派生出 Son 子类。如果需要多继承就加逗号并在后面继续写父类名称，如 class Son（Father，Mother）。执行父类的方法只需使用父类名就可以，super 函数也可以实现相同的功能。

2）在继承 / 派生关系的类中，调用对象的方法时总是首先查找其自身定义的方法，如果自身没有则顺着继承链继续查找，直到在其父类中找到为止。

3）子类继承父类，可以直接享受父类中已经封装好的公有属性和公有方法。子类中应该根据自己的职责封装子类特有的属性和方法。比如，示例中子类 Son 没有定义相应的属性和 action() 方法，故子类 Son 的对象 jack 调用父类的公有属性 salary 和公有方法 action(self)，与父类对象调用其自身的属性和方法时输出的结果一样。

4）继承的传递性。如果 C 类从 B 类继承，B 类又从 A 类继承，那么 C 类就具有 B 类和 A 类的所有属性和方法。

（2）继承的分类

按照继承概念的实现方式主要有两类：实现继承、接口继承。

1）实现继承：是指使用基类的属性和方法而无需额外编码的能力。

2）接口继承：是指仅使用属性和方法的名称、但是子类必须提供实现的能力（子类重构父类方法）。

特别需要注意的是，在使用继承时需要注意两点：一是两个类（如父类与子类）之间的关系应该是“属于”关系；二是抽象类仅定义将由子类创建的一般属性和方法。

（3）重写

在 Python 中有时需要进行重写，重写是继承机制中的一个重要部分，可以重写一般方法也可以重写构造方法。对于子类方法的重写，就是对与父类相同的方法名进行函数体的改写，从而实现父类与子类的不同特性。

在上述的示例中，子类 Son 中没有定义自己的方法，通过继承可以调用父类的公有属性和方法，如果子类 Son 要扩展功能或展示自己与父类不同的个性特征，则需要在子类 Son 中重写父类的 action(self) 方法，示例代码如下：

```
# 定义父类：Father
class Father:
    def __init__(self):
        self.salary = 5000
        self.__salary= 1000

    def action(self):
        print(' 这是父类的方法 ')

# 定义子类：Son
class Son(Father):
    def action(self):  # 重写父类的 action() 方法
        print(' 这是子类的方法 ')

# 使用父类 Father
kitty = Father()
print(kitty.salary)
kitty.action()

print('**' * 20)
# 使用子类 Son
jack = Son()  # 子类 Son 继承父类 Father 的所有属性和方法
print(jack.salary)  # 调用父类属性
jack.action()   # 调用父类方法
print('--' * 20)
```

运行结果如图 6-5 所示。

```
5000
这是父类的方法
****************************************
5000
这是子类的方法
----------------------------------------

Process finished with exit code 0
```

图 6-5　运行结果

如果重写父类的特殊方法，如构造方法，则会导致原始基类的方法无法被调用，示例代码如下：

```
# 定义父类：Father
class Father:
    def __init__(self):
        self.salary = 5000
        self.__salary = 1000
        print(" 这是父类的构造方法 ")

    def action(self):
        print(' 父类的工资为：',self.salary)

# 定义子类：Son
class Son(Father):
    def __init__(self):
        print(" 这是子类的构造方法，重写了父类的构造方法 ")

# 使用父类 Father
kitty = Father()
print(kitty.salary)
kitty.action()

print('**' * 20)
# 使用子类 Son
jack = Son()  # 子类 Son 继承父类 Father 的所有属性和方法
jack.action()   # 调用父类方法
print('--' * 20)
```

运行结果如图 6-6 所示。

```
D:\myenv\env\Scripts\python.exe D:/pythonBookCode/unit6/6-7.py
Traceback (most recent call last):
这是父类的构造方法
  File "D:/pythonBookCode/unit6/6-7.py", line 25, in <module>
5000
    jack.action()     # 调用父类方法
父类的工资为： 5000
  File "D:/pythonBookCode/unit6/6-7.py", line 10, in action
****************************************
    print('父类的工资为：',self.salary)
这是子类的构造方法,重写了父类的构造方法
AttributeError: 'Son' object has no attribute 'salary'

Process finished with exit code 1
```

图 6-6　运行结果

程序运行结果报错，提示子类 Son 没有 salary 特性。这是因为在这个例子中子类 Son 继承了父类 Father，但是在 Son 中却重新定义了构造方法，这样使得 Son 的实例对象尽管拥有了父类 Father 的 action 方法，但是由于没有 salary 变量的初始化，在调用父类的 action 方法时报错。为了解决这个问题，有两种方法可参考：一是调用未绑定的基类构造方法；二是使用 super 函数。

1）调用未绑定的基类构造方法。

采用调用未绑定的基类构造方法解决重写父类构造方法的报错问题，只需在子类 Son 中的重写父类的构造方法中添加一行代码，即 Father._init_(self)，将当前实例作为 self 参数提供给未绑定方法，使子类也拥有了与父类初始化中相同的属性和方法，示例代码如下：

```
# 定义父类：Father
class Father:
    # salary = 5000
    # __salary =1000

    def __init__(self):
        self.salary = 5000
        self.__salary = 1000
        print(" 这是父类的构造方法 ")

    def action(self):
        print(' 父类的工资为：',self.salary)

# 定义子类：Son
class Son(Father):
    def __init__(self):
        Father.__init__(self)
        print(" 这是子类的构造方法，重写了父类的构造方法 ")

kitty = Father()
print(kitty.salary)
kitty.action()

print('**' * 20)
# 使用子类 Son
jack = Son()  # 子类 Son 继承父类 Father 的所有属性和方法
# print(jack.salary)  # 调用父类属性
jack.action()   # 调用父类方法
print('--' * 20)
```

运行结果如图 6-7 所示。

```
这是父类的构造方法
5000
父类的工资为： 5000
****************************************
这是父类的构造方法
这是子类的构造方法,重写了父类的构造方法
父类的工资为： 5000
----------------------------------------

Process finished with exit code 0
```

图 6-7　运行结果

2）使用 super 函数。

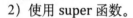

同样在子类 Son 的构造方法中添加一行代码，即 super(Son,self)._init_( )。具体方法示例代码如下：

```
# 定义父类：Father
class Father:
    def __init__(self):
        self.salary = 5000
        self.__salary = 1000
        print(" 这是父类的构造方法 ")

    def action(self):
        print(' 父类的工资为：',self.salary)

# 定义子类：Son
class Son(Father):
    def __init__(self):
        super(Son,self).__init__()
        print(" 这是子类的构造方法，重写了父类的构造方法 ")

# 使用父类 Father
kitty = Father()
print(kitty.salary)
kitty.action()

print('**' * 20)
# 使用子类 Son
jack = Son()  # 子类 Son 继承父类 Father 的所有属性和方法
# print(jack.salary)  # 调用父类属性
jack.action()   # 调用父类方法
print('--' * 20)
```

运行结果如图 6-8 所示。

```
这是父类的构造方法
5000
父类的工资为： 5000
****************************************
这是父类的构造方法
这是子类的构造方法,重写了父类的构造方法
父类的工资为： 5000
----------------------------------------
```

图 6-8　运行结果

3．多态

多态是面向对象编程思想的 3 大特征（封装、继承、多态）之一，所谓的多态是指不同的子类对象调用相同的父类方法产生不同的执行结果。在 Python 面向对象编程中，多态可以增加代码的外部调用灵活度并以继承和重写父类方法为前提得以实现，实现多态的步骤如下：

1）定义新的子类。

2）重写对应的父类方法。

3）使用子类的方法直接处理，不调用父类的方法。

例如，Apple 类、Pear 类、Orange 类继承了 Fruit 类，因此 Apple、Pear、Orange 具有 Fruit 类的共性。Apple、Pear、Orange 类的实例可以替代 Fruit 对象，同时又呈现出各自的特性。具体方法示例代码如下：

```
## 定义水果的父类 :Fruit
class Fruit(object):
    def __init__(self,color=None):
        self.color=color
    def prt(self):
        print(" 我是未知颜色的水果 ")
#
## 定义苹果子类 :Apple
class Apple(Fruit):
    def __init__(self,color="red"):
        Fruit.__init__(self,color)
    def prt(self):
        print(" 我是红色苹果 ")
#
## 定义梨子类 :Pear
class Pear(Fruit):
    def __init__(self,color="yellow"):
        Fruit.__init__(self,color)
    def prt(self):
        print(" 我是青黄色梨 ")
#
## 定义橙子子类 :Orange
class Orange(Fruit):
    def __init__(self,color="poppy"):
        Fruit.__init__(self,color)
    def prt(self):
        print(" 我是深橘红色橙子 ")

## 定义橙子子类 :Orange
class Other():
    def prt(self):
        print(" 我是一个普通类 ")
#
def test(obj):          #obj 这个参数没有类型限制，可以传入不同类型的值
    obj.prt()           # 调用的逻辑都一样，执行的结果却不一样

fruit = Fruit()                     # 定义一个父类对象 fruit
apple = Apple()                     # 定义一个子类对象 apple
pear = Pear()                       # 定义一个子类对象 pear
orange = Orange()                   # 定义一个子类对象 orange
other = Other()                     # 定义一个普通类对象 other
# 通过不同类对象调用同一个 prt() 方法
```

```
test(fruit)    # 调用父类方法 prt(self)
test(apple)    # 调用子类 Apple 的方法 prt(self)
test(pear)     # 调用子类 Pear 的方法 prt(self)
test(orange)   # 调用子类 Orange 的方法 prt(self)
test(other)    # 调用普通类的方法 prt(self)
print("--"*20)
```

运行结果如图 6-9 所示。

```
我是未知颜色的水果
我是红色苹果
我是青黄色梨
我是深橘红色橙子
我是一个普通类
----------------------------------------
```

图 6-9　运行结果

从上述示例可以看出：

1）多态性是一个接口（函数 test），多种实现（如 test(orange)），即传入函数 test(obj) 中的对象不一样便会产生不同的执行效果，参数 obj 就是“多态性”的具体表现形式。

2）方法的调用与对象相关，与类型不相关。如 test(other)，test 方法中传入的是一个并未继承父类 Fruit 的普通类对象 other，但 test (other) 同样调用了类 Other 中的方法 prt( ) 打印输出相应的内容。也就是说，对于 Python 这样的动态语言来说，如果在本示例中使用则不一定要传入 Fruit 类型（如本示例中传入的一个与 Fruit 类没有关系的 Other 类），只需要保证传入的对象（如本示例中的对象 other）有一个 prt() 方法就可以了。

3）在 Python 编程时，若要判断类之间的关系 / 某对象实例是哪个类的对象时，可以利用布尔函数 issubclass（sub，sup）判断类 sub 是否是类 sup 的子类或者子孙类；若判断对象 obj 是否是 Class 类或 Class 子类的实例时可以利用布尔函数 isinstance（obj，Class），还可以利用 type（obj）函数得到对象 obj 的数据类型（类）。比如，若要测试上述示例中的 Apple 类是否是 Fruit 的子类以及 apple 是否属于 Apple 类和其所属的数据结构，则可以在示例代码的最后添加如下 3 行代码：

```
print(issubclass(Apple,Fruit)) # 判断子类 Apple 是否属于父类 Fruit
print(isinstance(apple,Apple)) # 判断对象 apple 是否属于子类 Appple
print(type(apple)) # 判断对象 apple 所属数据类型（类）
print("--"*20)
```

运行结果：

```
True
True
<class '__main__.Apple'>
----------------------------------------
```

4）使用多态的好处，一是可以增加程序的灵活性，不论对象千变万化，使用者都是同一种形式去调用，如 test (apple)。二是增加程序的可扩展性，通过继承 Fruit 类创建了一个新的子类，如 Apple 类，使用者无需更改自已的代码，还是通过 test (obj) 形式去调用。

任\务\拓\展

请用 Python 面向对象编程思想完成美食美味烤鸡腿的制作。

需求分析：

1）烤鸡腿的流程分解为：烧烤和加调料。

2）用面向对象的方式来实现，必须定义鸡腿类，有以下属性：烧烤的时间、生熟程度、调味品，以下方法：烧烤、添加调料。

烧烤时间与生熟时间的关联：

0 ～ 15 分钟：生的；

15 ～ 25 分钟：半生不熟；

25 ～ 40 分钟：烤熟了；

大于 40 分钟：烤焦了。

……

实现该任务的参考代码如下：

```
class Drumstick():
    """ 烤鸡腿 """

    def __init__(self):
        print('---- 烤鸡腿，美食美味 ----')
        self.cookedLevel = 0  # 烤鸡腿的时间
        self.cookedString = ' 生的 '  # 鸡腿生熟程度
        self.condiments = []  # 调味
        print(' 刚买的鸡腿是生的，没有调料 ')

    def cook(self, time):
        self.cookedLevel += time
        if self.cookedLevel > 40:
            self.cookedString = ' 烧焦了 '
        elif self.cookedLevel > 25:
            self.cookedString = ' 烧好了 '
        elif self.cookedLevel > 15:
            self.cookedString = ' 半生不熟 '
        else:
            self.cookedString = ' 生的 '

    def addCondiments(self, condiments):
        print('--- 添加调料 ---')
        self.condiments.append(condiments)

    def __str__(self):
        print('---- 烤了 %s 分钟 ----' % self.cookedLevel)
        msg = ' 鸡腿的生熟度：' + self.cookedString
        if len(self.condiments) > 0:
```

```
                msg = msg + "\n 调料有："
                for temp in self.condiments:
                    msg = msg + temp + ', '

            msg = msg.rstrip(', ')
            return msg

    dstick = Drumstick()

    print('---- 开始烤鸡腿 ----')
    dstick.cook(20)
    print(dstick)
    dstick.addCondiments(' 辣椒粉 ')

    dstick.cook(15)
    print(dstick)

    dstick.addCondiments(' 鲁花油 ')
    dstick.cook(10)
    print(dstick)
    dstick.addCondiments(' 烧烤酱 ')
    dstick.cook(1)
    print(dstick)
print("--"*20)
```

运行结果如图 6-10 所示。

```
----烤鸡腿，美食美味-----
刚买的鸡腿是生的，没有调料
----开始烤鸡腿----
----烤了20分钟---
鸡腿的生熟度：半生不熟
---添加调料---
----烤了35分钟---
鸡腿的生熟度：烧好了
调料有：辣椒粉
---添加调料---
----烤了45分钟---
鸡腿的生熟度：烧焦了
调料有：辣椒粉，鲁花油
---添加调料---
----烤了46分钟---
鸡腿的生熟度：烧焦了
调料有：辣椒粉，鲁花油，烧烤酱
----------------------------------------

Process finished with exit code 0
```

图 6-10　运行结果

小\结

本项目主要讲解了 Python 面向对象的 3 大特性，即封装性、继承性和多态性，示例了何时以及怎样运用 3 大特性实现面向对象编程。通过本项目的学习，读者能对 Python 面向对象编程有更深入的了解，为将来的应用开发建立面向对象的编程思想。

习题

一、简答题

1. 简述面向对象的 3 大特性。
2. Python 面向对象编程中为什么使用 self 指代自身？

二、编程题

1. 封装一个 Student 类，要求包含：

1）类属性：

- 学生姓名
- 学生所在年级
- 学科成绩（科目 1，科目 2，科目 3，科目 4）[每门学科成绩的类型为整数]

2）类方法：

- 获取学生的姓名：get_name()，返回类型 :str
- 获取学生所在年级：get_grade()，返回类型 :int
- 返回 4 门科目中最高的分数：get_high_score()，返回类型 :int

3）类的测试应用：

```
zs = Student(' 张三 ',19,[80,90,98,67])
返回结果：
张三
19
98
```

2. 定义一个字典类：dictclass，完成下面的功能：

- dict = dictclass({ 你需要操作的字典对象 })
- 删除某个 key，del_dict(key)
- 判断某个键是否在字典里，如果在返回键对应的值，不存在则返回 "not found"

```
get_dict(key)
```

- 返回键组成的列表，返回类型：(list)

```
get_key()
```

- 合并字典，并且返回合并后字典的 values 组成的列表。返回类型：(list)
- update_dict({ 要合并的字典 })

3. 定义一个列表的操作类：Listinfo，包括的方法：

- 列表元素添加：add_key(keyname) [keyname: 字符串或者整数类型]
- 列表元素取值：get_key(num) [num: 整数类型]
- 列表合并：update_list(list) [list: 列表类型]
- 删除并且返回最后一个元素：del_key()

- list_info = Listinfo([44,222,111,333,454,'sss','333'])

4．在网络爬虫时，常会涉及对数据的相关操作，请编写一个网页数据操作类，完成下面的功能（提示：需要用到 urllib 模块。）：

- get_httpcode( ) 获取网页的状态码，返回结果：101、202、404 等，类型为 int。
- get_htmlcontent( ) 获取网页的内容，返回类型：str。
- get_linknum( ) 计算网页的链接数目。

5．编程实现游戏人生程序，要求完成的功能：

1）创建三个游戏人物，分别是：

玩家 1，男，21，初始生命力 1000；

玩家 2，女，19，初始生命力 1600；

玩家 3，女，20，初始生命力 2800；

2）游戏场景，分别：

草丛战斗，消耗 160 生命力；

自我修炼，增长 100 生命力；

多人游戏，消耗 500 生命力；

3）输出各玩家的最后信息。

Project 7

项目7

文件基本操作

——通信录管理系统（文件版）

项目情景

通信录管理系统（文件版）的开发以及人们日常生活中的娱乐活动，比如，KTV 唱歌等过程中都会接触到各种格式的文件，其中常见的格式有 .txt、.doc、.jpg、.bmp 以及 .mp4。在工作、生活中有时还会接触到一些不认识的格式文件，因此了解文件格式以及学习如何使用文件具有重要意义。

本项目介绍的文件是用于存储数据的，让程序在以后的执行或实际应用时可以直接使用，而不需重新制作一份。在很多应用程序中不仅涉及数据的存储，还涉及硬盘文件的读写操作，这就需要了解如何建立文件，如何从文件中读数据以及如何向文件写入数据等。完成本项目的学习后，将掌握以下技能：

- 文件的概念与类型。
- 文件的打开与关闭。
- .txt 文件和 .csv 文件的读写。
- 使用 OS 模块与 shutil 模块对文件及文件夹进行查询、删除与移动。

项目概述

项目 4 中的通信录管理系统的联系人信息是基于列表和字典进行存储和操作的，当程序结束或崩溃时，之前存储在列表和字典中的数据都会随之消失。为了避免这种情况的发生，本项目借助文件来存储通信录管理系统中联系人的基本信息。改进后的通信录管理系统的功能模块结构如图 7-1 所示。

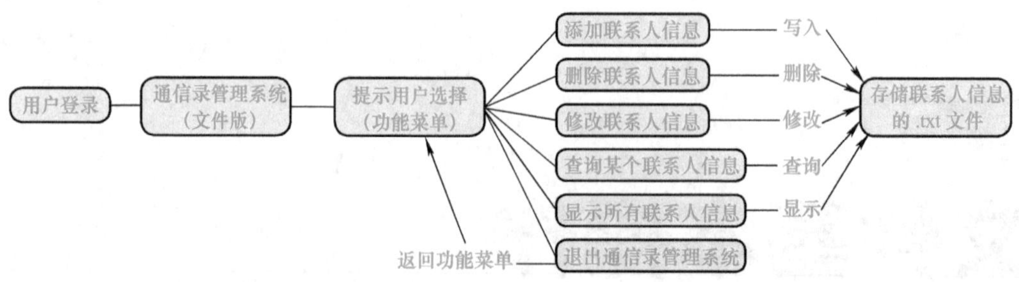

图 7-1　改进后的通信录管理系统的功能模块结构图

任务 1 新增用户登录功能

任务分析

为了确保通信录管理系统的数据安全性和系统管理规范性，在通信录管理系统中增加了验证用户身份合法性的登录模块。

任务实施

1）启动 PyCharm 软件，新建名为“unit7”的项目并在该项目下新建一个 Python 文件，文件命名为“基于文件存储的通信录 .py”，本项目的基于文件版的通信录管理系统的完善都将在 unit7 项目中完成。

2）打开“基于文件存储的通信录 .py”文件，在文件中定义一个 login() 函数，实现登录用户的身份合法性验证，示例代码如下：

```
# 用户登录
def login():
    print(' 请输入用户名和密码 ')
    username=input(' 用户名 :')
    password=input(' 密码 :')
    if username=='admin' and password=='123':
        print(' 登录成功！ ')
        print_menu()
    else:
        print(' 登录失败，请重新登录！ ')
login()
```

运行结果如图 7-2 所示。

```
请输入用户名和密码
用户名:admin
密码:123
登录成功!
----------------------------------------
系统提供以下功能
    1：添加联系人信息
    2：删除联系人信息
    3：修改联系人信息
    4：查询指定联系人信息
    5：显示全部联系人信息
    6：退出通信录
----------------------------------------
请选择所选的功能选项序号：
```

图 7-2　运行结果

任务 2 完善功能菜单

任务分析

用户身份经过登录模块验证合法后，下一步就显示通信录管理系统的功能菜单，用户再根据需要进行功能菜单的选择，在提示信息下输入相应的功能菜单序号。为了优化学习单元 4 中的简版通信录管理系统，在此对功能菜单的展示与用户根据提示信息选择所需功能菜单项做了修改和完善。

任务实施

继续任务 1，在“基于文件存储的通信录 .py”文件中定义一个函数 print_menu() 实现功能菜单的打印以及提示用户根据需要进行功能项选择，示例代码如下：

```
def print_menu():
    print("--" * 20)
    print(''' 请输入您需要选择的功能：
    1：添加联系人信息
    2：删除联系人信息
    3：修改联系人信息
    4：查询指定联系人信息
    5：显示全部联系人信息
    6：退出通信录 ''')
    print("--" * 20)
    num=input(' 请输入功能菜单的编号：')
    if num=='6':
        login()
    elif num=='1':
        print(' 欢迎录入信息 ')
        input_info()
    elif num=='2':
        print(' 确定要删除信息吗？ ')
        search_info()
    elif num=='3':
        print(' 欢迎修改信息 ')
        num = input(' 请输入你要修改的编号：')
        modify_info(num)
    elif num=='4':
        print(' 欢迎查询信息 ')
        search_info()
    elif num=='5':
        print(' 欢迎浏览信息 ')
        browse_info2()
print_menu()
```

运行结果如图 7-3 所示。

```
----------------------------------------
请输入您需要选择的功能：
        1：添加联系人信息
        2：删除联系人信息
        3：修改联系人信息
        4：查询指定联系人信息
        5：显示全部联系人信息
        6：退出通信录
----------------------------------------
请输入功能菜单的编号：
```

图 7-3 运行结果

任务 3 开发功能模块

任务分析

根据用户选择的功能菜单项，执行与之对应的操作。为了更好地实现通信录管理系统的后期维护，在此将各个功能的实现封装到函数中，通过调用对应的函数实现功能菜单项中相应的各项操作。

任务实施

1）在 unit7 项目中添加一个扩展名为“.txt”的记事本文件，命名为“tongxunlu”。

2）继续任务 2，打开“基于文件存储的通信录 .py”文件，在文件的末尾继续添加代码实现新增联系人并将新增联系人信息保存在“tongxunlu”记事本文件中。

（1）添加联系人

为了更好地增强用户的使用体验，系统使用 input 函数提示用户输入将增加的联系人的各项信息，同时考虑到添加的联系人信息涉及的数据量并不大，因此将联系人信息存储在记事本中，本项目的联系人信息都存储在名为 tongxunlu.txt 的记事本中。

当用户选择功能菜单项“1”后，根据提示信息，输入相应的联系人信息，包括联系人的姓名、手机和地址。考虑到用户的一些信息格式的特殊性，比如，手机号码必须是数字构成等，项目中采用正则表达式对用户输入信息的格式进行匹配。

当用户输入的信息格式匹配正确后，调用写文件的方法 write() 将用户输入的信息存储在 tongxunlu.txt 的记事本中，示例代码如下：

```
# 添加新联系人并将联系人信息保存在记事本文件中
def input_info():
    #open() 函数中传入参数 encoding='utf8'，避免保存的中文信息在记事本中出现乱码
```

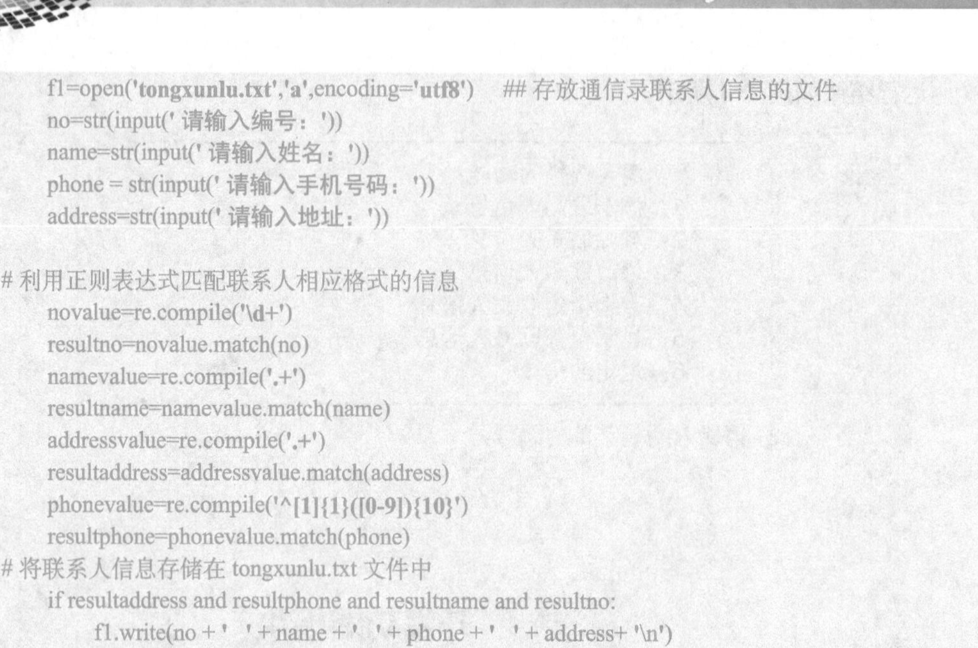

```
    f1=open('tongxunlu.txt','a',encoding='utf8')    ## 存放通信录联系人信息的文件
    no=str(input(' 请输入编号：'))
    name=str(input(' 请输入姓名：'))
    phone = str(input(' 请输入手机号码：'))
    address=str(input(' 请输入地址：'))

# 利用正则表达式匹配联系人相应格式的信息
    novalue=re.compile('\d+')
    resultno=novalue.match(no)
    namevalue=re.compile('.+')
    resultname=namevalue.match(name)
    addressvalue=re.compile('.+')
    resultaddress=addressvalue.match(address)
    phonevalue=re.compile('^[1]{1}([0-9]){10}')
    resultphone=phonevalue.match(phone)
# 将联系人信息存储在 tongxunlu.txt 文件中
    if resultaddress and resultphone and resultname and resultno:
        f1.write(no + '    ' + name + '    ' + phone + '    ' + address+ '\n')
        f1.close()
        p=input(' 添加成功，继续添加请输入 1，结束添加请输入 0')
        if p=='1':
            input_info()
        elif p=='0':
            print_menu()
    else:
        print(' 输入格式有误，请重新输入！ ')
input_info()
```

（2）删除一个联系人

本项目中定义了一个 delete_info() 函数来删除用户指定的联系人。在该函数中，首先提示用户选择即将删除的联系人存储在记事本中的序号，如第 2 个联系人，然后将该序号对应的联系人清空，从而达到删除的目的，示例代码如下：

```
# 删除指定的联系人
def delete_info(x):
    f9 = open('tongxunlu.txt', 'r+')
    f10 = open('temp.txt', 'w+')
    li = f9.readlines()
    for line in li:
        t = line.split()
        if t[0] == x:
            f10.write('')
        else:
            f10.write(line)
    f9.close()
    f10.close()
    transfer_info()
    print(' 删除成功！ ')
    print_menu()
```

（3）修改一个联系人的信息

定义一个用于修改指定联系人信息的 modify_info() 函数。在该函数中，调用读文件方法 readlines()，将存储在 tongxunlu.txt 中的联系人读出来并临时保存在一个名为 li 的列表中。通过对列表的操作动态更改存储在文件里的内容，即首先查询列表 li，从中找到用户将修改的联系人编号，根据编号和提示，输入联系人的信息，包括联系人在存储列表中的序号、姓名、手机号码以及地址，从而实现对指定联系人的各项信息进行修改，示例代码如下：

```
# 修改指定的联系人信息
def modify_info(x):
    f5 = open('tongxunlu.txt', 'r+')
    f6 = open('temp.txt', 'w+')
    li = f5.readlines()
    for line in li:
        print(line)
        t = line.split()
        if t[0] == x:
            t[1] = input(' 请输入姓名：')
            t[2] = input(' 请输入手机号码：')
            f6.write(x + '      ' + t[1] + '        ' + t[2] +'\n')
        else:
            f6.write(line)
    f6.close()
    f5.close()
    transfer_info()
    print(' 修改成功！ ')
    print_menu()
```

（4）根据指定名字搜索联系人信息

若要对某个联系人信息进行查询，可以使用条件查询。定义一个按照指定名字查询该联系人信息的函数，示例代码如下：

```
def search_info():
    sname=input(' 请输入您要搜索的名字：')
    f4=open('tongxunlu.txt','r')
    li=f4.readlines()
    for line in li:
        t=line.split()
        if t[1]==sname:
            print(t)
            m=input(' 是否进行对其操作？ Y/N：')
            if m=='Y':
                n=input(' 修改请输入 1，删除请输入 0：')
                if n=='1':
                    modify_info(t[0])
                if n=='0':
                    delete_info(t[0])
            elif m=='N':
                print_menu()
    f4.close()
```

（5）显示全部联系人信息

定义一个显示全部联系人信息的函数。在该函数中遍历存储联系人信息的列表，再通过 for 循环逐一取出并打印输出每个联系人的详细信息，示例代码如下：

```
# 定义一个用于显示所有联系人信息的函数
def browse_info2():
    f3 = open('tongxunlu.txt', 'r')
    while True:
        line=f3.readline()
        if line=='':
            break
        print(line,end= '')
    f3.close()
    print_menu()
```

以下是实现文件版的通信录管理系统的所有代码，供读者参考。

```
import re
# 用户登录
def login():
    print(' 请输入用户名和密码 ')
    username=input(' 用户名 :')
    password=input(' 密码 :')
    if username=='admin' and password=='123':
        print(' 登录成功！ ')
        print_menu()
    else:
    print(' 登录失败，请重新登录！ ')
    login()

# 打印功能菜单，并提示用户进行功能菜单项选择
def print_menu():
    print("--" * 20)
    print(''' 请输入您需要选择的功能：
    1：添加联系人信息
    2：删除联系人信息
    3：修改联系人信息
    4：查询指定联系人信息
    5：显示全部联系人信息
    6：退出通信录 ''')
    print("--" * 20)
    num=input(' 请输入功能菜单的编号：')
    if num=='6':
        login()
    elif num=='1':
        print(' 欢迎录入信息 ')
        input_info()
    elif num=='2':
        print(' 确定要删除信息吗？ ')
        search_info()
    elif num=='3':
        print(' 欢迎修改信息 ')
        num = input(' 请输入你要修改的编号：')
```

```
            modify_info(num)
        elif num=='4':
            print(' 欢迎查询信息 ')
            search_info()
        elif num=='5':
            print(' 欢迎浏览信息 ')
            browse_info2()

# 添加新的联系人，并将联系人信息保存在记事本文件中
def input_info():
    #open（）函数中传入参数 encoding='utf8'，避免保存的中文信息在记事本中出现乱码
    f1=open('tongxunlu.txt','a',encoding='utf8')    ## 存放通信录联系人信息的文件
    no=str(input(' 请输入编号：'))
    name=str(input(' 请输入姓名：'))
    phone = str(input(' 请输入手机号码：'))
    address=str(input(' 请输入地址：'))

# 利用正则表达式，匹配联系人相应格式的信息
    novalue=re.compile('\d+')
    resultno=novalue.match(no)
    namevalue=re.compile('.+')
    resultname=namevalue.match(name)
    addressvalue=re.compile('.+')
    resultaddress=addressvalue.match(address)
    phonevalue=re.compile('^[1]{1}([0-9]){10}')
    resultphone=phonevalue.match(phone)

# 将联系人信息存储在 tongxunlu.txt 文件中
    if resultaddress and resultphone and resultname and resultno:
        f1.write(no + '    ' + name + '    ' + phone + '    ' + address+ '\n')
        f1.close()
        p=input(' 添加成功，继续添加请输入 1，结束添加请输入 0')
        if p=='1':
            input_info()
        elif p=='0':
            print_menu()
    else:
        print(' 输入格式有误，请重新输入！ ')
        input_info()

# 查询存在 tongxunlu.txt 文件中的所有联系人信息
def browse_info():
    f2=open('tongxunlu.txt','r')
    li=f2.readlines()
    for line in li:
        print(line,end='')
    f2.close()
    print_menu()
def browse_info2():
    f3 = open('tongxunlu.txt', 'r')
    while True:
        line=f3.readline()
```

```
            if line=='':
                break
            print(line,end= '')
        f3.close()
        print_menu()

def search_info():
    sname=input(' 请输入您要搜索的名字：')
    f4=open('tongxunlu.txt','r')
    li=f4.readlines()
    for line in li:
        t=line.split()
        if t[1]==sname:
            print(t)
            m=input(' 是否进行对其操作？ Y/N：')
            if m=='Y':
                n=input(' 修改请输入 1，删除请输入 0：')
                if n=='1':
                    modify_info(t[0])
                if n=='0':
                    delete_info(t[0])
            elif m=='N':
                    print_menu()
    f4.close()
# 修改指定的联系人信息
def modify_info(x):
    # f5 = open('C:/Users/Administrator/Desktop/test/tongxunlu.txt', 'r+')
    # f6 = open('C:/Users/Administrator/Desktop/test/temp.txt', 'w+')
    f5 = open('tongxunlu.txt', 'r+')
    f6 = open('temp.txt', 'w+')
    li = f5.readlines()
    for line in li:
        print(line)
        t = line.split()
        if t[0] == x:
            t[1] = input(' 请输入姓名：')
            t[2] = input(' 请输入手机号码：')
            f6.write(x + '     ' + t[1] + '       ' + t[2]+'\n')
        else:
            f6.write(line)
    f6.close()
    f5.close()
    transfer_info()
    print(' 修改成功！ ')
    print_menu()
def transfer_info():
    f7 = open('tongxunlu.txt', 'w')
    f8 = open('temp.txt', 'r') # 临时文件
    li=f8.readlines()
    for line in li:
        f7.write(line)
    f7.close()
```

```
        f8.close()

    # 删除一个联系人
    def delete_info(x):
        f9 = open('tongxunlu.txt', 'r+')
        f10 = open('temp.txt', 'w+')
        li = f9.readlines()
        for line in li:
            t = line.split()
            if t[0] == x:
                f10.write('')
            else:
                f10.write(line)
        f9.close()
        f10.close()
        transfer_info()
        print(' 删除成功！ ')
        print_menu()
    login()
```

由于篇幅有限，这里只展示部分功能运行效果。通信录管理系统的登录、添加联系人等功能模块的运行结果如图 7-4 所示。

```
请输入用户名和密码
用户名:admin
密码:123
登录成功!
----------------------------------------
请输入您需要选择的功能:
    1: 添加联系人信息
    2: 删除联系人信息
    3: 修改联系人信息
    4: 查询指定联系人信息
    5: 显示全部联系人信息
    6: 退出通信录
----------------------------------------
请输入功能菜单的编号: 1
欢迎录入信息
请输入编号: 1
请输入姓名: 张三
请输入手机号码: 13111111111
请输入地址: 北京
添加成功, 继续添加请输入1, 结束添加请输入01
请输入编号: 2
请输入姓名: 李四
请输入手机号码: 18234567890
请输入地址:上海
添加成功, 继续添加请输入1, 结束添加请输入05

Process finished with exit code 0
```

图 7-4　功能模块的运行结果

在执行查询操作之前，观察存储在 tongxunlu.txt 文件中的联系人信息，如图 7-5 所示。

```
基于文件存储的通信录系统.py    tongxunlu.txt
1    1  zhangsan  13111111111  Beijing
2    2  Lisi      18234567890  Shanghai
3    3  Wangwu    13866666666  Tianjin
4
```

图 7-5　保存在 tongxunlu.txt 文件中的联系人信息

查询全部联系人以及按指定联系人名字进行查询的执行效果如图 7-6 所示。

```
请输入用户名和密码
用户名:admin
密码:123
登录成功!
----------------------------------------
请输入您需要选择的功能:
    1: 添加联系人信息
    2: 删除联系人信息
    3: 修改联系人信息
    4: 查询指定联系人信息
    5: 显示全部联系人信息
    6: 退出通信录
----------------------------------------
请输入功能菜单的编号: 5
欢迎浏览信息
1   zhangsan   13111111111   Beijing
2   Lisi   18234567890   Shanghai
3   Wangwu   13866666666   Tianjin
----------------------------------------
请输入您需要选择的功能:
    1: 添加联系人信息
    2: 删除联系人信息
    3: 修改联系人信息
    4: 查询指定联系人信息
    5: 显示全部联系人信息
    6: 退出通信录
----------------------------------------
请输入功能菜单的编号: 4
欢迎查询信息
请输入您要搜索的名字: Lisi
['2', 'Lisi', '18234567890', 'Shanghai']
是否进行对其操作? Y/N:
```

图 7-6 执行查询操作效果图

必备知识

在使用 Python 管理文件之前，需要了解文件的概念、类型等，掌握不同文件类型的判断以及如何打开和操作文件。

1. 认识文件

(1) 文件的概念

所谓文件是指记录在存储介质上的一组相关信息的集合，存储介质种类可多样，如常见的纸质存储介质纸张以及打印出来的照片等，电子媒介包括硬盘、光盘、U 盘或其他电子媒体介质等。

(2) 文件类型

计算机文件是指以计算机硬盘为载体存储在计算机上的信息集合，可以分为文本文件和二进制文件。在不同操作系统下，可以用文本编辑器编辑的文件都称为文本文件，其他的文件就属于二进制文件。相较文本文件，二进制文件的处理效率更高一些，因此可以根据需求选择合适类型的文件使用。

计算机文件可以是文本文档、图片、程序等，通常具有 3 个字母的文件扩展名，用于指示文件类型（例如，图片文件常常以 JPEG 格式保存并且文件扩展名为 .jpg）。需要注意的是，文件扩展名可以人为设定，扩展名为 .doc 的文件也有可能是一个音频文件；同样，扩展名为 .mp3 的文件也有可能是一个视频文件，但人为修改文件扩展名可能会导致该文件被破坏而不能再使用。常见文件类型及其打开方式见表 7-1。

表 7-1　常见文件类型及其打开方式

文件类型	扩展名	打开方式
文档文件	.txt	所有文字处理软件或编辑器都可打开
	.doc	Word 及 Wps 等软件可打开
	.hlp	Adobe Acrobat Reader 可打开
	.wps	Wps 软件可打开
	.rtf	Word 及 Wps 等软件可打开
	.html	各种浏览器可打开
	.pdf	Adobe Acrobat Reader 和各种电子阅读软件可打开
压缩文件	.rar	WinRAR 可打开
	.zip	WinZip 可打开
	.arj	用 Arj 解压缩后可打开
	.gz	UNIX 系统的压缩文件，用 WinZip 可打开
	.z	UNIX 系统的压缩文件，用 WinZip 可打开
图形文件	.bmp、.gif、.jpg、.pic、.png、.tif	图像处理软件可打开
声音文件	.wav	媒体播放器可打开
	. aif	常用声音处理软件可打开
	. au	常用声音处理软件可打开
	. mp3	由 Winamp 播放
	. ram、.wma 等	由 RealPlayer 播放
动画文件	.avi	常用动画处理软件可播放
	. mpg	由 Vmpeg 播放
	. mov	由 ActiveMovie 播放
	. swf	用 Flash 自带的 Players 程序可播放
系统文件	.int、.sys、.dll、.adt	——
可执行文件	.exe、.com	——
备份文件	.bak	——
临时文件	.tmp	Word、Excel 等软件在操作时会产生此类文件
模板文件	.dot	Word 可打开
批处理文件	.bat	记事本可打开

2．设置工作路径

在日常工作中，有时需要打开其他工作（项目）目录下的文件，此时程序需要知道即将访问或操作的文件所在的目录，从而到所指定位置去查找或操作相应的文件内容。

准备工作：现使用的操作系统是 Windows 10，项目保存的路径为“D:\pythonBookCode\unit7”。该项目下保存了多个文件，其中有两个记事本文件和一个 Python 文件，名称为“zengwanglun.txt”的记事本文件保存在正在运行的 Python 程序根目录下，另两个名称分别为“rumengling.txt”和“testfile.py”的文件都保存在正在运行程序下名为“files”的子文件夹下，如图 7-7 所示。用 Python 程序将此两个文件中的数据读取并打印出来。

图 7-7　文件所在路径

（1）相对路径

相对路径是指当前文件相对于其他文件（或文件夹）之间的路径关系。例如，在上述的"testfile.py"和"rumengling.txt"这两个文件中，相对于"testfile.py"文件来说，"rumengling.txt"文件就是在同一级目录下，所以在"testfile.py"文件中调用"rumengling.txt"文件时，可以直接写文件名，相对路径使用符号"/"表示，具体使用方式如下：

1）在斜杠"/"前面加一个点，即（./）表示当前文件的根目录。

2）在斜杠"/"前面加两个点，即（../）表示父级目录或上一级目录。

因此，如果 Python 程序要访问"zengwanglun.txt"文件，直接指定文件名 + 扩展名的方式访问，即用"zengwanglun.txt"的方式进行访问；如果要访问保存在不同于当前程序的根目录的其他位置 files 文件夹中的"rumengling.txt"文件时，则可以采用"../files/rumengling.txt"的形式打开该文件。

（2）绝对路径

绝对路径是指文件在硬盘上的完整路径，由文件名和它的完整路径以及驱动器字母组成。例如，在"testfile.py"文件中调用"rumengling.txt"文件时，需要填写完整的文件路径名进行调用，即"D:\pythonBookCode\unit7\rumengling.txt"。需要特别注意的是，在程序中使用绝对路径时一定要高度重视该路径的位置，一旦该文件的保存路径发生了变化就会导致程序异常。

在 Windows 下通过绝对路径来打开文件的时候，需要在绝对路径文件名前加上一个 r 前缀来表示这个字符串是一个行字符串，这样可以让 Python 解释器将文件中的反斜线理解成字面意义上的反斜线。例如：

```
input =open(r"D:\pythonBookCode\unit7\rumengling.txt")
```

如果不添加 r 作为前缀，则需要用转义字符把上面的语句修改成如下代码：

```
input =open("D:\\pythonBookCode\\unit7\\rumengling.txt","r")
```

3. 对文件的操作

对文件的操作主要包含两个方面：一是对文件内容的读写操作；二是对文件自身的操作，如文件的创建、删除等。通常情况下，Python 对文件的操作流程可分为以下 3 步：

1）打开文件，得到文件句柄并赋值给一个变量。

2）通过句柄对文件进行操作。

3）关闭文件。

（1）读取 .txt 文件中的数据

读写文件是常见的 I/O（Input/Output）操作，Python 中内置了读写文件的函数。在读取文件数据之前，首先要请求操作系统打开一个文件对象，然后通过这个对象读取数据（读文件）或把数据写入这个文件对象。比如，读取保存在本项目的 Python 程序根目录下的“zengwanglun.txt”记事本文件，首先要以读文件的方式打开一个文件对象，可以使用 Python 的内置函数中的 open 函数传入文件名称与标识符。具体格式为：

```
input = open(filepath,mode)
```

其中，mode 取值及作用见表 7-2，Python 默认以只读模式打开文件。

表 7-2 mode 取值及作用

模式	作用
r	读取模式
w	写入模式
a	追加模式
rb	读取二进制数据模式打开文件
wb	写入二进制数据模式打开文件

读取“zengwanglun.txt”记事本文件的参考代码如下：

```
f=open("zengwanglun.txt")
```

如果读取的文件不存在或在当前路径下找不到该文件，open 函数就会抛出一个 IOError 异常，比如，运行语句 f=open("zengwanglun_error.txt")，则得到异常信息提示如图 7-8 所示。

```
D:\myenv\env\Scripts\python.exe D:/pythonBookCode/unit7/test_file.py
Traceback (most recent call last):
  File "D:/pythonBookCode/unit7/test_file.py", line 1, in <module>
    f=open("zengwanglun_error.txt")
FileNotFoundError: [Errno 2] No such file or directory: 'zengwanglun_error.txt'

Process finished with exit code 1
```

图 7-8 异常信息提示

1）读取整个文件数据。

如果文件存在并且程序能够正常打开文件，则可以继续使用 read 方法一次性读取文件的全部数据并将文件数据读入内存，然后用 print 方法将读取的数据打印输出。

需要注意的是，如果在 Windows 操作系统里创建的 .txt 文件是以 utf8 保存的，由于打开文件时的 open 方法是通过操作系统进行，而 Windows 操作系统默认的是 gbk 编码，直接打开会乱码，所以需要在 open 方法中设置参数 encoding 的值，指定编码的字符集类型。如 f=open ("zengwanglun.txt",encoding='utf8')，而本项目中的“zengwanglun.txt”文件是以 gbk 保存的，因此直接打开即可，在程序的最后调用 close 方法关闭文件对象，文件对象使用完毕后必须关闭，因为文件对象会占用系统资源，关闭文件对象后可以将其占用的资源释放。

示例代码如下：

```
f=open("zengwanglun.txt","r") # 打开 "zengwanglun.txt" 文件，并定义变量 f 存储文件对象
data= f.read() # 读取 "zengwanglun.txt" 文件数据并赋值给变量 data
print(data) # 输出 "zengwanglun.txt" 文件数据
f.close() # 关闭文件对象
```

运行结果如图 7-9 所示。

```
赠汪伦
作者：李白
李白乘舟将欲行，
忽闻岸上踏歌声。
桃花潭水深千尺，
不及汪伦送我情。

Process finished with exit code 0
```

图 7-9　运行结果

2）使用 with 语句读取文件。

虽然上述的打开文件代码能运行出正确结果，但每次都要手动关闭文件对象，使得程序编写更麻烦，Python 就这一问题提出了更短而优雅的语法，即采用 with 语句可优化打开文件的代码，with 语句不仅可以很好地处理上下文环境产生的异常，还会自动调用 close 方法，示例代码如下：

```
with open("zengwanglun.txt") as f:
    data= f.read()
    print(data)
```

（2）读文件

1）使用 for 循环读取文件每一行数据。

读取文件时，可能需要在文件中查找特定的信息或者需要以某种方式修改文件中的数据，这时需要检查文件中的每一行数据，Python 可以对文件对象使用 for 循环，从而获取每一行的数据。为了系统后期维护时，方便修改文件名称和路径，这里将操作的文件路径指定一个变量 file_dir 存储起来，这种写法是程序员开发系统时常用的做法，示例代码如下：

```
file_dir="zengwanglun.txt"
with open(file_dir,"r") as f:
    for fline in f:
        print(fline)
```

运行结果如图 7-10 所示。

```
作者：李白

李白乘舟将欲行，

忽闻岸上踏歌声。

桃花潭水深千尺，

不及汪伦送我情。

Process finished with exit code 0
```

图 7-10　运行结果

从运行结果来看，打印输出了很多空白行，究其原因是“zengwanglun.txt”文件中每行末尾都有一个看不见的换行符，print 方法在打印输出数据的同时也将换行符输出。

如果想要去掉那些无用的空白行，可以使用 rstrip 方法删除 string 字符串末尾的指定字符（默认为空格），示例代码如下：

```
file_dir="zengwanglun.txt"
with open(file_dir,"r") as f:
    for fline in f:
        print(fline.rstrip())
```

运行结果如图 7-11 所示。

```
赠汪伦
作者：李白
李白乘舟将欲行，
忽闻岸上踏歌声。
桃花潭水深千尺，
不及汪伦送我情。

Process finished with exit code 0
```

图 7-11　运行结果

2）使用 read 方法读文件数据。

read 方法可以读取整个文件的数据，但是读取的数据将存储到一个字符串的变量中，示例代码如下：

```
## 使用 read 方法读取文件数据
file_dir="zengwanglun.txt"
with open(file_dir,"r") as f:
    data =f.read()
print(" 使用 read 方法读取的内容为：")
print("--"*20)
print(data)
print("--"*20)
print("read 方法返回的数据类型是：",type(data))
```

运行结果如图 7-12 所示。

```
使用read方法读取的内容为:
----------------------------------------
赠汪伦
作者:李白
李白乘舟将欲行,
忽闻岸上踏歌声。
桃花潭水深千尺,
不及汪伦送我情。
----------------------------------------
read方法返回的数据类型是: <class 'str'>
```

图 7-12　运行结果

3）使用 readlines 方法读文件数据。

readlines 方法可以实现按行读取整个文件的数据，然后将读取出来的数据存在一个列表里，示例代码如下：

```
## 使用 readlines 方法读取文件数据
file_dir="zengwanglun.txt"
with open(file_dir,"r") as f:
    texts =f.readlines()
print(" 使用 readlines 方法读取的文件数据为：")
print("--"*20)
for txt in texts:
    print(txt.strip())
print("--"*20)
print("readlines 方法返回的数据类型是：",type(texts))
```

运行结果如图 7-13 所示。

```
使用readlines方法读取的文件数据为:
----------------------------------------
赠汪伦
作者:李白
李白乘舟将欲行,
忽闻岸上踏歌声。
桃花潭水深千尺,
不及汪伦送我情。
----------------------------------------
readlines方法返回的数据类型是: <class 'list'>

Process finished with exit code 0
```

图 7-13　运行结果

4）使用 readline 方法读文件数据。

Python 还提供了每次读取一行文件数据的 readline 方法，该方法返回 str 类型的值，通常将返回值存储在一个字符串变量中。由于 readline 方法每次只能读取文件的一行数据，如果要读取多行文件数据，则需要结合循环语句读取文件的多行数据，示例代码如下：

```
## 使用 readline 方法读取文件数据
file_dir="zengwanglun.txt"
print(" 使用 readline 方法，结合 while 循环读取整个文件数据：")
print("--"*20)
with open(file_dir,"r") as f:
```

```
        txts =f.readline()
        while txts:
                print(txts.strip())
                txts=f.readline()
print("--"*20)
print("readline 方法返回的数据类型是：",type(txts))
```

运行结果如图 7-14 所示。

```
使用readline方法，结合while循环读取整个文件数据：
----------------------------------------
赠汪伦
作者：李白
李白乘舟将欲行，
忽闻岸上踏歌声。
桃花潭水深千尺，
不及汪伦送我情。
----------------------------------------
readline方法返回的数据类型是： <class 'str'>

Process finished with exit code 0
```

图 7-14　运行结果

（3）写文件

1）数据写入文件。

要将数据写入文件中，可以通过 Python 提供的 open 方法中的打开文件模式“w”或“wb”来实现。需要注意的是，虽然设置打开模式为“w”和“wb”都能将数据写入文件，但标识符 w 表示写文本文件，而标识符 wb 表示写二进制文件。如果要将数值写入文本文件，则需要首先使用 str 方法将数值型数据转换成字符串类型的数据后才能写入文件中。

Python 提供了 write 方法向文件写入数据，在操作某个文件时，每调用一次 write 方法，写入的数据就会追加到文件末尾。使用 write 方法时，如果写入的文件不存在，则系统会自动创建一个同名的文件，然后将数据写入所创建的文件中，如果文件存在，则调用 write 方法一定要谨慎，因为 write 方法会先清空文件中原来的内容，然后向文件中写入新数据。示例代码如下：

```
# # 向文件写入数据
# "zengwanglun_new.txt" 为数据写入的文件
file_dir="zengwanglun_new.txt"
# 存储在 data_new 中的数据为即将写入文件中的新数据
data_new = list(range(1,11)) # 利用 list 方法产生 1 ～ 10 的 10 个数据
print("--"*20)
print(" 新添加的数据：",data_new)
print(" 写入新数据之后的存储在文件中的数据：")
with open(file_dir,"w") as fw:
        fw.write(str(data_new))
print("--"*20)
with open(file_dir,"r") as fr:
        for fline in fr:
                print(fline)
print("--"*20)
```

运行结果如图 7-15 所示。

```
----------------------------------------
新添加的数据： [1, 2, 3, 4, 5, 6, 7, 8, 9, 10]
写入新数据之后的存储在文件中的数据：
----------------------------------------
[1, 2, 3, 4, 5, 6, 7, 8, 9, 10]
----------------------------------------

Process finished with exit code 0
```

图 7-15 运行结果

需要注意的是，使用 write 方法向文件中写入多行数据时不会自动添加换行符，添加的数据会在文本文件中挤在一起，运行下述代码可以看到添加的两行数据显示在一行上。

```
file_dir="infos.txt"
f = open(file_dir,"w")
f.write(" 我爱我的祖国，")
f.write(" 一刻也不能分开！ ")
f.close()
# 查看刚添加的数据
with open(file_dir,"r") as fr:
    for fline in fr:
        print(fline)
```

运行结果如图 7-16 所示。

```
我爱我的祖国，一刻也不能分开！

Process finished with exit code 0
```

图 7-16 运行结果

如果要将新增的每一行数据都以独立一行的形式存储在文件中，则可在 write 方法中传入的字符串信息后面加上换行符（\n），完善的程序代码如下：

```
# 完善程序
file_dir="infos.txt"
f = open(file_dir,"w")
f.write(" 我爱我的祖国，\n")
f.write(" 一刻也不能分开！ \n")
f.close()
# 查看刚添加的数据
with open(file_dir,"r") as fr:
    for fline in fr:
        print(fline.strip())
```

运行结果如图 7-17 所示。

```
我爱我的祖国，
一刻也不能分开！

Process finished with exit code 0
```

图 7-17 运行结果

2）使用 with 语句写入文件。

使用 write 方法向文件写入数据后，最后都要调用 close 方法关闭当前使用的文件对象。由于 Python 编程时，只有调用了 close 方法才能将缓存到内存中的数据全部写入硬盘。如果在写文件时忘记调用 close 方法，则可能导致写入的数据没有真正全部写入硬盘中，使得一部分数据丢失。Python 的 with 语句则可以保证全部数据被写入硬盘后自动关闭所使用的文件对象。

需要注意的是，如果向文件写入数据需要指定的字符集编码，则可以在 open 方法中指定参数 encoding 并将其值设置为指定的编码。open 方法默认 encoding 的值为 utf-8，若要让数据以指定的编码写入文件，则可以修改 encoding 的值为其他类型的编码，例如，要以 gbk 编码打开文件，则给 encoding 赋值为“gbk”即可，示例代码如下：

```
# 使用 with 语句写文件
file_dir="infos.txt"
with open(file_dir,"w",encoding="gbk") as f:
    f.write(" 我爱我的祖国，\n")
    f.write(" 一刻也不能分开！ \n")
# 查看添加数据后的文件信息
with open(file_dir,"r") as fr:
    for fline in fr:
        print(fline.strip())
```

3）向文件添加数据。

如果需要向文件中添加新的数据而不覆盖或清空文件的原数据，则可以将 open 方法的打开模式设置为“a”，此时写入的新数据会附加到文件末尾，而不会先清空文件的原数据后再写入到文件中，示例代码如下：

```
# 向文件中添加数据
file_dir="infos.txt"
with open(file_dir,"a",encoding="gbk") as f:
    f.write(" 没有共产党，\n")
    f.write(" 就没有新中国！ \n")
# 查看刚添加的数据
with open(file_dir,"r") as fr:
    for fline in fr:
        print(fline.strip())
```

运行结果如图 7-18 所示。

```
我爱我的祖国，
一刻也不能分开！
没有共产党，
就没有新中国！

Process finished with exit code 0
```

图 7-18　运行结果

（4）对 CSV 文件的读写

逗号分隔值（Comma-Separated Values，CSV，有时也称为字符分隔值）文件以纯文本形式存储表格数据（数字和文本）。

CSV 文件是最常用的一个文件存储方式，由于它是一种通用的、相对简单的文件格式，被用户广泛应用。在编写 Python 程序时，往往会涉及 CSV 文件的读写操作等，这就需要使用 Python 的内置 CSV 模块。

假设已有名为 userinfo.csv 的文件，存储的内容如图 7-19 所示。

```
userinfo.csv
姓名,年龄,专业,地址,工资
张三,26,摄影师,北京市,8000
李四,31,教师,上海市,6000
王五,28,程序员,广东省,10000
Kite,21,学生,重庆市,800
```

图 7-19　文件 userinfo.csv 存储的内容

1）读 CSV 文件。

读一个 CSV 文件分两步：首先，用 open 方法打开文件，创建一个读取 CSV 文件的句柄；然后通过 CSV 的 reader 方法或 DictReader 方法读取文件中的内容。需要注意的是，reader 方法可接收一个可迭代对象（如 .csv 文件），返回一个生成器，从中解析出 CSV 文件中的内容。与 csv.reader 方法类似，csv.DictReader 方法接收一个可迭代对象，返回一个生成器，但返回的每一个单元格都放在一个字典的值内，而字典的键则是这个单元格的标题。这里主要介绍用 reader 方法读取 CSV 文件数据。

① 使用普通方法读 CSV 文件。使用普通方法读取一个 CSV 文件，其思路和操作步骤与读一个记事本文件类似，示例代码如下：

```
with open("userinfo.csv","r") as f:
    for txt in f:
        print(txt.strip())
```

运行结果如图 7-20 所示。

```
姓名,年龄,专业,地址,工资
张三,26,摄影师,北京市,8000
李四,31,教师,上海市,6000
王五,28,程序员,广东省,10000
Kite,21,学生,重庆市,800

Process finished with exit code 0
```

图 7-20　运行结果

②用 CSV 标准库读取 CSV 文件

使用 CSV 标准库读取 CSV 文件时首先要把 CSV 模块导入到项目中，再使用 reader 方法以行为单位读存储在 CSV 文件中的全部数据并将读取出来的数据存储在列表中，示例代码如下：

```
# csv 标准库读 csv 文件
import csv
csv_reader = csv.reader(open("userinfo.csv","r"))
for row in csv_reader:
    print(row)
```

运行结果如图 7-21 所示。

```
['姓名', '年龄', '专业', '地址', '工资']
['张三', '26', '摄影师', '北京市', '8000']
['李四', '31', '教师', '上海市', '6000']
['王五', '28', '程序员', '广东省', '10000']
['Kite', '21', '学生', '重庆市', '800']

Process finished with exit code 0
```

图 7-21　运行结果

由于 reader 方法读取出来的 CSV 文件的全部数据存储在列表中，因此可以通过指定读取第一行 [索引] 的方式获取索引对应的那一列的数据。下面所示的代码是输出“userinfo.csv”文件的“姓名”所在列的全部数据。

```
# 获取 csv 文件的某一列数据
import csv
with open("userinfo.csv","r") as f:
    csv_reader = csv.reader(f)
    col=[row[0] for row in csv_reader]
    print(col)
```

运行结果如图 7-22 所示。

```
['姓名', '张三', '李四', '王五', 'Kite']

Process finished with exit code 0
```

图 7-22　运行结果

2）写 CSV 文件。

Python 中可以利用 csv.writer 方法将数据写入 CSV 文件中，也可以利用 csv.writerow 方法将数据逐行写入 CSV 文件。

数据准备：将“userinfo.csv”文件复制一份并将复制的那份文件命名为“userinfo_writer.csv”，接下来向文件“userinfo_writer.csv”写入新的数据。

这里将利用 csv.writer 方法将数据写入“userinfo_writer.csv”文件，需要特别注意的是，调用 open 方法以“w”模式打开文件写入新数据时，首先会将文件中原有的数据清空后再写入新的数据，示例代码如下：

```
import csv
# 准备的新数据存储在列表 data 中
data= [" 小花 ",36," 调琴师 "," 天津市 ",12000]
with open("userinfo_writer.csv","w") as f:
    csv_writer = csv.writer(f)
    csv_writer.writerow(data)
# 查阅写入 data 里的数据后存储在 "userinfo_writer.csv" 文件中的数据
csv_reader = csv.reader(open("userinfo_writer.csv","r"))
for row in csv_reader:
    print(row)
```

运行结果如图 7-23 所示。

```
['小花', '36', '调琴师', '天津市', '12000']
[]

Process finished with exit code 0
```

图 7-23 运行结果

从运行结果发现，每打印输出一行数据后都会输出一个空白行，可以通过在 reader 方法中增加一个参数，即“newline= '' ”就能删除空白行，这里的参数 newline='' 表示以空格作为换行符。因此将上述代码的“with open("userinfo_writer.csv","a") as f:”语句修改为“with open("userinfo_writer.csv","a",newline= '') as f:”，运行修改后的代码输出结果如图 7-24 所示。

```
['小花', '36', '调琴师', '天津市', '12000']

Process finished with exit code 0
```

图 7-24 修改代码后的运行结果

如果要实现向文件末尾追加新的数据而不删除文件原有数据，则可以设置 open 方法的打开模式为 "a"，这里将上述使用 "w" 模式打开 CSV 文件的程序修改一下，修改后的代码如下：

```
import csv
# 准备的新数据存储在列表 data2 中
data2 =[" 翠花 ",25," 服务员 "," 湖北 ",5000]
with open("userinfo_writer.csv","a" newline='') as f:
    csv_writer = csv.writer(f)
    csv_writer.writerow(data2)
# 查阅写入 data 里的数据后存储在 "userinfo_writer.csv" 文件中的数据
csv_reader = csv.reader(open("userinfo_writer.csv","r"))
for row in csv_reader:
    print(row)
```

运行结果如图 7-25 所示。

```
['小花', '36', '调琴师', '天津市', '12000']
['翠花', '25', '服务员', '湖北', '5000']

Process finished with exit code 0
```

图 7-25 运行结果

字典形式的数据也是实际开发程序时经常需要处理的文件数据格式。csv 模块提供了 csv.DictWriter 方法可以将字典形式的数据写入文件中。需要注意的是，使用 csv.DictWriter 方法时不仅要提供 open 方法所需的参数，同时还要输入字典所有键的数据。接下来使用 writehead 方法在文件内添加标题，标题内容与键一致，最后使用 writerows 方法将字典内容写入文件。将存在 data_dict 中的数据写入 userinfo.csv 文件的代码如下，在数据写入 userinfo.csv 文件之前的原数据如图 7-26 所示。

```
import csv
# 使用 "a" 打开模式向 csv 文件末尾追加数据（字典形式）
# 准备的新数据存储在字典 data_dict 中
data_dict ={" 姓名 ":" 小明 "," 年龄 ":25," 专业 ":" 服务员 "," 地址 ":" 湖北 "," 工资 ":5000}
```

```
#
with open('userinfo.csv', 'a',newline='') as f:  # Just use 'w' mode in 3.x
    w = csv.DictWriter(f, data_dict.keys())
    # w.writeheader()  # 将表头写入文件中
    w.writerow(data_dict)
# 查阅写入 data 里的数据后存储在 "userinfo_writer.csv" 文件中的数据
csv_reader = csv.reader(open("userinfo.csv","r"))
for row in csv_reader:
    print(row)
```

```
['姓名', '年龄', '专业', '地址', '工资']
['张三', '26', '摄影师', '北京市', '8000']
['李四', '31', '教师', '上海市', '6000']
['王五', '28', '程序员', '广东省', '10000']
['Kite', '21', '学生', '重庆市', '800']
['小明', '25', '服务员', '湖北', '5000']

Process finished with exit code 0
```

图 7-26　写入新数据之前的原数据

数据写入 userinfo.csv 之后，文件中存储的数据信息如图 7-27 所示。

```
userinfo.csv
姓名,年龄,专业,地址,工资
张三,26,摄影师,北京市,8000
李四,31,教师,上海市,6000
王五,28,程序员,广东省,10000
Kite,21,学生,重庆市,800
小明,25,服务员,湖北,5000
```

图 7-27　写入字典形式的数据后的 userinfo.csv 的内容

4．对文件的操作

在实际开发过程中，经常会涉及对文件的重命名、删除等操作，包括对文件的高级操作，比如，文件的移动、复制、解压以及对文件夹的操作。利用 Python 的两个常用文件模块，即 os 模块和 shutil 模块可以实现上述功能。

（1）使用 OS 模块

OS（Operate System，操作系统）模块是 Python 标准库中的一个用于访问操作系统功能的模块，使用 OS 模块中提供的接口可以实现跨平台访问，同时还可以实现对文件的复制、创建、修改、删除以及对文件夹等的操作。

1）系统操作：

调用 os.sep 可以获取系统路径的分隔符。Windows 操作系统的路径分隔符是“\\”；Linux/UNIX 系统的路径分隔符是“/”，苹果 Mac OS 系统的路径分隔符是“。”。

调用 os.name，可以获取当前正在使用的工作平台。对应 Windows 操作系统，其值是“nt”，而对于 Linux/UNIX 操作系统，其值是“posix”。

调用 os.getenv（环境变量名称）可以读取环境变量。

调用 os.getcwd() 可以获取当前的路径。

获取当前操作系统的相关信息的示例代码如下：

```
import os
print(" 路径分隔符为：",os.sep)
print(" 操作平台为：",os.name)
print(" 当前的系统环境变量：",os.getenv('path'))
print(" 当前的工作路径 ",os.getcwd())
```

运行结果如图 7-28 所示。

```
路径分隔符为：  \
操作平台为：  nt
当前的系统环境变量：  D:\myenv\env\Scripts;C:\Program Files\NVIDIA GPU Computing Toolkit\CUDA\v9.0\bin;C:\Program Files\NVIDIA
  GPU Computing Toolkit\CUDA\v9.0\libnvvp;D:\Javaworkspace\Maven\apache-maven-3.6.1\bin;
 C:\ProgramData\Oracle\Java\javapath;C:\WINDOWS\system32;C:\WINDOWS;C:\WINDOWS\System32\Wbem;
 C:\WINDOWS\System32\WindowsPowerShell\v1.0\;D:\Program Files\Microsoft VS Code\bin;C:\Program Files (x86)\Windows
 Kits\10\Windows Performance Toolkit\;C:\WINDOWS\System32\OpenSSH\;D:\Program Files\nodejs\;D:\Program Files (x86)
 \Yarn\bin\;D:\Program Files (x86)\MySQL\MySQL Server 5.1\bin;;C:\Program Files (x86)\NVIDIA Corporation\PhysX\Common;
 D:\Python36\Scripts\;D:\Python36\;C:\Users\tjufs\AppData\Local\Microsoft\WindowsApps;d:\Program Files\JetBrains\WebStorm
  2019.1\bin;;C:\Users\tjufs\AppData\Roaming\npm;C:\Users\tjufs\AppData\Local\Yarn\bin;C:\Program Files\NVIDIA
 Corporation\NVSMI;
当前的工作路径 D:\pythonBookCode\unit6

Process finished with exit code 0
```

图 7-28　运行结果

2）目录操作（增、删、改、查）。

对目录的操作主要涉及目录的创建、删除、修改当前工作目录、对目录重命名或查询指定目录下的所有文件和目录名等。

os.listdir()：返回指定目录下的所有文件和目录名。

os.mkdir()：创建一个目录，只创建一个目录文件。

os.rmdir()：删除一个空目录，若目录中有文件则无法删除。

os.makedirs(dirname)：可以生成多层递归目录，如果目录全部存在，则创建目录失败。

os.removedirs(dirname)：可以删除多层递归的空目录，若目录中有文件则无法删除。

os.chdir()：改变当前目录到指定目录中。

os.rename()：重命名目录或文件。若重命名后的文件名已存在，则重命名无效。

打印输出指定路径下的所有文件的代码如图 7-29 所示。

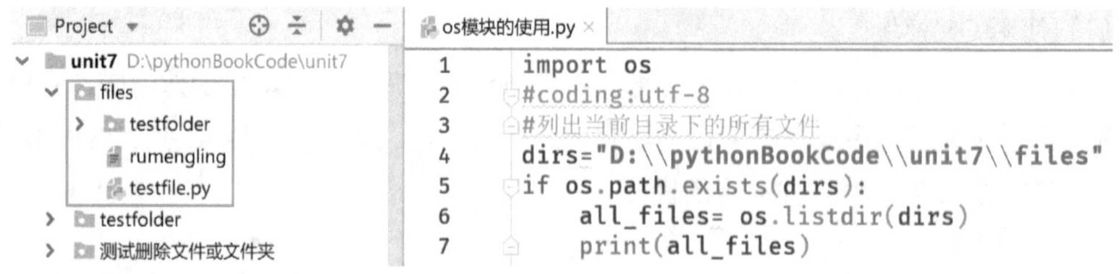

图 7-29　打印输出指定路径下的所有文件的代码

运行结果如图 7-30 所示。

```
D:\myenv\env\Scripts\python.exe D:/pythonBookCode/unit7/os模块的使用.py
['rumengling', 'testfile.py', 'testfolder']

Process finished with exit code 0
```

图 7-30　运行结果

3）os.path 模块的使用。

path 模块里包含了很多对文件路径操作的方法，以下列出了一些常见方法及其作用说明。

os.path.exists(path)：判断文件或目录是否存在，若存在则返回 True，否则返回 False。

os.path.isfile(path)：判断是否为文件，若是则返回 True，否则返回 False。

os.path.isdir(path)：判断是否为目录，若是则返回 True，否则返回 False。

os.path.basename(path)：返回文件名。

os.path.dirname(path)：返回文件路径。

os.path.getsize(name)：获得文件大小，如果 name 是目录则返回 0L。

os.path.abspath(name)：获得绝对路径。

os.path.join(path,name)：连接目录与文件名或目录。

path 模块包含的一些方法的使用示例代码如下：

```
## os.path 模块的使用
import os
#coding:utf-8
# 列出当前目录下的所有文件
dirs="D:\\pythonBookCode\\unit7\\files"
if os.path.exists(dirs):
    all_files= os.listdir(dirs)
    print(all_files)
    # 拼接了路径
    fullpath=os.path.join(dirs,all_files[0])
    print(fullpath)
    # 判断一个路径是否是一个文件，是否是目录
    if os.path.isfile(fullpath):
        print(' 我是一个文件 ')
    elif os.path.isdir(fullpath):
        print(' 我是一个目录 ')
```

运行结果如图 7-31 所示。

```
['rumengling', 'testfile.py', 'testfolder']
D:\pythonBookCode\unit7\files\rumengling
我是一个文件

Process finished with exit code 0
```

图 7-31　运行结果

（2）使用 shutil 模块

shutil 模块是 Python 自带的高层次操作工具，提供了对文件的高级操作，比如，对文件的打包、压缩、解压以及对文件夹的操作等。而 OS 模块中却无法提供完成这些操作的方法。可以说，shutil 模块是 OS 模块的补充。

1）复制文件，下面将列举出实现文件复制的方法以及使用说明。

①shutil.copyfileobj（源文件，目标文件）：将源文件的数据复制到目标文件，该方法返回值是复制后的文件绝对路径字符串，示例代码如下：

```
import shutil
# 将本项目中的 "zengwanglun.txt" 文件中内容复制到新建的文件 "copy.txt" 中
f1 = open("zengwanglun.txt")
f2 = open("copys.txt","w",encoding="gbk")
shutil.copyfileobj(f1,f2)
```

② shutil.copyfile（源文件，目标文件）：不用打开文件，直接将源文件覆盖并复制到目标文件，目标文件必须是完整的目标文件名。使用该方法时需要注意几点：①如果源文件和目标文件是同一文件，则会引发错误 shutil.Error；②目标文件必须是可写的，否则会引发 IOError；③如果目标文件已经存在，则它会被替换；④对于一些特殊文件，如设备文件、管道文件等不能使用此方法，因为 copyfile 方法会打开并读取文件。

```
# 复制文件：copyfile() 方法
import shutil
# 将本项目中的 "zengwanglun.txt" 文件中内容复制到新建的文件 "copy1.txt" 中
shutil.copyfile("zengwanglun.txt","copy1.txt")
```

③ shutil.copy（源文件，目标文件）：文件及其文件权限都将被复制，将源文件复制到名为"目标文件"的文件或目录，需要注意的是，如果目标文件是目录，则会使用源文件相同的文件名创建（覆盖）。该方法返回值是复制后的文件绝对路径字符串。示例代码如下：

```
# 复制文件：copy() 方法
import shutil
strfile=shutil.copy("zengwanglun.txt","copy1.txt")
print(strfile)
```

运行结果如图 7-32 所示。

```
copy1.txt

Process finished with exit code 0
```

图 7-32　运行结果

④ shutil.copytree（源目录，目标目录）：可以递归复制多个目录到指定目录下。该方法返回值为复制后目录的路径，将"unit7"文件夹下的目录复制到"testfolder"文件夹内，需要注意的是，使用 copytree 方法前必须确保"testfolder"文件夹事先不存在。示例代码如下：

```
# 复制目录
import shutil
folder_dir = shutil.copytree("D:\\pythonBookCode\\unit7","D:\\pythonBookCode\\unit7\\
testfolder")
print(folder_dir)
```

运行结果如图 7-33 所示。

```
D:\myenv\env\Scripts\python.exe D:/pythonBookCode/unit7/代码7-32.py
D:\pythonBookCode\unit7\testfolder

Process finished with exit code 0
```

图 7-33　运行结果

2）移动文件，调用 shutil.move 方法可以将指定的文件（源文件）或文件夹移动到目标路径下，返回值为移动后的文件绝对路径字符串，该方法的原型为 shutil.move（源文件，目标路径）。如果目标路径指向一个文件夹，那么指定文件将移动到目标路径指向的文件夹中并保持其原有名字，示例代码如下：

```
# 移动文件或文件夹
import shutil
folder_dir = shutil.move("D:\\pythonBookCode\\unit7\\copys.txt",
                         "D:\\pythonBookCode\\unit7\\testfolder")
print(folder_dir)
```

运行该段代码，不仅将 copys.txt 文件移动到文件夹里，还打印该文件移动到的最终目标文件夹的绝对路径信息，输出信息如图 7-34 所示。

```
D:\myenv\env\Scripts\python.exe D:/pythonBookCode/unit7/代码7-33.py
D:\pythonBookCode\unit7\testfolder\copys.txt

Process finished with exit code 0
```

图 7-34　运行结果

如果目标路径指向的文件夹中已存在同名文件，则该文件将被重写；如果目标路径指向一个具体的文件，则指定的文件在移动后将被重命名。

3）永久删除文件和文件夹。永久删除文件和文件夹不仅能利用 shutil.rmtree 方法实现，也可以利用 OS 模块中的相关函数，以下为涉及的相关方法：

①os.unlink（path）：删除由 path 指定的路径下的文件。

②os.rmdir（path）：删除由 path 指定的路径下的文件夹，但是这个文件夹必须是空的，在不包含任何文件或子文件夹的情况下才能删除成功。

③shutil.rmtree（path）：删除由 path 指定的路径下的文件夹，并且在这个文件夹里的所有文件和子文件夹都会被删除。

由于上述方法都能将文件或文件夹永久删除，因此利用这些方法执行删除操作时必须谨慎使用。

将 D:\pythonBookCode\unit7 路径下的文件 copys.txt 进行永久删除的示例代码如下：

```
# 永久删除文件或文件夹
import os
import shutil
os.unlink("D:\\pythonBookCode\\unit7\copys.txt")
```

4）压缩和解压文件。shutil 模块还提供了创建和读取压缩和存档文件的高级使用程序。内部实现主要依靠的是 zipfile 和 tarfile 模块。shutil 模块通过 make_archive 方法对文档进行压缩，该方法的原型为 make_archive(base_name, format, root_dir,owner, group,logger)，下面对 make_archive 方法中的各个参数进行说明。

base_name：压缩文件的文件名，不允许有扩展名，因为会根据压缩格式生成相应的扩展名。

format：压缩格式，目前支持的有 tar、zip、gztar、bztar，在 Python 3 中还支持 xztar 格式，可以通过调用 get_archive_formats() 方法获取支持的压缩文件格式。

root_dir：将指定文件夹进行压缩。

owner：用户，默认为当前用户。

group：组，默认为当前组。

logger：用于记录日志，同时是 logging.Logger 对象。

将“D:\pythonBookCod\\unit7\testfolder”路径下的 testfolder 文件夹的所有内容进行压缩，生成名为“testfolder.zip”的压缩文件并将该压缩文件存放到指定的路径“D:\pythonBookCode\unit7”下，示例代码如下：

```
import shutil,os
base_name ="D:\\pythonBookCode\\unit7\\testfolder"
format = "zip"
root_dir = "D:\\pythonBookCode\\unit7"
# 将 root_dir 文件夹下的内容进行压缩，生成一个 testfolder.zip 文件
shutil.make_archive(base_name, format, root_dir)
```

对压缩文件进行解压需要用到 shutil.unpack_archive 方法，该方法的原型为 unpack_archive (filename, extract_dir=None, format=None)，该方法的参数说明：

filename：需解压的文件所在路径。

extract_dir：解压至的文件夹路径。该文件夹可以事先不存在，如果不存在，则系统会自动生成。

format：解压格式，默认为 None，会根据扩展名自动选择解压格式。

将路径“D:\pythonBookCode\unit7”下的压缩文件“testfolder.zip”解压至下级目录的 files 文件夹里，即解压至“D:\pythonBookCode\unit6\files”里，示例代码如下：

```
# 解压文件
zipfile_dir="D:\\pythonBookCode\\unit7\\testfolder.zip"
dest_dir = "D:\\pythonBookCode\\unit7\\files"
shutil.unpack_archive(zipfile_dir, extract_dir=dest_dir, format="zip")
```

任\务\拓\展

1．实际开发程序中，往往会涉及数据的备份操作，使用文件读写操作实现 infos.txt 文件的数据备份，infos.txt 文件的内容如图 7-35 所示。

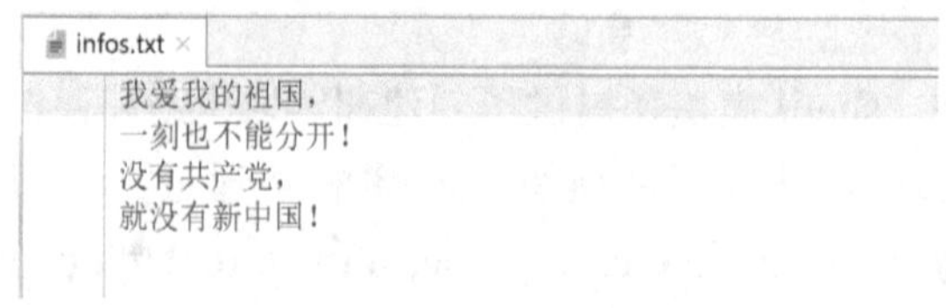

图 7-35　需备份的数据

2．使用 Python I/O 写入和读取 CSV 文件，编写程序实现对“birthweight.dat”的处理并保存到 CSV 文件中。

3．输入文件路径并从中计算各个字母出现的次数。

思路简述：首先创建数组，每当读取到一个字符时，将对应位置的数字进行加 1，最后

进行遍历得到输出，参考代码如下：

```
#统计文件中的字符个数
def main():
    filename ="D:\\pythonBookCode\\unit7\\demo1.txt"
    infile = open(filename,"r")
    counts = 100*[0]
    for line in infile:
        countLetters(line.lower(),counts)
    for i in range(len(counts)):
        if counts[i] != 0:
            print(chr(ord("a")+i)+" appears "+str(counts[i])+("time" if counts[i] == 1 else
"times"))
    infile.close()
def countLetters(line,counts):
    for ch in line:
        if ch.isalpha():
            counts[ord(ch) - ord('a')] += 1
main()
```

4．编写一个程序：打印当前目录中包含 homeword 的文件以及绝对路径。

思路简述：

第一步：获取当前路径，获取当前路径下的文件或者文件夹。

第二步：循环文件，判断是否为文件，如果是文件，则判断是否包含字符串，然后打印，参考代码如下：

```
import os
#coding=utf-8
''' 编写程序：
1：能在当前目录下查找文件名包含指定字符串的文件
2：打印出绝对路径
'''
sub_str="homework"
cur_dir=os.getcwd()
files=os.listdir(cur_dir)
for item in files:
    print(item)
    if os.path.isfile(os.path.join(cur_dir,item)):
        if item.find(sub_str) != -1:
            print (os.path.join(cur_dir,item))
```

小\结

在本项目中详细介绍了 Python 读写 .txt 文件及 .csv 数据文件的方法，还介绍了 Python 的两个内置文件模块（OS 模块和 shutil 模块），不仅详细讲解了如何利用 OS 模块对文件内容进行查询、删除，同时还讲述了如何利用 OS 模块对目录进行增、删、改、查操作以及使用 os.path 模块对文件路径的操作使用。最后讲述了如何利用 shutil 模块对文件夹进行复制、移动、压缩以及解压等操作。

习题

一、单选题

1．下列（　　）不属于文档文件类型的扩展名。

A．.txt　　B．.dot　　C．.doc　　D．.hlp

2．打开一个已有文件，然后在文件末尾添加信息，正确的打开方式为（　　）。

A．r　　B．w　　C．a　　D．w+

3．假设文件不存在，如果使用 open 方法打开文件会报错，那么该文件的打开方式是（　　）。

A．r　　B．w　　C．a　　D．w+

4．若 f 是文本文件对象，下列选项中（　　）可用于读取多行内容。

A．f.read()　　B．f.read(200)

C．f.readline()　　D．f.readlines()

5．下列方法中，（　　）方法不能用于向文件中写入内容。

A．open　　B．write　　C．append　　D．writer

6．下列方法中，用于获取当前目录的是（　　）。

A．open　　B．write　　C．Getcwd　　D．read

7．.csv 文件默认的数据分隔符是（　　）。

A．逗号　　B．分号　　C．空格　　D．<Tab> 键

8．csv.reader() 读取的存储数据类型是（　　）。

A．向量　　B．列表　　C．字典　　D．元组

9．open 方法中的参数 encoding 的默认值为（　　）。

A．gbk　　B．utf-8　　C．gb2312　　D．utf-16

二、编程题

1．编写一个程序，接受用户输入并保存为新的文件。

2．编写一个程序，当输入文件名和行数后，将该文件的前 n 行打印到屏幕上。

3．现有文件 products.txt 内容：每一行内容分别为商品名字、价钱、个数。

```
apple 10 3
tesla 100000 1
mac 3000 2
lenovo 30000 3
chicken 10 3
```

请编写一个程序，将其构建成以下数据类型并计算出总价钱。

```
[{'name':'apple','price':10,'amount':3},{'name':'tesla','price':1000000,'amount':1}......]
```

Project 8

项目8

异常——学生成绩计算分析

项目情景

学生姓名与学生考试成绩一般保存在文件中，经常需要读取这些文件内容，对学生姓名和成绩进行一些分析处理，如判断学生成绩是否及格、求学生的平均成绩、查询某一学生的成绩、按要求录入成绩等，在编写程序运行时可能会出现一些异常，认识和了解异常及掌握异常处理方法才能使程序按照预定流程有条不紊地运行。

完成本项目的学习后，将掌握以下技能：

- 了解异常产生的原因。
- 认识常见的几种异常。
- 捕获异常及处理异常的方法。
- 了解如何主动抛出异常。

项目概述

现有两个文件：names.txt 和 scores.txt，names.txt 文件内容为学生姓名，文件中的存储信息为：赵欣、田娜、吴伟、王海、张华、韩梅梅、李雷，scores.txt 文件内容为学生成绩，存储信息为：60、80、90、110、a、77，学生姓名与成绩按顺序一一对应。

本项目要求实现下列操作，对学生姓名及成绩进行简单的查询和分析：

- 读取文件内容，将学生姓名和成绩分别存入列表；
- 将学生成绩数据转成数值类型；
- 判断学生成绩是否及格；
- 求学生的平均成绩；
- 查询某一学生的成绩；
- 录入学生分数。

编写代码实现上述各项功能，通过学习并实施任务 1，认识在编写代码过程中容易发生的几种异常；通过学习并实施任务 2，掌握如何捕获并处理异常；通过学习并实施任务 3，了解如何主动抛出异常。

任务1 通过对学生成绩的分析运算发现异常

任务分析

将本地 scores.txt、names.txt 两个文件中的学生成绩和学生姓名信息读取并保存到变量中，然后对数据进行分析处理，发现在上述操作过程中出现了几种异常。仔细理解产生异常的原因和对应的系统提示信息，认识异常。

任务实施

1）读取 scores.txt、names.txt 文件，获取学生的成绩和姓名。

语句“with open（'文件路径',encoding='编码方式'）as 赋值对象”主要用于文件的读写，读写完自动关闭文件，如果文件有中文信息，则编码方式需设置为 'utf-8'，即 encoding='utf-8'，以防出现乱码。赋值对象是为打开的文件所起的别名。

readline( ) 方法每次读取文件中的一行内容；strip( ) 方法用于移除字符串首尾指定的字符（默认为空格或换行符）或字符序列；split( ) 方法按照指定分隔符对字符串进行分割并返回一个列表，默认分隔符为所有空字符，包括空格、换行（\n）、制表符（\t）等。

对 scores.txt、names.txt 这两个文件分别进行读取操作，将读出的内容存入变量并输出，示例代码如下：

```
filename = 'scores.txt'
  # 按行读取文件，去除首尾空格及 \n、\t，按 ',' 切分后赋值给变量 scores_str
scores_str
with open(filename) as file:
    scores_str = file.readline().strip().split(',')
    print(scores_str)
filename = 'name.txt'
with open(filename,encoding='utf-8') as file:
    names = file.readline().strip().split(',')
print(names)
```

运行结果：

```
-----------------------------------------
['60', '80', '90', '110', 'a', '77']
Traceback (most recent call last):
        with open(filename) as file:
FileNotFoundError: [Errno 2] No such file or directory: 'name.txt'
-----------------------------------------
```

从运行结果看出，学生成绩已经成功读取并输出，但因存储学生姓名信息的文件名 names.txt 误写为 name.txt，导致文件不存在，触发了 FileNotFoundError 异常。将文件名修改正确，再次运行程序，则无异常发生。

2）存储学生成绩的“scores_str”为字符型列表，将其转换为数值型列表，方便后续对成绩进行分析运算。

使用 for 循环遍历列表中的成绩信息，将成绩从字符串转化为数字并添加到数字列表中。append( ) 方法用于在列表末尾添加新的对象，语法格式为 list.append(obj)，其中 list 为列表名，obj 为要添加的对象。

示例代码如下：

```
scores = []
# 使用 for 循环遍历 scores_str 列表中的学生成绩
for i in scores_str:
# 将遍历出的字符串转成 int 类型之后追加到 scores 列表中
    scores.append(int(i))
print(scores)
```

运行结果：

```
-----------------------------------------
Traceback (most recent call last):
    scores.append(int(i))
ValueError: invalid literal for int() with base 10: 'a'
-----------------------------------------
```

从结果看出，遍历 scores_str 中的数据并将其转化成数值型存入数值列表中，但数据中有字符 'a'，所以转化过程中出现 ValueError 异常。即当传入无效参数时就会触发 ValueError 异常。为后续任务能顺利实施，在此将 'a' 更改为 53。

3）使用 if 语句判断某个学生的成绩，如果成绩大于等于 60 分，则输出“成绩及格”。

if 语句的语法格式为：

```
if   条件表达式：
     条件表达式值为 true 时执行的语句块
else：
     条件表达式值为 false 时执行的语句块
```

示例代码如下：

```
# 使用 if 语句判断 scores[0] 中的值是否大于等于 60
if scores[0] >= 60
  print(' 成绩合格 ')
```

运行结果：

```
-----------------------------------------
if scores[0] >= 60
                  ^
SyntaxError: invalid syntax
-----------------------------------------
```

运行上述语句时触发了 SyntaxError 异常，系统提示“SyntaxError: invalid syntax”，即语法无效。仔细阅读代码发现 if 语句中的条件表达式后面缺少冒号，所以当代码不遵循语言的语法结构时就会出现错误提示，强制运行就会触发 SyntaxError 异常。

4）编写求平均值函数，通过调用函数求 scores 列表中下标为 0、1、2 三位学生的平均成绩。

首先用 def 函数定义一个求平均值的函数，然后调用此函数以 3 个成绩作为参数求平均值，示例代码如下：

```
# 定义求平均值函数 ave，该函数有三个参数
def avg(x,y,z):
# 求三个数的平均值
    avg = x+y+z/3
    print(avg)
# 求 scores 列表中前三个数的平均值
avg(scores[0],scores[1],scores[2])
```

运行结果：

```
------------------------------------
170.0
------------------------------------
```

scores 列表中索引为 0、1、2 的分数分别是 60、80、90，程序中定义 avg 函数来求三个数的平均值，计算结果为 170.0，这个结果明显是错误的，但系统没有报错，这种错误称为逻辑错误。

5）在实际应用中，经常需要查询某一学生的成绩，以查询李雷的成绩为例，具体步骤：首先查询李雷在 names 列表中的索引，然后根据索引值在 scores 列表中查询对应的成绩。列表的 index( ) 方法用于从列表中找到目标值第一个匹配项的索引位置。"列表名 [索引]"用于得到列表中相应索引位置的值。

示例代码如下：

```
# 求 names 列表中值为 '李雷' 的索引
index = names.index('李雷')
print(index)    # 输出索引值
print(scores[index])
```

运行结果：

```
------------------------------------
6
Traceback (most recent call last):
  print(scores[index])
IndexError: list index out of range
------------------------------------
```

可以看出李雷在 names 列表里的索引是 6，而 scores 列表的最大索引为 5，所以查询不到成绩，触发了 IndexError 异常。即当序列中引用不存在的索引时，会触发 IndexError 异常。

任务 2 捕获并处理任务 1 中发生的异常

任务分析

当系统发生异常的时候，程序会停止执行并报出异常信息。针对任务 1 中出现的各种

异常，可以使用 try-except 语句捕获并处理相应异常，其语法格式为：

```
try:
    # 可能出现异常的语句块
except  异常名:
    # 处理异常的语句块
```

当 try 子句中某条语句引发异常时，程序忽略其后面的语句，直接执行 except 语句块。在 except 子句中可以使用 as 将异常赋予一个变量。

任务实施

1）在任务 1 中读取文件获取学生成绩和姓名时，由于文件名错误引发了 FileNot FoundError 异常。此处使用 try-except 捕获并输出异常信息，这样当文件名写错时，程序不会报错停止运行，会继续往下执行。示例代码如下：

```
try:
    filename = 'scores.txt'
    with open(filename) as file:
        scores_str = file.readline().strip().split(',')
    print(scores_str)
    filename = 'name.txt'
    with open(filename, encoding='utf-8') as file:
        names = file.readline().strip().split(',')
    print(names)
except FileNotFoundError as e:
    print(e)
print(' 是否打印 ')
```

运行结果为：

```
-----------------------------------------
['60', '80', '90', '110', '42', '77']
[Errno 2] No such file or directory: 'name.txt'
 是否打印
-----------------------------------------
```

从结果可以看出，当同样发生了任务 1 所在的情形，将存储学生姓名信息的文件名 names.txt 误写为 name.txt 时，程序并没有报错，只是执行了 except 子句中的 print 语句，输出了一条异常提示信息，并且程序也没有停止运行，最后一行的 print 语句也正常执行，“是否打印”输出在控制台上。

2）在任务 1 中将学生成绩列表由字符型转化为数值型时，由于 scores.txt 中含有英文字母，所以在转换成数字的过程中发生了 ValueError 异常，此处使用 try-except 捕获并输出此异常的提示信息，示例代码如下：

```
try:
    scores = []
    for i in scores_str:
        scores.append(int(i))
    print(scores)
except ValueError as e:
```

```
    print(e)
print(' 是否打印 ')
```

运行结果：

```
----------------------------------------
invalid literal for int() with base 10: 'a'
是否打印
----------------------------------------
```

从结果可以看出，程序没有报错，只是输出了错误信息，后续程序继续执行。

3）在任务 1 中判断学生成绩是否合格时，由于 if 语句格式错误，缺少“:”，引发了 SyntaxError 异常，此类异常系统会在错误的代码位置出现红色波浪线作为标识，需要更改代码来解决。更改后的示例代码如下：

```
if scores[0] >= 60:
  print(' 成绩合格 ')
```

运行结果：

```
----------------------------------------
成绩合格
----------------------------------------
```

从结果可以看出，程序正确执行，因此遇到 SyntaxError 异常时，只能通过更改代码来解决问题。

4）在任务 1 中求学生平均成绩时，由于函数内部表达式“x+y+z”没有加括号，而除法的优先级高于加法，运算顺序不合乎实际计算规则，导致结果不正确。更正后的示例代码如下：

```
def avg(x,y,z):
    avg = (x+y+z)/3
    print(avg)
avg(scores[0],scores[1],scores[2])
```

运行结果：

```
----------------------------------------
76.66666666666667
----------------------------------------
```

从运行结果可以看出，计算结果正确。像这种语法正确但程序的执行结果与预期不符，错误系统不会触发异常。程序员编写程序时应高度重视，避免出现这种逻辑错误。

5）在任务 1 中通过索引查询李雷同学的成绩时，由于索引不存在，引发了 IndexError 异常，此处使用 try-except 来处理该异常，示例代码如下：

```
try:
   index = names.index(' 李雷 ')
   print(index)
   print(scores[index])
except IndexError as e:
   print(e)
print(' 后续代码继续执行 ')
```

运行结果：

```
---------------------------------------
6
list index out of range
后续代码继续执行
---------------------------------------
```

从结果可以看出，程序输出了错误提示信息，后续程序代码会继续执行。

任务 3 按要求录入学生成绩并抛出异常

任务分析

入学生成绩，如果成绩不在 0 ～ 100 区间内，则抛出异常。

任务实施

在程序中，经常需要主动抛出异常以提示一些错误信息。在本任务中，如果录入的成绩超出范围，则抛出异常提示信息。

使用 raise 语句抛出异常，语法格式为 raise [exceptionName[(reason)]]，其中，[ ] 中的参数为可选参数，exceptionName 为抛出的异常名称，如 ZeroDivisionError、FileNotFoundError 等，如果在抛出异常时不能准确指明异常名称，则使用 Exception，Exception 是常规异常的基类。reason 为异常描述信息，如果省略此参数，则在抛出异常时不输出任何异常描述信息。

input( ) 函数接受一个标准输入数据，返回为 string 类型，语法格式为 input（[提示]），其中，提示里写提示用户的信息，如“请输入姓名：”，[ ] 表示其中的提示信息可有可无，编写代码时按实际需要选择。

break 语句在循环中的作用是终止当前循环，然后执行循环后面的语句。break 语句只对当前循环有效。

示例代码如下：

```
list = []
while True:
try:
    print(" 请输入学生的分数 ")
# 将输入的学生分数转为 int 型，赋值给变量 score
    score = int(input())
    if score == -1:  # 如果输入值为 -1，则退出程序
        print(list)
        break
    if score<0 or score>100 : # 如果输入的成绩不在 0-100 范围内，则抛出异常
        raise Exception(" 输入错误，请输入 0-100 的数字，输入 -1 退出程序 ")
    else:
```

```
        list.append(score)
    except Exception as e:
      print(e)
```

上述代码中，使用 if 语句判断输入数据是否合法，如果输入的成绩不在 0～100 范围内，就用 raise Exception( ) 抛出一个异常。

代码导读

任务实施之前按照初始状态准备好 scores.txt、names.txt 两个文件，任务 1 通过获取学生的姓名及成绩、成绩值类型的转换等 5 个操作，触发了 FileNotFoundError、ValueError 等 5 种异常，任务 2 讲解了任务 1 中不同异常的不同处理方法，重点介绍使用 try-except 语句捕获并处理任务 1 中出现的异常。所以任务 1 和任务 2 中各子任务的程序代码具有连贯性，在讲解中的示例代码仅为当前讲解问题的代码片段。

本项目贯彻 3 个任务，通过对 3 个任务的学习，学会分析异常产生的原因，掌握异常的处理方法。通过实例重点分析了 FileNotFoundError 异常、ValueError 异常、SyntaxError 异常和 IndexError 异常。使用 try-except 语句可对这些异常进行处理并输出异常信息，确保后续程序能继续运行。使用 raise 语句可主动抛出异常，提醒用户录入成绩超出范围等提示信息。

必备知识

异常处理机制使程序的异常处理代码和业务代码分离，提高了程序的安全性和可维护性。认识和了解异常、掌握异常的处理方法、能使用 raise 主动抛出异常等，是每一个程序员的必备技能。

1. 认识异常

当运行一个程序时，如果 Python 解释器遇到错误会停止程序的运行并返回一个错误信息，这就是异常。异常是一个事件，程序在执行的过程中一旦发生异常事件就会终止执行，常见的异常事件有试图除以 0、试图打开不存在的文件等。

在 Python 中，异常被定义为类，常规异常类都是 Exception 的子类。比较常见的异常见表 8-1。

表 8-1　常见异常

异常名称	描述
ZeroDivisionError	当除法或取余运算的第二个参数为零时，会触发 ZeroDivisionError 异常
NameError	当某个局部或全局名称未找到时，会触发 NameError 异常
IndexError	当使用序列中不存在的索引时，会触发 IndexError 异常
KeyError	当使用映射中不存在的键名时，会触发 KeyError 异常
AttributeError	当访问对象的未知属性时，会触发 AttributeError 异常
FileNotFoundError	当试图打开不存在的文件时，会触发 FileNotFoundError 异常
SyntaxError	当解释器发现语法错误时，会触发 SyntaxError 异常
AssertionError	当断言语句失败时，触发 AssertionError 异常

（1）ZeroDivisionError 异常

当除法或取余运算的第 2 个参数为零时，会触发 ZeroDivisionError 异常。示例代码如下：

```
num = 5
print(num/0)
```

运行结果：

```
------------------------------------------
Traceback (most recent call last):
        print(num/0)
ZeroDivisionError: division by zero
------------------------------------------
```

分析：0 不能做除数，故触发了 ZeroDivisionError。

（2）NameError 异常

当某个局部或全局名称未找到时，会触发 NameError 异常，示例代码如下：

```
print(area)
```

运行结果：

```
------------------------------------------
Traceback (most recent call last):
        print(area)
NameError: name 'area' is not defined
------------------------------------------
```

分析：上述代码中，试图访问一个未声明的变量 area，触发了 NameError 异常。

（3）IndexError 异常

当使用序列中不存在的索引时，会触发 IndexError 异常。示例代码如下：

```
a = ["a","b","c"]
print(a[3])
```

运行结果：

```
------------------------------------------
Traceback (most recent call last):
        print(a[3])
IndexError: list index out of range
------------------------------------------
```

分析：列表 a 中包含 3 个元素，索引从 0 开始，不存在索引为 3 的元素，因此执行上述代码会触发 IndexError 异常。

（4）KeyError 异常

当访问映射中不存在的键名时，会触发 KeyError 异常。示例代码如下：

```
d = {"a":1,"b":2,"c":3}
print(d["e"])
```

运行结果：

```
------------------------------------------
Traceback (most recent call last):
              print(d["e"])
KeyError: 'e'
------------------------------------------
```

分析：程序第一行创建了字典 d，包含 3 个键值对，分别是 "a":1、"b":2、"c":3 。第 2 行试图输出键名为 e 的值，然而并不存在键为 e 的键值对，所以触发了 KeyError 异常。

（5）AttributeError 异常

当访问对象的未知属性时，会触发 AttributeError 异常。示例代码如下：

```
class Cat(object):
   def __init__(self,name):
       self.name = name
cat = Cat("Tim")
print(cat.name)
print(cat.color)
```

运行结果：

```
------------------------------------------
Tim
Traceback (most recent call last):
   print(cat.color)
AttributeError: 'Cat' object has no attribute 'color'
------------------------------------------
```

分析：程序创建了一个 Cat 类，并创建了一个 Cat 类的对象 cat，将 cat 的 name 属性设置为 Tim，然后输出 cat 的 name 属性值。最后一行试图输出 cat 的一个不存在的属性值 color，会触发 AttributeError 异常，出现上述异常信息。

（6）FileNotFoundError 异常

当试图打开不存在的文件时，会触发 FileNotFoundError 异常。示例代码如下：

```
f = open("test.txt")
```

运行结果：

```
------------------------------------------
Traceback (most recent call last):
   f = open("test.txt")
FileNotFoundError: [Errno 2] No such file or directory: 'test.txt'
------------------------------------------
```

分析：因为找不到 test.txt 文件，所以出现上述异常信息。

（7）SyntaxError 异常

当解释器发现语法错误时，会触发 SyntaxError 异常。示例代码如下：

```
s = "abc
```

运行结果：

```
----------------------------------------
    s = "abc
         ^
SyntaxError: EOL while scanning string literal
----------------------------------------
```

分析：上述代码中，由于缺少右边的引号，触发了 SyntaxError 异常。

（8）AssertionError 异常

assert（断言）用于判断一个表达式的值，当表达式为 false 时触发该异常。示例代码如下：

```
age = 300
assert 1<=age<=200," 年龄输入超出范围 "
print(" 人物年龄为 ",age)
```

运行结果：

```
----------------------------------------
Traceback (most recent call last):
  assert 1<=age<=200," 年龄输入超出范围 "
  AssertionError: 年龄输入超出范围
----------------------------------------
```

分析：上述代码中，由于 age 变量的值超出了规定范围，使表达式值为 false，触发了 AssertionError 异常。

2．处理异常

在程序执行过程中，如果发生了异常而没有进行处理，程序会被迫终止执行。可以将异常捕获并采取处理措施，而不是放任整个程序运行失败。

Python 中使用 try-except 语句处理异常。其中 try 子句为可能发生异常的语句块，except 子句为异常捕捉并处理的语句块。try-except 语句还可以与 else 和 finally 配合使用，else 子句为 try 子句无异常时需要执行的语句块，finally 子句为 try 子句无论有无异常均需执行的语句块。

（1）处理单个异常

使用“except 异常名：”可以捕获指定异常，except 子句中的语句块用来处理该异常。

【语法格式】

```
try:
    # 可能发生异常的语句块
except  异常名 :
    # 处理异常的语句块
```

创建一个程序，让用户输入两个数，输出两数相除的结果，示例代码如下：

```
try:
    n1 = input(" 请输入被除数：")
    n2 = input(" 请输入除数：")
# %s 为字符串类型变量的占位符
    print("%s / %s = %s"%(n1,n2,int(n1)/int(n2)))
except ZeroDivisionError:
    print(" 除数不能为 0！ ")
```

运行程序，输入被除数为 2，除数为 0，输出结果如下：

```
---------------------------------------
请输入被除数：2
请输入除数：0
除数不能为 0 !
---------------------------------------
```

重新运行程序，输入被除数为 4，除数为 2，输出结果如下：

```
---------------------------------------
请输入被除数：4
请输入除数：2
4 / 2 = 2.0
---------------------------------------
```

结果分析：在 try 子句的 input 函数中接收用户输入的两个数值，其中第一个数值作为被除数，第二个数值作为除数。如果发生除数为 0 的情况，程序会触发 ZeroDivisionError 异常，此时 except 子句捕获到该异常，执行 print 语句输出异常信息。

（2）处理多个异常

并列多个“except 异常名称：”即可捕获并处理多个异常。

【语法格式 1】

```
try:
    # 可能发生异常的语句块
except 异常名称 1:
    # 处理异常的语句块 1
except 异常名称 2:
    # 处理异常的语句块 2
… …
    以除法为例：
try:
   n1 = input(" 请输入被除数：")
   n2 = input(" 请输入除数：")
   print("%s / %s = %s"%(n1,n2,int(n1)/int(n2)))
except  ZeroDivisionError: # 捕获 ZeroDivisionError
   print(" 除数不能为 0！ ")
except  ValueError: # 捕获 ValueError
   print(" 只能输入数字！ ")
```

运行程序，输入被除数 2，除数 0，捕获到 ZeroDivisionError 异常，结果如下：

```
---------------------------------------
请输入被除数：2
请输入除数：0
除数不能为 0 !
---------------------------------------
```

再次运行程序，输入被除数 a，除数 2，捕获到 ValueError 异常，结果如下：

```
---------------------------------------
请输入被除数：a
请输入除数：2
只能输入数字!
---------------------------------------
```

再次运行程序，输入被除数 4，除数 2，没有捕获到异常，结果如下：

```
----------------------------------------
请输入被除数：4
请输入除数：2
4 / 2 = 2.0
----------------------------------------
```

结果分析：当除数为 0 时，except ZeroDivisionError 子句捕获 ZeroDivisionError 异常，做相应处理。当用一个非数值类型的字符做除法运算时，except ValueError 子句捕获 ValueError 异常，做相应处理。

【语法格式 2】

```
try:
    # 可能发生异常的语句块
except ( 异常名称 1, 异常名称 2,..., 异常名称 n):
    # 处理异常的语句块
```

仍以除法为例，示例代码如下：

```
try:
     n1 = input(" 请输入被除数：")
     n2 = input(" 请输入除数：")
     print("%s / %s = %s"%(n1,n2,int(n1)/int(n2)))
# 可以捕获 ZeroDivisionError 及 ValueError 异常
except (ZeroDivisionError,ValueError):
    print(" 发生了 ZeroDivisionError 或 ValueError 异常！ ")
```

运行程序，输入被除数 2，除数 0，捕获到 ZeroDivisionError 异常，结果如下：

```
----------------------------------------
请输入被除数：2
请输入除数：0
发生了 ZeroDivisionError 或 ValueError 异常！
----------------------------------------
```

再次运行程序，输入被除数 a，除数 2，捕获到 ValueError 异常，结果如下：

```
----------------------------------------
请输入被除数：a
请输入除数：2
发生了 ZeroDivisionError 或 ValueError 异常！
----------------------------------------
```

再次运行程序，输入被除数 a，除数 0，捕获到 ValueError 和 ZeroDivisionError 异常，结果如下：

```
----------------------------------------
请输入被除数：a
请输入除数：0
发生了 ZeroDivisionError 或 ValueError 异常！
----------------------------------------
```

再次运行程序，输入被除数 4，除数 2，没有捕获到异常，结果如下：

```
----------------------------------------
请输入被除数：4
请输入除数：2
4 / 2 = 2.0
----------------------------------------
```

结果分析：当用户输入的被除数或除数是非数字的字符或者除数为 0 时，都会被 except（ZeroDivisionError，ValueError）捕获，输出异常信息。

（3）处理所有异常

【语法格式】

```
try:
    # 可能发生异常的语句块
except [ Exception as e ]:
    # 处理异常的语句块
```

说明：Exception 类是所有异常类的父类，[Exception as e] 部分可以省略，except 和 except Exception as e 都可以捕获 Exception 类中的所有异常。区别是前者因为没有提示信息，所以只知道发生了异常，但程序员不一定清楚发生了何种异常；后者语句中的 as 用于绑定一个异常对象的变量，e 作为 Exception 的实例可以获取到异常的描述信息，这样就可以明确发生异常的原因，所以推荐使用 except Exception as e 子句。

示例代码如下：

```
try:
    n1 = input(" 请输入被除数：")
    n2 = input(" 请输入除数：")
    print("%s / %s = %s"%(n1,n2,int(n1)/int(n2)))
except Exception as e:
    print(" 捕获到异常：%s" %e)
```

运行程序，输入被除数为 2，除数为 0，结果如下：

```
----------------------------------------
请输入被除数：2
请输入除数：0
捕获到异常：division by zero
----------------------------------------
```

再次运行程序，输入被除数为 a，除数为 2，结果如下：

```
----------------------------------------
请输入被除数：a
请输入除数：2
捕获到异常：invalid literal for int() with base 10: 'a'
----------------------------------------
```

分析：从两次结果可以看出，使用 Exception 捕获了所有异常，并获取到了它们的描述信息。第一次运行获取到“division by zero”异常描述信息并输出，第二次运行获取到“invalid literal for int() with base 10: 'a'”异常描述信息并输出。

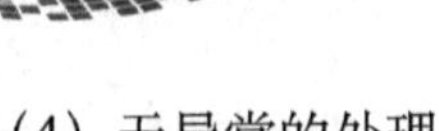

（4）无异常的处理

如果在 try 子句中没有任何异常发生，就会跳过 except 子句转而执行 else 子句。

【语法格式】

```
try:
    # 可能发生异常的语句块
except Exception as e:
    # 处理异常的语句块
else:
    # 无异常时执行的语句块
        以除法计算为例：
try:
    n1 = input(" 请输入被除数：")
    n2 = input(" 请输入除数：")
    print("%s / %s = %s"%(n1,n2,int(n1)/int(n2)))
except Exception as e:
    print(" 捕获到异常：%s" %e)
else:
    print(" 没有捕获到异常 ")
```

运行程序：

```
------------------------------------------------
请输入被除数：4
请输入除数：2
4 / 2 = 2.0
没有捕获到异常
------------------------------------------------
```

（5）终止行为的处理

终止行为是指不论是否有异常发生或是否捕获到异常，都必须执行的操作。处理终止行为可以用 finally 子句实现。

【语法格式】

```
try:
    # 可能发生异常的语句块
except Exception as e:
    # 处理异常的语句块
else:
    # 无异常时执行的语句块
finally:
    # 无论是否发生异常都会执行的语句块
```

以炒菜为例，步骤如下：1）打开天然气；2）炒菜；3）关闭天然气。其中，步骤 3 不论炒菜成功与否都必须执行。下面代码段中的 enumerate( ) 函数用于将一个可遍历的数据对象 (如列表、元组或字符串) 组合为一个索引序列，同时列出数据和数据索引，一般用在 for 循环中。示例代码如下：

```
print("------ 菜单 ------")
names = [" 番茄炒蛋 "," 鱼香茄子 "," 水煮肉片 "]
# 此处用 enumerate(names) 遍历了索引和索引对应的值
for i,name in enumerate(names):
```

```
    print("%d : %s"%(i,name))
print("--------------")
try:
    print(" 打开天然气 ")
    num = input(' 请输入菜单中菜名编号：')
    print('%s 炒制完毕 '%names[int(num)])
except IndexError:
    print(" 输入的编号不存在！ ")
except ValueError:
    print(" 请输入数字编号！ ")
finally:
    print(' 关闭天然气！ ')
```

运行程序，如输入菜单中存在的编号“1”，不会捕获到异常，将执行 finally 子句进行终止行为处理，输出“关闭天然气！”的提示信息：

```
--------------------------------------
------ 菜单 ------
0 : 番茄炒蛋
1 : 鱼香茄子
2 : 水煮肉片
--------------
打开天然气
请输入菜单中菜名编号：1
鱼香茄子炒制完毕
关闭天然气!
--------------------------------------
```

再次运行程序，如输入菜单中不存在的编号“4”，将捕获到 IndexError 异常，输出“输入的编号不存在！”的提示信息进行异常处理，之后执行 finally 子句进行终止行为处理，输出“关闭天然气！”的提示信息：

```
--------------------------------------
------ 菜单 ------
0 : 番茄炒蛋
1 : 鱼香茄子
2 : 水煮肉片
--------------
打开天然气
请输入菜单中菜名编号：4
输入的编号不存在!
关闭天然气!
--------------------------------------
```

再次运行程序，如输入非数值类型“a”，将捕获到 ValueError 异常，输出“请输入数字编号！”的提示信息进行异常处理，之后执行 finally 子句进行终止行为处理，输出“关闭天然气！”的提示信息：

```
--------------------------------------
------ 菜单 ------
0 : 番茄炒蛋
1 : 鱼香茄子
```

```
2：水煮肉片
--------------
打开天然气
请输入菜单中菜名编号：a
请输入数字编号！
关闭天然气！
----------------------------------------
```

分析：从 3 次运行结果可以看出，不论是否捕获到异常，都会执行 finally 语句。

小结：

try-except-else-finally 完整的语法格式如下：

```
try:
    # 可能发生异常的语句块
except  异常 1:
    # 处理异常 1 的语句块
except 异常 2:
    # 处理异常 2 的语句块
except 异常 3:
    # 处理异常 3 的语句块
    … …
except 异常 n:
    # 处理异常 n 的语句块
except  Exception as e :
    # 处理其他异常的语句块
else:
    # 无异常时执行的语句块
finally:
    # 无论是否发生异常都会执行的语句块
```

语法说明：

except 子句至少要有一个，可以有多个。

else 子句可以有 0 个或 1 个，不可以有多个。

finally 子句可以有 0 个或 1 个，不可以有多个。

执行过程：

情况一：try 中有异常发生。

在执行 try 子句块的过程中，如果有异常发生，解释器会依次匹配 n 个 except 子句中的异常名称是否与发生的异常名称一致，若一致，程序就转入对应的 except 子句处执行，处理相应异常，若不一致，异常最终会被 except Exception as e 捕获，进行其他异常的处理，执行完 except 代码段后，执行 finally 子句，对终止行为进行处理。

情况二：try 中没有异常发生。

在执行 try 语句的过程中，没有异常发生，将不再执行任何 except 子句，转而执行 else 子句，对没有检测到异常的情况进行处理，最后执行 finally 子句，对终止行为进行处理。

当只需要着重处理一种异常时，可以使用以下格式：

```
try:
  # 可能发生异常的语句块
except 异常 1:
  # 处理异常 1 的语句块
except Exception as e:
  # 处理其他异常的语句块
else:
  # 无异常时执行的语句块
finally:
  # 无论是否发生异常都会执行的语句块
```

说明：try 中有异常 1 发生时，执行“except 异常 1”子句进行处理。除异常 1 以外的任何异常发生时，执行 except exception as e 子句，进行其他方式的处理，最后执行 finally 子句，对终止行为进行处理。

3．抛出异常

（1）使用 raise 语句抛出异常

在程序编写过程中，有时程序本身没有异常，但根据实际任务需求，需要程序员主动抛出异常，这就要用到 raise 语句，在前面的讲解中提到若编程时不确定异常的名称，可以用 Exception 代替，因为 Exception 是常规异常的基类，此处以抛出 Exception 为例进行讲解。

方式一：

```
raise Exception
```

运行结果：

```
-------------------------------------------
Traceback (most recent call last):
  raise Exception
Exception
-------------------------------------------
```

方式二：

```
raise Exception("division by zero")
#division by zero 可以替换为任意的异常描述信息
```

运行结果：

```
-------------------------------------------
Traceback (most recent call last):
  raise Exception("division by zero")
Exception: division by zero
-------------------------------------------
```

分析：两者皆抛出了常规异常 Exception。区别是方式二添加了异常描述信息，能更直观地了解到发生异常的原因和情形，便于程序的阅读和理解。如果需要抛出某一确定的异常，同样可以采用方式一和方式二两种形式，如 raise ZeroDivisionError 或 raise ZeroDivisionError（" 分母不能为零！ "）。

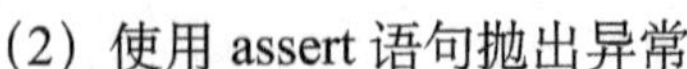

（2）使用 assert 语句抛出异常

assert（断言）用于判断一个表达式的值，当表达式为 false 时触发异常。语法格式为：assert expression [, arguments]，其中 expression 为表达式，arguments 为异常提示信息。assert 语句的作用等价于：

```
if not expression:
    raise AssertionError(arguments)
```

在任务 3 中，以录入学生成绩为例介绍了使用 raise 语句抛出异常，此处也可以使用 assert 语句抛出异常：

```
assert  -1<score<=100," 输入错误，请输入 0 ～ 100 的数字，输入 -1 退出程序 "
```

将任务 3 中的 raise 语句替换为上面的 assert 语句，示例代码如下：

```
list = []
# while True 表示一直循环，直到循环体内出现 break 语句时跳出循环
while True:
    try:
        score = int(input(" 请输入学生的分数：  "))
        if score == -1:    # 如果输入 -1，退出程序
            print(list)
            break
        assert  -1<score<=100," 输入错误，请输入 0-100 的数字，输入 -1 退出程序 "
        list.append(score)
    except Exception:
        print(" 捕捉到断言异常 ")
```

执行程序，输入成绩 900，结果如下：

```
----------------------------------------
请输入学生的分数：900
输入错误，请输入 0 ～ 100 的数字，输入 -1 退出程序
捕捉到断言异常
请输入学生的分数：-1
[ ]
----------------------------------------
```

4．自定义异常

前面捕获到的异常都是系统内置的，在出现某些错误时自动触发。但是在实际开发过程中，程序员有时需要根据任务的需求自行设置异常。

自定义异常的方法是：创建一个继承 Exception 类的子类，这个子类就是自定义的异常类。在程序执行过程中，当遇到自行设定的错误时，使用 raise 语句抛出自定义的异常即可。

自定义一个继承 Exception 类的异常并用 try-except 语句处理异常，示例代码如下：

```
# 自定义一个异常类 myException
class myException(Exception):
# pass 表示占位符，没有代码，只是为了满足格式使用
  pass
```

```
try:
# 主动抛出自定义的异常
  raise myException
except myException:
  print(" 捕获了 myException 异常 ")
```

运行结果：

```
----------------------------------------
捕获了 myException 异常
----------------------------------------
```

分析：前两行代码，自定义了一个 myException 的异常类。try 子句中，使用 raise 语句抛出 myException 异常，因此检测到有异常发生，该异常被 except 捕获到，执行 except 子句中的 print 语句，输出“捕获了 myException 异常”。

5．预定义清理

with 语句适用于对资源进行访问的场合，在使用资源的过程中不论是否发生异常都会执行资源的释放操作，比如文件使用后自动关闭等。

下面语句的功能是使用 with 语句打开文件 car.txt：

```
with open("car.txt") as file:
   data = file.read( )
```

代码分析：如果可以成功打开文件，则将文件对象赋值给 file，然后调用 read 方法读取 file 对象的数据，当读取文件结束或读取文件过程中有异常发生时，with 语句均会自动关闭文件。

任\务\拓\展

业绩分析系统是通过分析业务员的业绩数据，掌握业务员的业绩状况，如查询业务员业绩、添加业务员及其业绩等，在分析过程中有可能会出现异常，在项目开发中需要编写代码来处理这些异常。

请模拟项目概述部分，自己准备两个本地文件，一个是业务员名单文件 salesmans.txt，另一个是销售业绩数据文件 sales.txt，两个文件中姓名和销售业绩（单位：万元）数据一一对应。具体要求如下：

1）读取上述两个文件内容并存储到业务员名单列表和销售业绩数据列表中，在读取过程中处理可能发生的文件不存在异常。

2）将销售业绩数据列表转化为数值型列表，以方便后续运算，处理在这个过程中可能发生的值异常。

3）查询某一业务员对应的销售业绩，处理在读取列表过程中可能出现的索引异常。

4）在业务员名单列表和销售业绩数据列表中对应添加一个新业务员姓名及其销售业绩数据，使用 assert 判断如果该业务员的销售额大于一千万元，则提示数据可能有异常。

小结

本项目以学生成绩计算分析项目为主线，以常用操作过程中产生异常为切入点，介绍异常的相关知识。通过任务 1 认识异常、了解异常产生的原因，通过任务 2 了解对于不同异常的处理方法，通过任务 3 了解如何使用 raise 语句主动抛出异常。在必备知识中详细阐述了 Python 中常用的 ZeroDivisionError、NameError 等 8 种异常及产生的原因，使用 try-except 及 try-except-finally 语句处理异常，使用 raise 语句抛出异常，自定义异常等知识。

习题

1．编写一个程序，提示用户输入两个数字，将它们相加并输出结果。在用户输入的任何一个值不是数字时都捕获 ValueError 异常并输出一条友好的错误消息。

2．编写一个计算减法的方法，当第一个数小于第二个数时，抛出“被减数不能小于减数”的异常。

3．录入一个学生的成绩，把该学生的成绩转换为对应的成绩等级并输出，要求使用 assert 断言语句处理分数不合理的情况。（转换规则：A—90 分及以上，B—80 分及以上，C—60 分及以上，D—60 分以下）。

Project 9

项目9

网页爬虫开发

项目情景

如果把互联网看作一张大的蜘蛛网，数据便是存放于蜘蛛网的各个节点，爬虫就是一只小蜘蛛沿着网络抓取自己的猎物（数据）。本项目将介绍如何用爬虫来爬取简单的网页以及批量爬取某电商平台的商品评论，其中 requests 库是最常用的。所以，爬虫通常意义上指的是：向网站发起请求，获取资源后分析并提取有用数据的程序。

从技术层面来说爬虫就是通过程序模拟浏览器请求站点的行为，把站点返回的 HTML 代码 /JSON 数据 / 二进制数据（图片、视频）爬到本地，进而提取自己需要的数据并存放起来使用。完成本项目的学习后，将掌握以下技能：

- 爬虫的概念与类型。
- URL 地址的获取。
- requests 库的使用。
- 使用 header 信息和 get 请求，对某电商平台的商品评论数据进行爬取。

项目概述

本项目中的网页爬虫开发是基于 Python 中的一个 Apache 2 协议开源的 Python HTTP 库—requests 来完成的。它能满足 HTTP 测试需求，处理 URL 资源特别方便。本项目中借助 requests 库可以知道 HTTP 请求、HTTP 响应以及 cookie 的使用。搭建开发环境的流程图如图 9-1 所示。

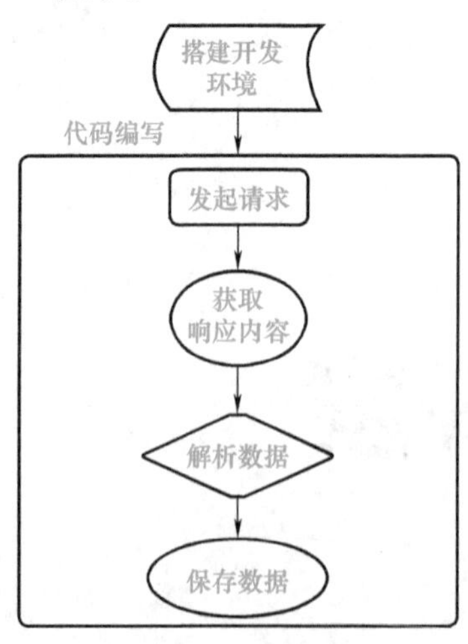

图 9-1　搭建开发环境的流程图

任务1 搭建爬虫环境

任务分析

为了确保对某电商平台商品评论的数据爬取能够完整有效，在程序开始之前需要先搭建好爬虫环境，这点至关重要。

任务实施

安装 requests 库

（1）命令行终端安装

打开 cmd 终端，在命令行中输入 pip install requests。当命令窗口中出现 Successfully installed 时，即表示成功安装，如图 9-2 所示。

图 9-2 pip 安装 requests

提示：如果需要检测是否已经安装，则可在命令行中输入 python，再输入 import requests，未出现报错表示安装成功，可以正常使用。

（2）验证库是否安装成功

如想确认在当前开发环境中是否成功安装 requests 库，则可在命令窗口中输入 pip list，此命令可查看安装的所有库，如图 9-3 所示。

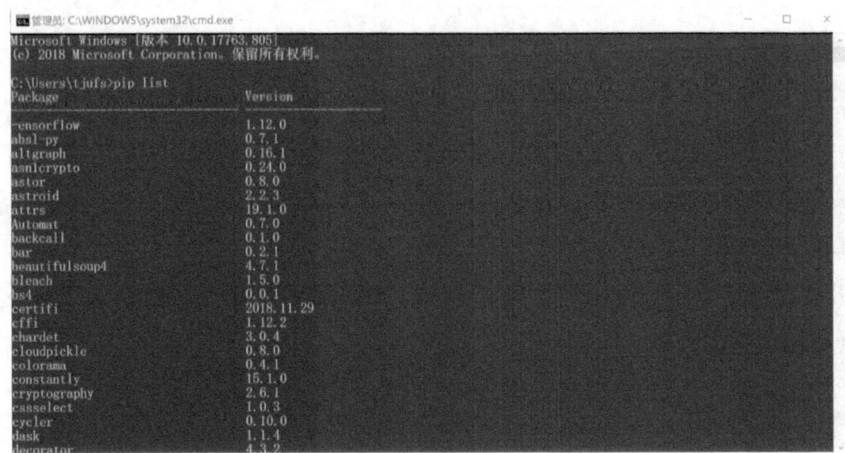

图 9-3 list 命令查看库是否安装成功

（3）安装 lxml 库

lxml 是 Python 的一个解析库，支持 HTML 和 XML 的解析，支持 XPath 解析方式，使用 xpath 语法来进行文件格式解析的效率非常高。

打开 cmd 终端，在命令行中输入 pip install lxml，如图 9-4 所示。

```
管理员: 命令提示符 - python
Microsoft Windows [版本 10.0.18362.418]
(c) 2019 Microsoft Corporation。保留所有权利。

C:\Users\Administrator>pip install lxml
Requirement already satisfied: lxml in c:\programdata\anaconda3\lib\site-packages (4.2.5)
```

图 9-4 安装 lxml 库

提示：如需要检验是否安装成功，则可继续在命令行中输入：

```
python
Import lxml
```

没有报错即表示安装成功，如图 9-5 所示。

```
管理员: 命令提示符 - python
C:\Users\Administrator>python
Python 3.7.1 (default, Dec 10 2018, 22:54:23) [MSC v.1915 64 bit (AMD64)] :: Anaconda, Inc. on win32
Type "help", "copyright", "credits" or "license" for more information.
>>> import lxml
>>>
```

图 9-5 导入 lxml 库

任务 2 简单爬虫

任务分析

任务 1 中安装的 Python 库主要用于爬虫的使用，任务 2 将学习如何将以上库用于爬虫程序。

任务实施

1）在正确安装完成任务 1 的情况下启动 PyCharm 软件，新建名为“unit8”的项目，并在该项目下新建一个 Python 文件，命名为“简单爬虫爬取百度首页 .py”，本项目的爬虫实战案例都将在 unit8 项目中完成。

2）打开“简单爬虫爬取百度首页 .py”文件，在文件中使用 requests.get() 方法获取网页，实现对首页数据内容的爬取，示例代码如下：

```
'''
任务 2：简单爬虫
操作：对百度首页进行爬取
'''
```

```
5 import requests
6 data = requests.get("https://www.baidu.com")
7 data.encondig = 'utf-8'
8 print(data.text)
```

源代码分析：

代码行 1 ～ 4：文档注释行，用于程序功能的简单说明。

代码行 5：导入 requests 库，用于数据的获取。

代码行 6：对目标网址发起请求，返回携带 HTTP 的数值。

代码行 7：以指定的编码格式编码字符串。

代码行 8：打印出获得的百度首页。

运行结果如图 9-6 所示。

```
Run: 简单爬虫爬取百度首页
C:\Users\Administrator\PycharmProjects\untitled1\venv\Scripts\python.exe C:/Users/Administrator/PycharmProjects/untitled1/简单爬虫爬取百度首页.py
<!DOCTYPE html>
<!--STATUS OK--><html> <head><meta http-equiv=content-type content=text/html;charset=utf-8><meta http-equiv=X-UA-Compatible content=IE=Edge><meta c
            </script> <a href=//www.baidu.com/more/ name=tj_briicon class=bri style="display: block;">更多产品</a> </div> </div> </div> <div id=

Process finished with exit code 0
```

图 9-6　任务 2 运行结果

提示：data = requests.get(url)。

data：是一个 Response 对象，一个包含服务器资源的对象；

get(url)：是一个 Request 对象，构造一个向服务器请求资源的 Request。

任务 3　爬取某电商平台的商品评论

任务分析

通过任务 2 的练习对爬虫程序有了一定的了解。为了掌握更复杂、爬取更有效的数据，在此需要更进一步，将通过爬取某电商平台的商品评论掌握 URL、requests 库。

任务实施

1）继续任务 2，在“unit8”项目下新建一个 Python 文件，文件命名为“爬取电商平台的商品评论 .py”。

2）打开 Google 浏览器，输入某电商平台网址，搜索想爬取的商品页。通过检查模式调取商品真实的 URL 地址，解析之后利用评论数据接口 URL 爬取评论数据。

（1）分析并获取商品评论接口的 URL

1）在 Google 浏览器中输入某电商平台网址，搜索商品，如图 9-7 所示。

图 9-7　商品页

2）在页面中右击选择“检查”命令或者按<F12>键打开浏览器的调试窗口，如图 9-8 所示。

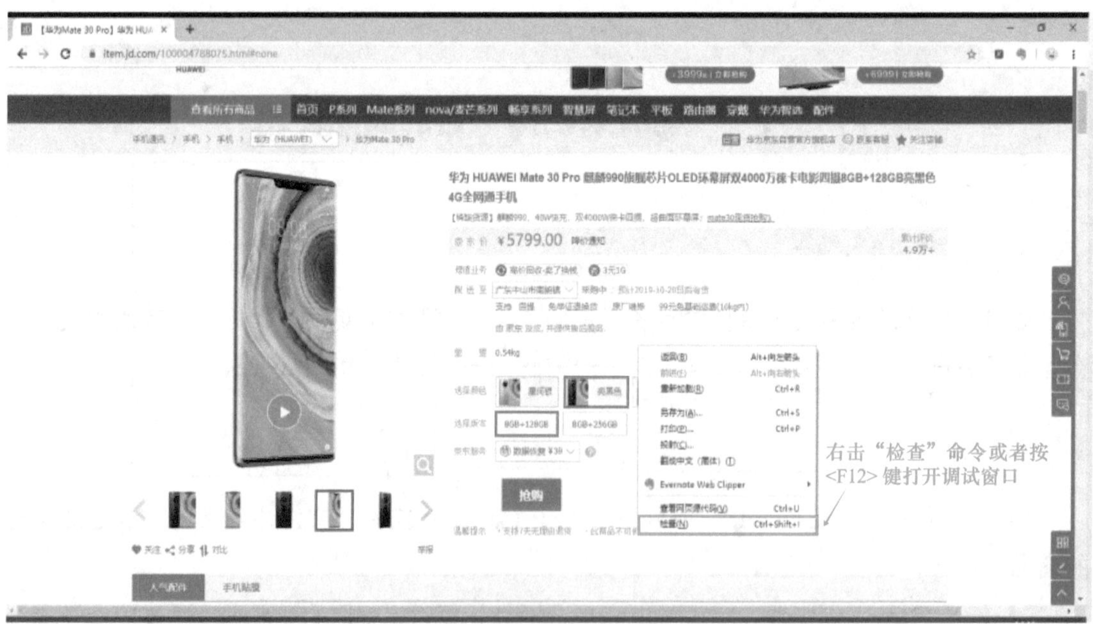

图 9-8　调出浏览器调试窗口

3）单击“评论”按钮使其加载数据，然后单击“network”按钮查看数据，如图 9-9 所示。

4）找到对评论访问的请求体，查找加载评论数据的请求 URL，可以复制某条评论中的一段话，然后在调试窗口中搜索，如图 9-10 所示。

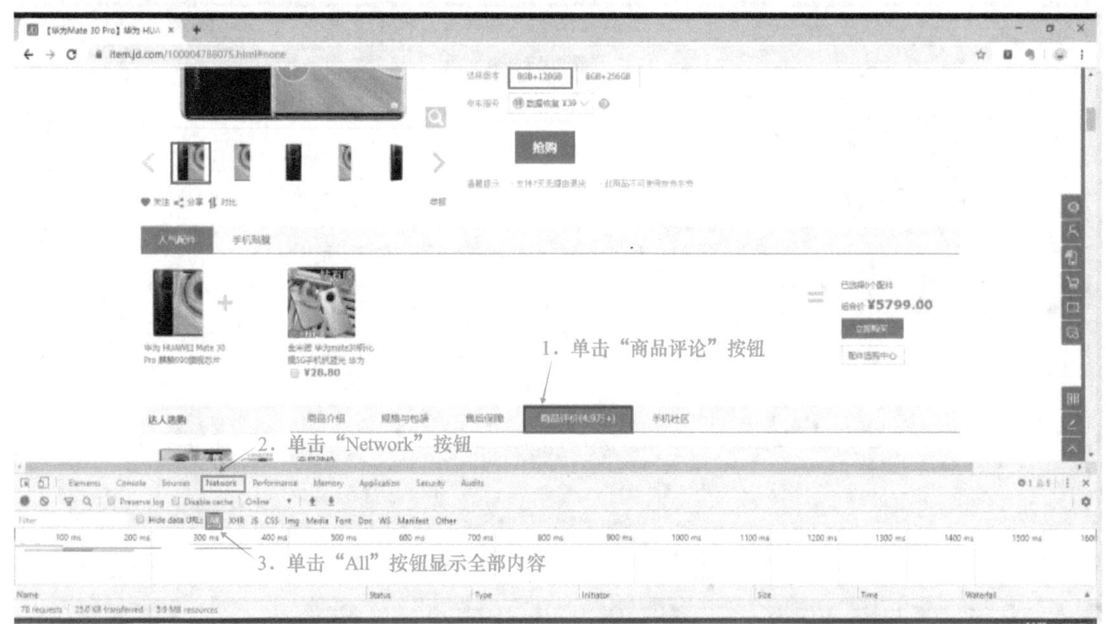

图 9-9　加载评论数据

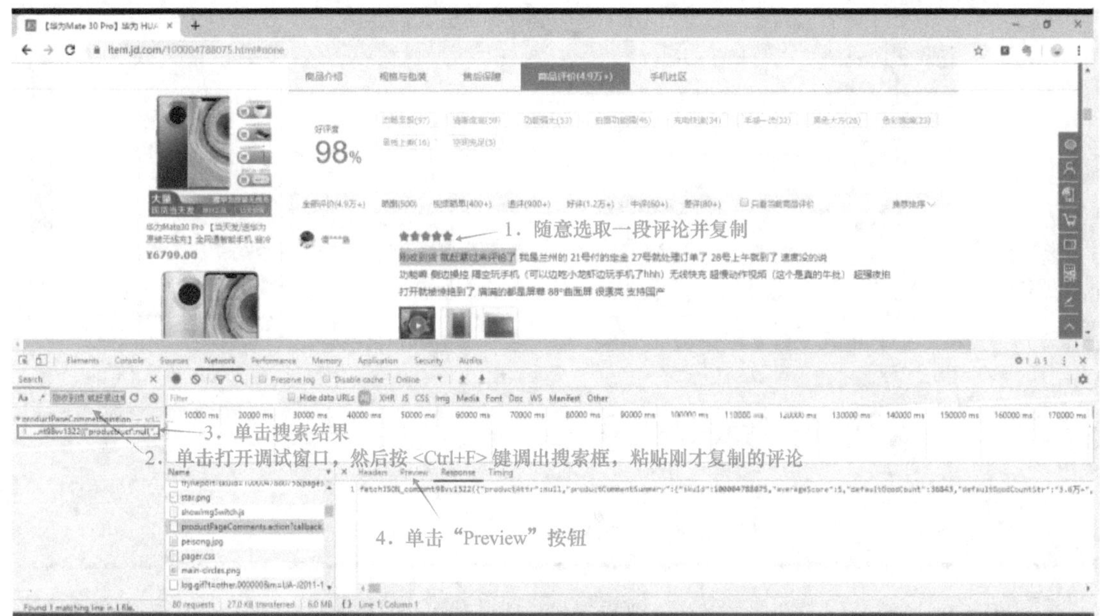

图 9-10　加载搜索评论数据

5）单击“Preview”按钮后展开 comments 属性，可以看到有 10 个元素，里面是当前请求页的评论信息，如图 9-11 所示。

6）单击“Headers”按钮就可得到该商品评论接口的 URL 地址，如图 9-12 所示。

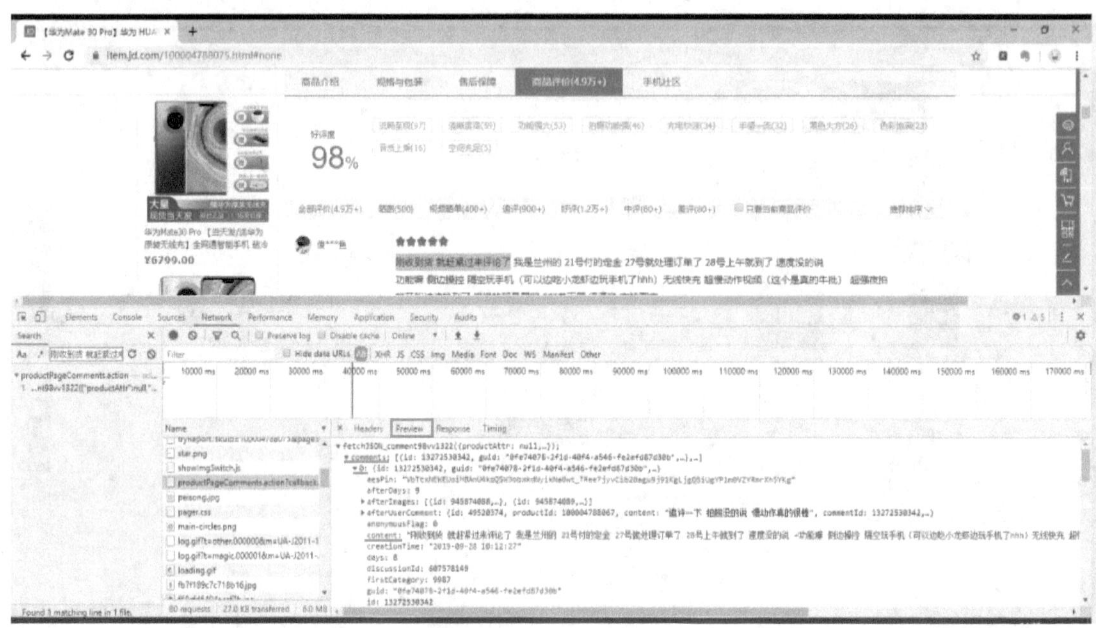

图 9-11　comments 属性元素

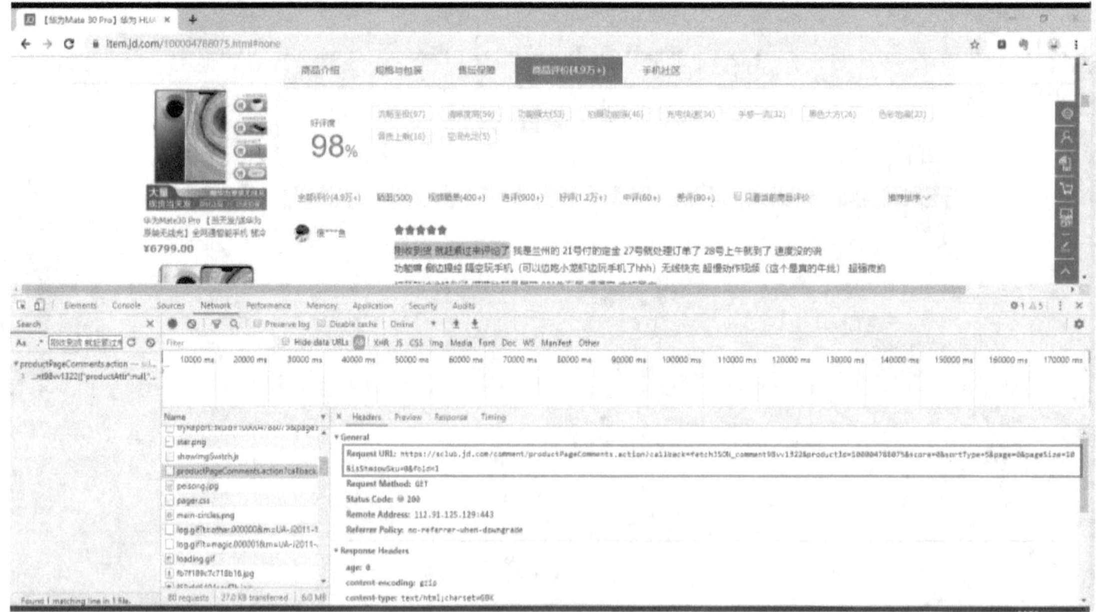

图 9-12　商品评论接口的 URL 地址

经过 6 步操作之后，最终获取了该商品的评论接口 URL 地址。

（2）爬取商品评论数据

获取到商品评论数据接口 URL 之后就可以开始写代码抓取数据了。一般会先尝试抓取一条数据，成功之后再去分析如何实现大量抓取。

在任务 2 中，已经讲解了使用 requests 库发起请求。现在打开“爬取电商平台的商品评论 .py”文件，输入如下代码并运行，显示结果如图 9-13 所示。

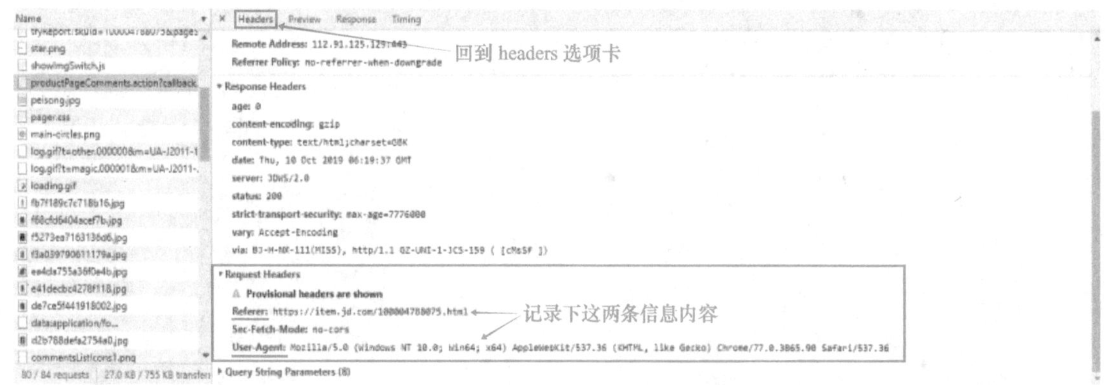

图 9-13　显示结果

提示：如果遇到打印的结果中数据是空的，是因为被反爬机制拦截了，这时候需要添加 header 信息使 request 请求更像正常访问者发出的浏览器请求，示例代码如下：

```
import requests
# 评论接口的请求地址
url = "https://sclub.jd.com/comment/productPageComments.action?callback=fetchJSON_comment98vv1322&productId=100004788075&score=0&sortType=5&page=0&pageSize=10&isShadowSku=0&fold=1"
#Get 请求
response = requests.get(url)
# 打印 response 的内容，以 Unicode 的方式
print(response.text)
```

运行结果如图 9-14 所示。

图 9-14　记录 header 信息

继续在“爬取电商平台的商品评论 .py”文件中加入 header = {} 代码，示例代码如下：

```
import requests,json

# 评论接口的请求地址
url = "https://sclub.jd.com/comment/productPageComments.action?callback=fetchJSON_comment98vv1314&productId=" \
"100004788075&score=0&sortType=5&page=0&pageSize=100&isShadowSku=0&rid=0&fold=1"

# 请求头构建
header = {
    "Referer": "https://item.jd.com/100004788075.html",
    "User-Agent":"Mozilla/5.0 (Windows NT 10.0; Win64; x64) AppleWebKit/537.36 (KHTML, like Gecko) Chrome/77.0.3865.90 Safari/537.36"
}

# Get 请求
response = requests.get(url,headers=header)

# 截去多余的字段，加载成 json 对象并打印
res_json = json.loads(response.text[26:-2])
print(res_json)
print(type(res_json)) # 类型
```

运行并成功获取数据，显示结果如图 9-15 所示。

```
import requests,json

# 评论接口的请求地址
url = "https://sclub.jd.com/comment/productPageComments.action?callback=fetchJSON_comment98vv1314&productId=" \
      "100004788075&score=0&sortType=5&page=0&pageSize=100&isShadowSku=0&rid=0&fold=1"

# 请求头构建
header = {
    "Referer": "https://item.jd.com/100004788075.html",
    "User-Agent":"Mozilla/5.0 (Windows NT 10.0; Win64; x64) AppleWebKit/537.36 (KHTML, like Gecko) Chrome/77.0.3865.90 Safari/537.36"
}

# Get请求
response = requests.get(url,headers=header)

# 截去多余的字段，并加载成json对象 并打印
res_json = json.loads(response.text[26:-2])
print(res_json)
print(type(res_json)) # 类型

Run: s2
C:\Users\Administrator\PycharmProjects\untitled1\venv\Scripts\python.exe C:/Users/Administrator/Desktop/自编教材/爬取某电商平台商品评论源码/s2.py
{'productAttr': None, 'productCommentSummary': {'skuId': 100004788075, 'averageScore': 5, 'defaultGoodCount': 39371, 'defaultGoodCountStr': '3.9万+'
<class 'dict'>

Process finished with exit code 0
```

图 9-15　加入 header 信息

（3）数据提取

通过以上步骤对爬取的数据分析得知，此数据为 json 跨域请求返回的结果，所以只要把前面的 fetchJSON_comment98vv4646（和最后的）去掉就可以得到 json 数据了。

1）继续在“爬取电商平台的商品评论 .py”文件中，添加 res_json = json.loads(response.text[26:-2])，截去多余的字段并加载成标准 json 格式，示例代码如下：

```
import requests,json

```

```
# 评论接口的请求地址
url = “https://sclub.jd.com/comment/productPageComments.action?callback=fetchJSON_comment98vv1314&productId=100004788075&score=0” \
  “&sortType=5&page=0&pageSize=100&isShadowSku=0&rid=0&fold=1”

# 请求头构建
header = {
        “Referer”: “https://item.jd.com/100004788075.html”,
        “User-Agent”:” Mozilla/5.0 (Windows NT 10.0; Win64; x64) AppleWebKit/537.36 (KHTML, like Gecko) Chrome/77.0.3865.90 Safari/537.36”
}

# Get 请求
response = requests.get(url,headers=header)

# 截去多余的字段，加载成 json 对象并打印
res_json = json.loads(response.text[26:-2])

# 遍历每个评论对象，并打印出他们的评论内容
for i in res_json[“comments”]:
        print(i[“content”].replace(“\n”,” “))
```

显示结果如图 9-16 所示。

```
import requests

# 评论接口的请求地址
url = "https://sclub.jd.com/comment/productPageComments.action?callback=fetchJSON_comment98vv1314&productId=100004788075&score=0
 &sortType=5&page=0&pageSize=100&isShadowSku=0&rid=0&fold=1"

# 请求头构建
header = {
    "Referer": "https://item.jd.com/100004788075.html",
    "User-Agent":"Mozilla/5.0 (Windows NT 10.0; Win64; x64) AppleWebKit/537.36 (KHTML, like Gecko) Chrome/77.0.3865.90
 Safari/537.36"
}

# Get请求
response = requests.get(url,headers=header)

# 打印response的内容，以Unicode的方式
print(response.text)
```

1. 创建请求头部，以 dict 的格式表示

2. 在 get 方法中添加 headers 参数并传入请求头

```
C:\Users\Administrator\PycharmProjects\Spider_learn\venv\Scripts\python.exe C:/Users/Administrator/PycharmProjects/Spider_learn/source/
fetchJSON_comment98vv1314({"productAttr":null,"productCommentSummary":{"skuId":100004788075,"averageScore":5,"defaultGoodCount":36685,"

Process finished with exit code 0
```

图 9-16　获取标准 json 数据

2）对 comments 值进行分析，发现其是一个有多条数据的列表，列表里的每一项就是每个评论对象，包含了评论的内容、时间、ID、评价来源等信息，在前面的步骤中得知 content 字段是在页面中看到的用户评价内容，如图 9-17 所示。

3）分析发现，可以用代码将每个评价对象的 content 字段提取并打印出来（因为单条用户评论可能出现换行的情况，所以需要对每条评论的换行符作替换处理）。得到此次 URL 请求的所有评论，每一行代表一个用户评论，如图 9-18 所示。

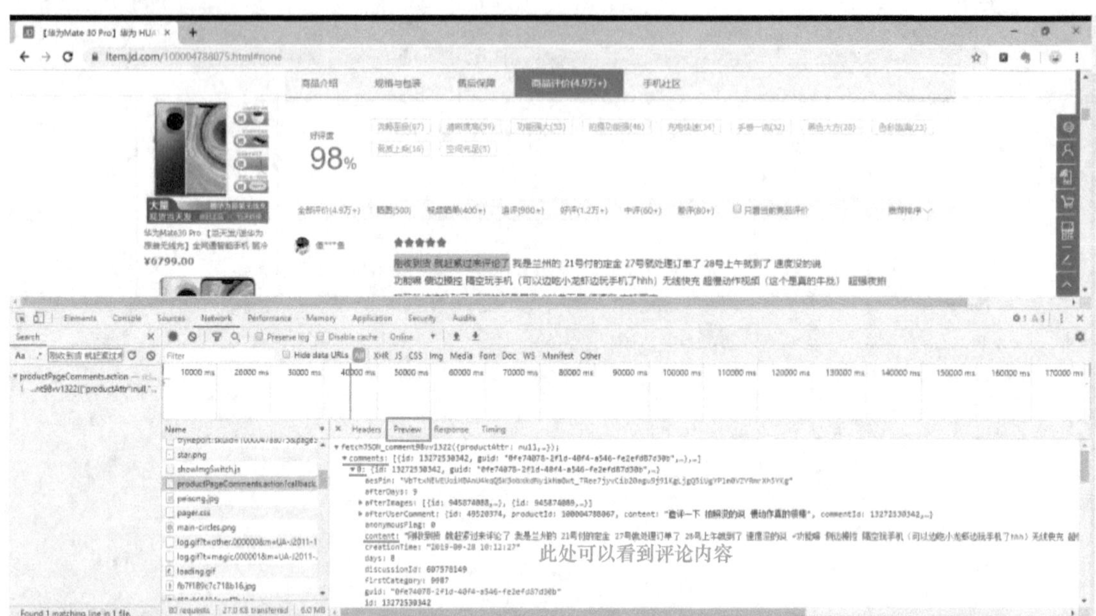

图 9-17　content 字段内容

```python
import requests,json

# 评论接口的请求地址
url = "https://sclub.jd.com/comment/productPageComments.action?callback=fetchJSON_comment98vv1314&productId=100004788075&score=0" \
      "&sortType=5&page=0&pageSize=100&isShadowSku=0&rid=0&fold=1"

# 请求头构建
header = {
    "Referer": "https://item.jd.com/100004788075.html",
    "User-Agent":"Mozilla/5.0 (Windows NT 10.0; Win64; x64) AppleWebKit/537.36 (KHTML, like Gecko) Chrome/77.0.3865.90 Safari/537.36"
}

# Get请求
response = requests.get(url,headers=header)

# 截去多余的字段，并加载成json对象 并打印
res_json = json.loads(response.text[26:-2])

# 遍历每个评论对象，并打印出他们的评论内容
for i in res_json["comments"]:
    print(i["content"].replace("\n"," "))
```

```
手机很惊艳，是我喜欢的刘海屏，非常漂亮，原来很担心奥利奥会很丑，发现完全没必要，镜头和手机壳融为一体后很圆润，慢速拍照太赞了，更多功能有待开发
外观很好看，略微比mate20pro厚一点，但是瀑布屏效果很惊艳；速度很快，新功能挺多，目前还在摸索中，感觉可以说：干翻苹果，物超所值
这次的mate系列明显瞄准了女性系列 紫色看起来非常高端，拿在手里爱不释手，功能强大，充电待机都超强，手机拍照录像更上一档
Mate 30 Pro 采用 6.53 英寸 OLED 环幕屏，屏幕比例 18.4：9，分辨率为 2400 x 1176 ，屏幕弯曲角度达到 88&deg;，刘海内置 3D 深度相机，环境光传感器和前置摄像头，还有一个手

Process finished with exit code 0
```

图 9-18　content 字段打印

（4）数据保存

数据提取后在项目中需要将它们保存起来。一般保存数据的格式主要有：文件、数据库、内存这 3 类，因此将数据存储在记事本中。本项目的数据存储在名为 comments.txt 的记事本中，以便在后续操作文件相对简单的同时也能满足对后续数据分析的需求。示例代码如下：

```python
with open("comments.txt","a+",encoding="utf-8") as f:
    for i in res_json["comments"]:
        content = i["content"].replace("\n"," ")
        f.write(content+"\n")
    f.close()
```

源代码分析：

代码行 1：打开 comments.txt 文件，以追加方式打开（创建），utf-8 编码。

代码行 2：遍历每个对象。

代码行 3：获取评论内容并替换其中的换行符为空格。

代码行 4：写入文件。

代码行 5：关闭文件。

（5）对商品评论数据进行批量爬取

本项目在以上的任务里只是完成了一页评论数据的爬取、提取、保存，但在实际的多项目合作中，往往需要大批量的、多页的数据，如何批量爬取就是下面需要解决的内容。

在前面的任务中，对于数据的爬取分析往往会看到“分页”的内容，同时在浏览网页的时候常常看到“下一页”这样的字眼，其实这就是使用了分页技术，因为向用户展示数据时不可能把所有的数据一次性展示，所以采用分页技术一页一页地展示出来。

在前面的任务中已经分析找到评论数据的 URL：

https://sclub……page=0&pageSize=10&isShadowSku=0&rid=0&fold=1

可以看到链接里面有两个参数 page=0 和 pageSize=10，page 表示当前的页数，pageSize 表示每页多少条，利用这两个参数来规定数据的显示。

1）继续打开 Google 浏览器，输入某电商平台的商品页，再将评价页面拉到最下方，发现有分页按钮，在调试模式窗口清空之前的请求记录，如图 9-19 所示。

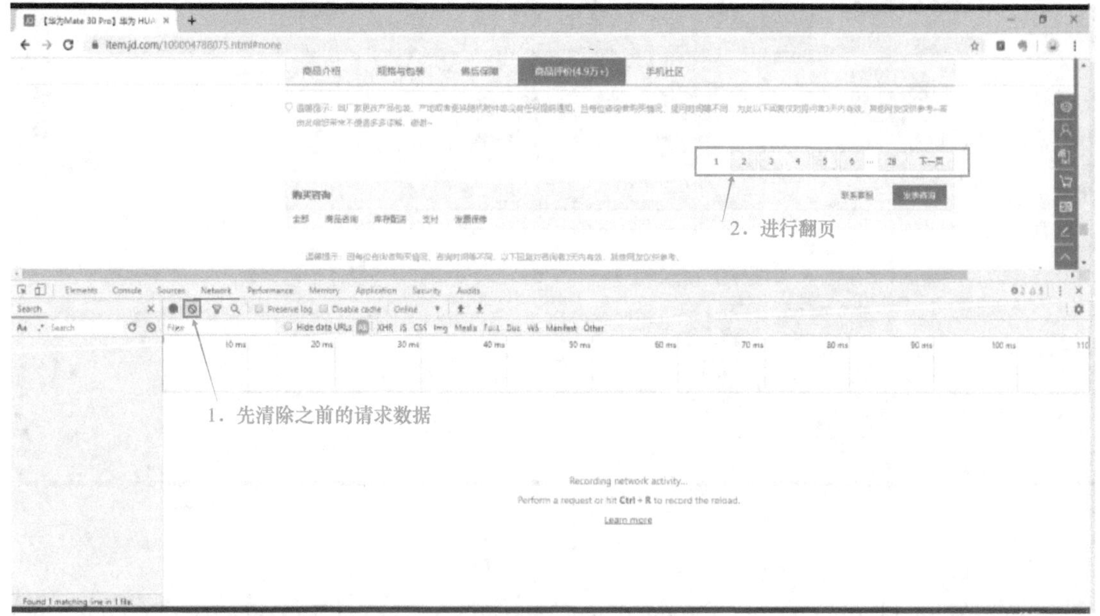

图 9-19　清除请求记录

2）找到对评论访问的请求体，查找加载评论数据的请求 URL，可以复制某条评论中的一段话，然后在调试窗口中搜索并获取请求 URL 地址，如图 9-20 和图 9-21 所示。

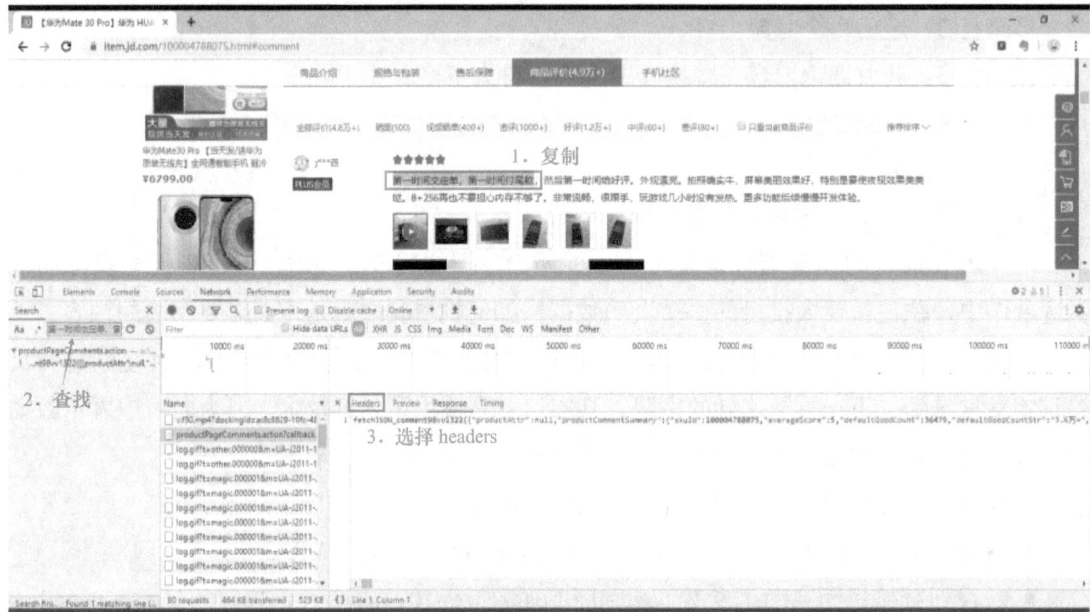

图 9-20　查找评论

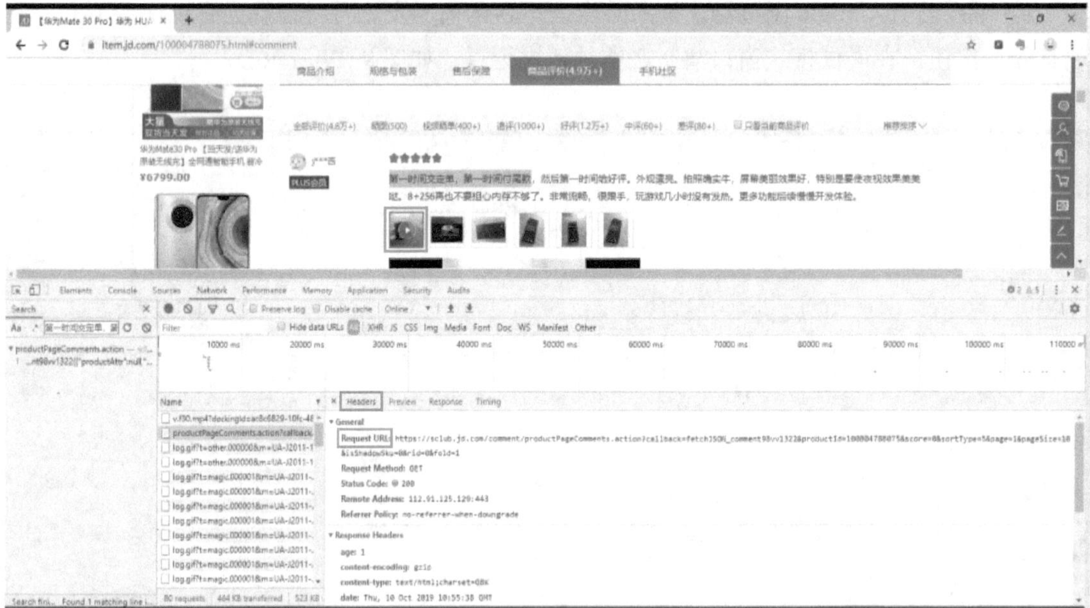

图 9-21　获取 URL 地址

第二页：

https://sclub.jd.com/comment/productPageComments.action?callback=fetchJSON_comment98vv1322&productId=100004788075&score=0&sortType=5&page=1&pageSize=10&isShadowSku=0&rid=0&fold=1

与第一页对比：

https://sclub.jd.com/comment/productPageComments.action?callback=fetchJSON_comment98vv1314&productId=100004788075&score=0&sortType=5&page=0&pageSize=10&isShadowSku=0&rid=0&fold=1

这里可以看出第一页评价与第二页评价的URL的区别，page表示当前的页数，pageSize表示每页多少条。还能得出另一个结论：第一页page=0，第二页page=1，后面依次增加。

3）知道分页规律之后，每次请求将page参数递增即可实现批量抓取，接下来是代码实现：

```
import requests,json  # 导入 requests 库和 json 库
# 请求头部信息
header = {
    "Referer" : "https://item.jd.com/100004788075.html",
    "User-Agent" : "Mozilla/5.0 (Windows NT 10.0; Win64; x64) AppleWebKit/537.36 (KHTML, like Gecko) Chrome/77.0.3865.90 Safari/537.36"
}
# url 地址，注意此处对 page 参数使用格式化操作
url = "https://sclub.jd.com/comment/productPageComments.action?callback=fetchJSON_comment98vv1314&productId=100004788075&score=0&sortType=5&page={}&pageSize=10&isShadowSku=0&rid=0&fold=1"
# 遍历从 0 ～ 9（10 页评论也就是 100 条评论）对 url 进行 .format 操作
for i in range(10):
    response = requests.get(url.format(i), headers=header)
    # 获取一页的评论对象（也就是 10 条评论对象）并截去多余字段加载成 json 对象
    comments = json.loads(response.text[26:-2])["comments"]
    # 文件操作，以追加方式打开（创建）文件，utf-8 编码
    with open("comment.txt","a+",encoding="utf-8") as f:
        # 遍历每个评论对象
        for i in comments:
            # 获取评论内容，并替换其中的换行符为空格
            content = i["content"].replace("\n"," ")
            print(content)  # 打印验证
            f.write(content + "\n")
    f.close()
```

必备知识

在爬取相关数据之前需要了解爬虫的基本原理，URL、HTTP，爬虫的概念、类型以及requests库等，学会Python常用的一些爬虫库以及爬虫框架，能更好地了解爬虫机制。

1. 认识爬虫

（1）网络爬虫的概念

网络爬虫是指按照一定规则自动爬取互联网相关信息的程序或者脚本。爬虫一般分为数据采集、处理、储存三个部分。如今爬虫程序泛滥，渗透于社会的方方面面，如“大数据杀熟”“电商平台的消费用户画像”等。

（2）网络爬虫的框架

本项目中使用的爬虫程序，主要目的是将网络中的网页数据下载到本地形成一个单数

据库或分布式数据库。通过分析“简单爬虫爬取百度首页 .py”中的 8 行代码可知，在这个过程发生了以下 4 个步骤，见表 9-1。

表 9-1　解析任务 2 的过程

序号	内容
1	查找域名对应的 IP 地址
2	向 IP 对应的服务器发送请求
3	服务器响应请求，发回网页内容
4	浏览器解析网页内容

一个通用的网络爬虫框架如图 9-22 所示。

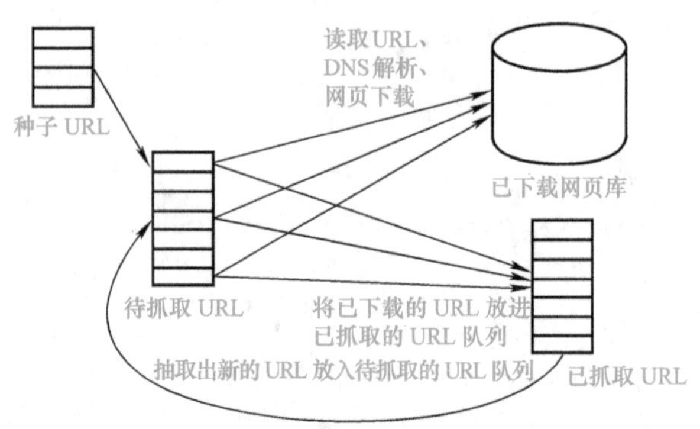

图 9-22　网络爬虫框架

爬虫原理可以简单描述为：用代码的形式自动请求从 URL 获取网页信息，用 HTML 的形式输出。

（3）网络爬虫基本流程

本项目中的任务 2 和任务 3 都是一段程序，主要作用是挑选一些商品，通过调试模式分析出商品的 URL 并放在待抓取的 URL 队列中，通过相关 Python 库进行抓取。它的基本流程见表 9-2。

表 9-2　爬虫的基本流程

流程	内容
发起请求	通过发送一个 Requests 请求可以包含额外的 headers 等信息，等待服务器响应
获取响应内容	服务器正常响应等到一个 Requests，内容就是所需获取的类型（包含 HTML、JSON 字符串、二进制数据的图片视频）等类型
解析内容	所获得的内容可以是 HTML 或者 JSON，将之转换成 JSON 对象解析
保存数据	可以保存为文本或特定格式的文件，也可以保存到数据库

（4）网络爬虫的类型

网络爬虫的类型有很多种，面对不同的工作需求所选择的爬虫方法也不同。比如，本项目的任务 2“简单爬虫爬取百度首页 .py”程序中只是加载了一个 requests 库，不对 header、response 等信息进行需求分析，相当于一个通用爬虫类型。在此基础上，网络爬虫还有其他类型，见表 9-3。

表 9-3 爬虫类型

爬虫类型	特点
通用爬虫	将互联网网页下载到本地，数据覆盖面大
聚集爬虫	爬取特定目标，有选择性地访问互联网网页相关链接
增量式爬虫	对下载到本地的网页只采取增量更新，只爬取新的或发生变化的那部分网页
深层爬虫	隐藏在搜索表单之后，大部分内容不能通过静态链接获取，需由用户提交特定关键词才能获取网页

2. HTML 网页解析

本项目中所介绍的爬虫程序，大部分都是对网络中的网页进行数据爬取，简单概述就是从网页服务器返回的信息中提取想要的数据。在此过程当中，需要清楚地了解如何对网页进行解析以及掌握 HTML 代码的结构。

（1）HTML 的概念

HTML 不是编程语言，而是一种表示网页信息的符号标记语言。HTML 通过标签来描述网页。例如，单击网页上的超链接可以转到对应的内容，这里的链接就相当于一种标记。Web 浏览器的作用是读取 HTML 文档并以网页的形式显示出它们，浏览器不会显示 HTML 标记，而是使用标记来解释页面的内容。

打开记事本，新建一个名为“HTML 代码练习 .html”的文档，在文档中输入如下代码，如图 9-23 所示。

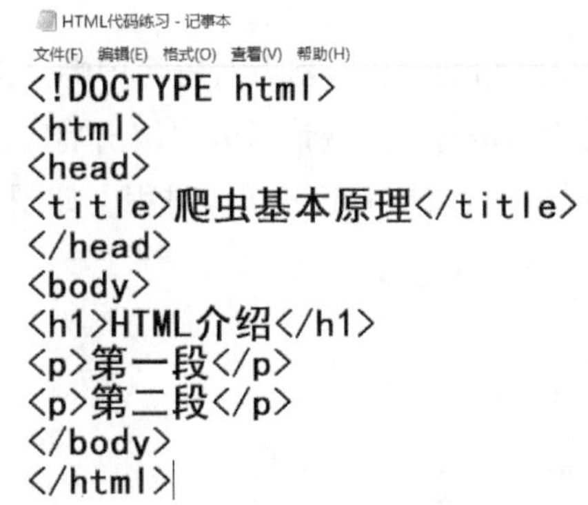

图 9-23 HTML 代码

双击此文件，会自动调用浏览器打开，如图 9-24 所示。

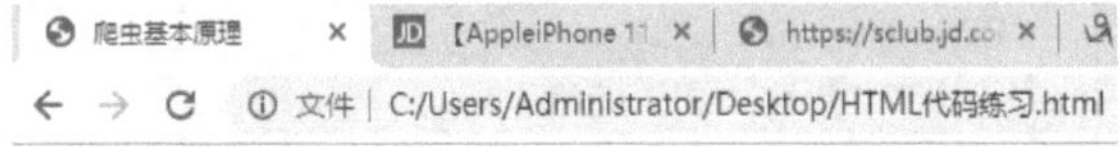

HTML介绍

第一段

第二段

图 9-24 浏览器效果

（2）HTTP 请求过程

HTTP 采取的是请求响应模型，永远都是客户端发起请求、服务器回送响应，响应模型如图 9-25 所示。

图 9-25 响应模型

1）HTTP 状态码。

当客户端访问一个网页时，客户端的浏览器会向网页所在服务器发送请求。在浏览器接收并显示网页前，此网页所在的服务器会返回一个包含 HTTP 状态码的信息头（server header）用以响应浏览器的请求。HTTP 状态码是本次客户端请求获取的一个状态标识。下面是常见的 HTTP 状态码：

200—— 请求成功；

301—— 资源（网页等）被永久转移到其他 URL；

404—— 请求的资源（网页等）不存在；

500—— 内部服务器错误。

2）HTTP 头部信息。

HTTP 头部信息中包含请求头和响应头，前者对应客户端（浏览器）向服务器（网页）发送请求信息的请求头部，后者则是对客户端请求数据做出响应信息的头部。通过浏览器自带的开发者工具（可按 <F12> 键）可监控 HTTP 访问过程，如图 9-26 所示。

图 9-26 开发者工具界面内容

请求头（Request Headers）主要掌握信息：

GET/POST：在爬虫开发中基本处理的也是 GET 和 POST 请求。GET 请求在访问网页时很常见，POST 请求则是常用在登录框、提交框的位置。

Host：指请求资源的 Intenet 主机和端口号。

User-Agent：里面包含发出请求的用户信息，其中有使用的浏览器型号、版本和操作系统的信息，这个头域经常用来作为反爬虫的措施。

Referer：防盗链字段，表示从哪里链接到当前网页，常用于对付伪造的跨网站请求，反爬策略之一。

请求发送成功后服务器进行响应，响应头的信息如图 9-27 所示。

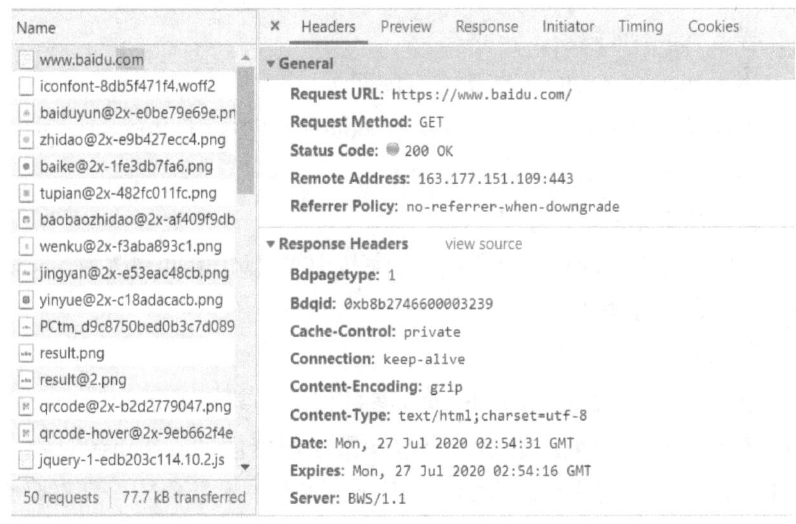

图 9-27　响应头的信息

主要信息：

Content-Type：用于指明发送给接收者的实体正文的媒体类型。text /html; charset=utf-8 代表 HTML 文本文档，utf-8 编码。

Date：表示消息产生的日期和时间。

- Connection：允许发送用于指定连接的选项。例如，图 9-27 中指定连接的状态是 Keep-Alive（连续）；或者指定为“Close”，就通知服务器在响应完成后关闭连接。

3．request 库详解

本项目中主要用到 Python 的第三方库，requests 是第三方封装的模块，通过简化请求和响应数据的处理，能够有效地简化烦琐的开发步骤和处理逻辑，能统一不同请求的编码风格以及高效的数据处理特性。在任务 2 和任务 3 中，requests 模块是需要安装及导入的，具体的安装步骤已经在任务 1 中详细阐述，请读者自行前往查阅。

（1）requests 库的使用

从任务 2“简单爬虫爬取百度首页 .py”程序中可以看到，代码行 6 中有 get()，这是

HTTP 最常见的方法之一，get 方法正在尝试从指定资源获取或检索数据，如程序中出现的 requests.get()，示例代码如下：

```
1  import requests
2
3  r = requests.get('http://www.baidu.com')
4  print(type(r))
5  print(r.status_code)
6  print(r.headers)
7  print(r.encoding)
8  print(r.text[:500])
9  print(type(r.text))
```

源代码分析：

代码行 1：导入 requests 模块。

代码行 3：用 requests 的 get() 方法请求百度网页。

代码行 3：返回类 <class 'requests.models.Response'>，类属于 Response 对象。

代码行 5：返回状态码 200，表示请求成功。

代码行 6：获取头部信息。

代码行 7：返回编码 ISO-8859-1，此编码不能解析中文。此代码可更改为 r.encoding = 'utf-8'。

代码行 8：显示部分首页内容。

代码行 9：显示 r.text 的类型。

1）requests.get() 方法：使用 requests.get() 参数传递，其实就是构造一个向服务器请求资源的 requests 对象，这个对象会返回一个包含服务器资源的 response 对象，然后可以从 response 对象中获取所需要的信息。例如，要从 get 请求中附带参数，只需要赋值即可，示例代码如下：

```
import requests
target_url = 'http://www.baidu.com/s'
data = {' 祖国 ': ' 我和我的祖国一刻也不能分开 '}
response = requests.get(target_url, params=data)
print(response.text)
```

通过代码分析，已经成功发起了 GET 请求，返回结果中包含请求头、URL 等信息。

requests 库的 get 语法结构如图 9-28 所示。

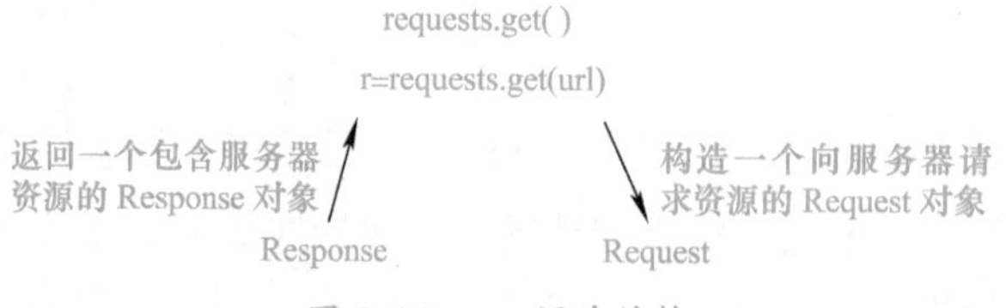

图 9-28　get 语法结构

2）反爬虫 requests headers：在任务 3 爬取某电商平台的商品评论项目中可以看到代码中加入了 header，这是头字段，目的是模拟浏览器向服务器发起请求，这样服务器就会以为本次操作是通过浏览器登录账号进行访问的，不会将此程序列入机器人爬虫拒绝访问。这在一定程度上可以起到反爬虫机制的作用，见表 9-4。

表 9-4 Headers 的作用

Headers	作用
Cookie	主要保存用户的信息，比如用户名、密码等
Host	请求的服务器主机
User Agent	操作系统版本、浏览器内核、浏览器厂商等信息
Referer	当前页面的上一个页面

（2）URL

URL 中文称为“统一资源定位符”，可以理解成网页的链接，比如，任务 2 中代码行 6：data = requests.get("https://www.baidu.com") 中就使用了一个 URL。它能起到的作用是把网页的链接传进去，互联网上每个文件都有一个唯一的 URL。

（3）requests 库的 7 个主要方法

requests.request()　# 构造一个请求，支撑以下各方法的基础方法。

requests.get()　# 获取 HTML 网页的主要方法，对应于 HTML 的 GET。

requests.head()　# 获取 HTML 网页头信息的方法，对应于 HTML 的 HEAD。

requests.post()　# 向 HTML 网页提交 POST 请求的方法，对应于 HTML 的 POST。

requests.put()　# 向 HTML 网页提交 PUT 请求的方法，对应于 HTML 的 PUT。

requests.patch()　# 向 HTML 网页提交局部修改的请求，对应于 HTML 的 PATCH。

requests.delete()　# 向 HTML 网页提交删除请求，对应于 HTML 的 DELETE。

（4）requests 库的异常

requests.ConnectTimeout　# 连接远程服务器超时（一个预定时间）异常。

requests.ConnectionError　# 网络连接错误异常，如 DNS 查询失败、（服务器防火墙）拒绝连接等。

requests.HTTPError　#HTTP 错误异常。

requests.URLRequired　#URL 缺失异常。

requests.TooManyRedirects　# 超过最大重定向次数，产生重定向异常。

requests.Timeout　# 请求 URL（到获得返回内容整个过程）超时，产生超时异常。

任务拓展

使用爬虫程序爬取网页内容并转换为电子书格式。

思路简述：这里使用 Urllib，它是 Python 内置的 HTTP 请求库，无需额外安装，默认已经安装到 Python 中。

【任务拓展参考代码】

```
# coding:utf-8
import urllib
```

```

domain = 'http://www.liaoxuefeng.com'
# liaoxuefeng 的首页域名
path = r'C:\Users\Administrator'
# html 保存在桌面

# 一个 html 的头文件
input = open(r'C:\Users\Administrator\0.html', 'r')
head = input.read()

# 打开 Python 教程主界面
f = urllib.urlopen("http://liaoxuefeng.com/wiki/001374738125095c955c1e6d8bb493182103fac9270768a000")
home = f.read()
f.close()

# 替换所有空格回车（更容易获取 url）
geturl = home.replace("\n", "")
geturl = geturl.replace(" ", "")

# 得到包含 url 的字符串
list = geturl.split(r'em;"><ahref="')[1:]

# 将第一个页面也加入到列表当中
list.insert(0, '/wiki/001374738125095c955c1e6d8bb493182103fac9270762a000">')

# 开始遍历 url LIST
for li in list:
      url = li.split(r'">')[0]
      url = domain + url # 拼凑 url
      print
      url
      f = urllib.urlopen(url)
      html = f.read()

      # 获得 title，并命名
      title = html.split("<title>")[1]
      title = title.split(" - liaoxuefeng 的官方网站 " < / title > ")[0]

      # utf-8 转码
      title = title.decode('utf-8').replace("/", " ")

      # 获取正文
      html = html.split(r'<!-- block main -->')[1]
      html = html.split(r'<h4> 这是爬虫单元的实战强化！ </h4>')[0]
      html = html.replace(r'src="', 'src="' + domain)

      # 组合成完整的 html
      html = head + html + "<body></html>"

```

```
# 输入文件
output = open(path + "%d" % list.index(li) + title + '.html', 'w')
output.write(html)
output.close()
```

小\结

本项目通过3个任务深入潜出地讲解了什么是爬虫，详细介绍了如何搭建爬虫环境以及相关库的安装。还介绍了网络爬虫的相关概念及框架，从基本流程、类型两个方面详细讲解了对网络爬虫的认知。在必备知识中，重点讲述了requests库的使用以及HTML的知识架构，最后通过实例代码演示如何批量爬取网站。

习\题

一、单选题

1．安装requests库使用的命令为（　　）。

A．pip install requests　　B．python setup.py install

C．pip list　　D．pip search flask

2．以下（　　）不是requests的请求类型。

A．get请求　　B．post请求　　C．delete请求　　D．select请求

3．（　　）具有可跨域名性。

A．Cookie　　B．Cookie不

C．非临时Cookie　　D．Cookie失效之前

4．为了标识一个HTML文件应该使用的HTML标记是（　　）。

A．<p></p>　　B．<boby></body>　　C．<html></html>　　D．<table></table>

5．网页请求状态为200，表示（　　）。

A．请求失败　　B．服务器端错误　　C．客户端错误　　D．请求成功

6．get提交的数据大小有限制，而post方法提交的数据没有限制，是因为（　　）。

A．数据输入到get请求是保存在请求体内的

B．浏览器内核对长度有限制

C．因为HTTP规定get请求不得超过300字符

D．因为浏览器对URL的长度有限制

7．安装lxml库使用的命令为（　　）。

A．pip install requests　　B．python setup.py install

C．pip list　　D．pip install lxml

8．查看当前网站的 cookie 命令为（　　）。

A．document.cookie

B．Response.Cookies(“name”)=“www.baidu.com”

C．javascript:alert (document.cookie)

D．name = Request.Cookies(“name”)

9．在文本框内输入（　　）命令，进入 Python 的编辑模式。

A．Python 3　　B．requests　　C．install　　D．post

10．XPath 被用于在 XML 文档中通过元素和属性进行（　　）。

A．开发　　B．导航　　C．指定　　D．索引

二、编程题

编写一个简单爬虫程序，从一个百度贴吧页面下载图片。

提示：

1）获取网页 HTML 文本内容；

2）分析 HTML 中图片的 HTML 标签特征，解析出所有图片 URL 列表；

3）根据图片的 URL 列表将图片下载到本地文件夹中。

参考文献

[1] 朱春旭. Python 数据分析与大数据处理从入门到精通 [M]. 北京：北京大学出版社，2019.

[2] 李金洪. Python 带我起飞：入门、进阶、商业实战 [M]. 北京：电子工业出版社，2018.

[3] ALBON C. Python 机器学习手册：从数据预处理到深度学习 [M]. 韩慧昌，林然，徐江，译. 北京：电子工业出版社，2019.